ro
ro
ro

Über den Verfasser

Manfred Geier, Prof. Dr. phil., geboren 1943 in Troppau, Studium der Germanistik, Philosophie und Politikwissenschaft in Frankfurt, Berlin und Marburg. Promotion über Noam Chomskys Sprachtheorie und die amerikanische Linguistik 1973. Seit 1982 als Sprach- und Literaturwissenschaftler an der Universität Hannover tätig.

Veröffentlichungen: Linguistischer Strukturalismus als Sprachkompetenztheorie, Marburg 1973; Sprache als Struktur, Tübingen 1976; Kulturhistorische Sprachanalysen, Köln 1979; Methoden der Sprach- und Literaturwissenschaft, München 1983; Dr. Ubu und ich, Rheinbach-Merzbach 1983; Die Schrift und die Tradition, München 1985; Linguistische Analyse und literarische Praxis, Tübingen 1986; Das Sprachspiel der Philosophen, Reinbek bei Hamburg 1989; Der Wiener Kreis, Reinbek bei Hamburg 1992; Karl Popper, Reinbek bei Hamburg 1994; Das Glück der Gleichgültigen, Reinbek bei Hamburg 1997; Orientierung Linguistik. Was sie kann, was sie will, Reinbek bei Hamburg 1998. – Zahlreiche Artikel und Essays zu linguistischen, literaturwissenschaftlichen und philosophischen Themen in Fachzeitschriften und Sammelbänden.

Manfred Geier

FAKE

Leben in künstlichen Welten
Mythos – Literatur – Wissenschaft

rowohlts enzyklopädie
im Rowohlt Taschenbuch Verlag

rowohlts enzyklopädie
Herausgegeben von Burghard König

Originalausgabe
Veröffentlicht im Rowohlt Taschenbuch Verlag GmbH,
Reinbek bei Hamburg, Dezember 1999
Copyright © 1999 by Rowohlt Taschenbuch Verlag GmbH,
Reinbek bei Hamburg
Umschlaggestaltung Jens Kreitmeyer
Satz Garamond und Futura PostScript (PageOne)
Gesamtherstellung Clausen & Bosse, Leck
Printed in Germany
ISBN 3 499 55632 4

Inhalt

Die Cybernauten

Vorspiel mit Lara Croft

FAKE, amerik. Slang: Täuschung, Schwindel; so tun, als ob. Abgeleitet aus «factitious» (unecht künstlich), in dem «factual» (tatsächlich, wirklich) und «fictitious» (eingebildet, erfunden) verbunden sind. Von lat. «facere» (machen) bzw. «fingere» (erdichten); indogerm. * «fak̄i»: was sich machen läßt.

Der Reichtum der Gesellschaften, in der Perspektive des technisch Machbaren betrachtet, erscheint als eine ungeheure Sammlung künstlich erzeugbarer Dinge und Tatsachen. Es gibt kaum einen Bereich, in dem sie keine Rolle spielen, vom alltäglichen Leben bis zur High-Tech-Industrie.

Die meisten unserer Gebrauchsgegenstände, von der Zahnbürste über die Kleidung bis zur Wohnungseinrichtung, bestehen aus Kunststoffen, deren Eigenschaften in mancher Hinsicht denen von Naturstoffen entsprechen, ihnen gegenüber vielfach verbessert oder völlig neuartig sind. Für unseren täglichen Bedarf werden Kunstleder und Kunstleinen, Kunstseide und Kunstpelz, Kunsthaar und Kunstwolle produziert. Während es sich bei diesen Stoffen noch um eine Nachahmung natürlicher Materialien handelt, hat die Qualität des Plastiks zu einem triumphalen Sieg des Künstlichen selbst geführt. Plastik imitiert nicht nur, um mit geringeren Kosten edlere Substanzen zu reproduzieren, sondern hat einen eigenständigen Wert erlangt. Die Hierarchie der Substanzen ist aufgelöst. Fast alles, auch das Lebendige, kann plastifiziert werden.

Im medizinischen Bereich ist immer mehr künstlich machbar. Aorten und Herzen lassen sich aus Plastik herstellen. Die NASA entwickelt Prototypen von Ersatzmuskeln aus Plastikstreifen, die sich unter Strom zusammenziehen. Künstliche Zahnprothesen und Hüftgelenke werden eingepaßt, künstliche After gebildet, Brüste und Lippen durch künstliche Implantate verändert. Eizellen werden künstlich befruchtet. Kranke werden an künstliche Nieren angeschlossen, künstlich beatmet und ernährt. Synthetisch hergestellte Vitamine und Hormone greifen in unsere biologischen Prozesse ein.

Künstlichkeit ist ein Symptom des technischen Fortschritts. Wer etwas für künstlich hält, vertraut dabei noch auf eine intuitive Vorstellung dessen, was *natürlich* sein soll (von lat. «natura», aus «nasci»: gezeugt oder geboren werden). Es gilt als echt oder ursprünglich und wird auch als wünschenswerte Alternative ins Spiel gebracht. Aber was ist noch wirklich «natürlich» in einer Welt, in der uns das künstlich Machbare als selbstverständlich erscheint? Ist es der gepflegte Garten, das homöopathische Arzneimittel, die Biokost aus dem Supermarkt? Es überfällt uns ein irritierender Schwindel, wenn wir über die Differenz zwischen dem künstlich Gemachten und dem natürlich Gezeugten nachzudenken beginnen. Auch im Sprachgebrauch geht es reichlich verwirrend zu.

In einer Illustrierten sah ich eine Frau abgebildet, die für eine Zigarettenmarke warb mit dem bemerkenswerten Slogan: «Künstlichkeit ist der Weg zur Wahrheit». Zur Wahrheit der Warenproduktion oder zur Natur unserer Bedürfnisse? Einige Seiten später posierte ein Model mit entblößtem Oberkörper unter der Überschrift: «Die vollkommene Natürlichkeit». Man sah die Arbeit, die Fotograf, Stylistin, Visagistin, Beleuchter und Retuscheur geleistet hatten, um diese Illusion entstehen zu lassen und das sexuelle Begehren der Betrachter anzuregen.

Von der Erzeugung künstlicher Bilder, künstlicher Spiele und künstlicher Welten lebt die Unterhaltungsindustrie. Immer mehr Video- und Computerspiele ziehen ihre menschlichen Akteure in virtuelle Räume und Geschichten: in Wirtschafts- und Strategiesimulationen (wie «Command & Conquer»), in Rollen- und Abenteuerspiele (Adventures) und in die Sport-, Jump 'n' Run- und Actionspielwelten von «Doom», «Quake» oder «Unreal». Der Umsatz der Computerspielbranche liegt mit mehr als zehn Milliarden US-Dollar (1997) bereits vor der Film-industrie Hollywoods. Spiele wie «Tomb Raider» mit der er-rechneten *Lara Croft* sind Megaseller. Das Superweib mit seinem überproportionierten Busen, das den Spielern als Projektions-figur zur Verfügung steht, scheint stärkere sexuelle Phantasien hervorzurufen als reale Frauen. Diese Verschiebung brachte das Model Nell McAndrew auf die Idee, sich als fleischgewordenes Double des Cybergirls in Szene zu setzen. Seit Mai 1998 tritt sie als menschliche Replikantin des virtuellen Originals auf und spielt den Fans der wirklichen Lara Croft deren Rolle vor. Sie lebt von den Phantasmen, die durch das künstliche Pixelwesen erzeugt worden sind.

Mit dieser Umkehrung, die das virtuelle Modell vor das hy-per-reale Model stellt, ist «Lara Croft» zum Sinnbild einer epo-chalen Situation geworden, die nicht mehr klar und deutlich zwischen Original und Ersatz zu unterscheiden erlaubt. *Fake* ist der gemeinsame Nenner, auf dem sie einen verschlungenen Tanz aufführen, bei dem «künstliche» Modelle die Führung über-nommen haben und ihre «natürlichen» Partner in einen zuneh-menden Taumel versetzen.

Computerspiele, Videoclips und Filme arbeiten verstärkt mit Bildern, die nichts Vorgegebenes mehr abbilden, sondern eine künstliche Welt generieren. In der populären Kultur des Holly-wood-Kinos spielen künstliche Menschmaschinen (Cyborgs, Androiden und Replikanten) Hauptrollen. Auch in der Litera-tur wimmelt es von ihnen. In den Cyberspace-Romanen Wil-liam Gibsons sind virtuelle Existenzformen ebenso natürlich wie ihre humanen Mitspieler.

Doch es ist nicht nur die Popkultur, in der künstliche Welten, Figuren und Bilder vordringen. Auch in den Natur- und Gei-steswissenschaften stößt man verstärkt auf Projekte und Projek-tionen des Künstlichen. Die «Künstliche Intelligenz», die das Denken des natürlichen Menschen zu modellieren versucht, hat es zum Programm erklärt. In Logik und Mathematik arbeitet man mit künstlichen Formelsprachen und symbolischen Ma-schinen. Die Sprachwissenschaft untersucht kaum noch die all-

tägliche Sprachverwendung, sondern analysiert und syntheti-
siert grammatisch wohlgeformte Strukturgebilde, die wie künstlich erzeugte Doppelgänger der natürlichen Sprache erscheinen.
Die Gentechnologie greift in die natürlichen Lebensprozesse ein
und stellt Organismen künstlich her: Klone, transgene Pflanzen
und tierische Schimären.

In der Philosophie wird immer weniger an alltäglich Bekann-
tes angeknüpft, um es in eine nichttriviale Erkenntnis zu überführen. Statt dessen werden künstliche Szenarien entworfen, um
die Fragen zu beantworten: Funktioniert der Mensch mit seinen
geistigen und sprachlichen Fähigkeiten wie eine Maschine?
Können Maschinen denken und empfinden?

Im Cyberspace, dem weltweiten Netzwerk von Telekommunikation und Datenverarbeitung, medialisieren sich Sender und
Empfänger auf künstliche Weise. In den virtuellen Gemeinschaften nehmen immer mehr Menschen künstliche Identitäten an,
die sie im wirklichen Leben nicht ausagieren können. Vom Ende
der «Nahkommunikation» zwischen Menschen zugunsten einer
medialen «Fernkommunikation» träumen die Digitalphiloso-
phen der Medienkunst: Das körperliche Dasein ist nichts, das
Nomadisieren in virtuellen Welten alles.

Was zunächst nur ein Wort war, über das man ständig stolpert,
sobald man es bemerkt, hat sich zu einem Problem entwickelt,
das es zu lösen gilt. Was geschieht mit uns, wenn Leben, Denken,
Sprache, Kunst und Unterhaltung immer stärker in den Sog
künstlich erzeugbarer Mechanismen geraten? Die Futurologen
der biomolekularen Datenverarbeitung sind bereits davon überzeugt, daß der «Homo sapiens» durch immer mehr technische
Ersatzorgane aufgerüstet wird, bis er am Ende vollends zur Maschine geworden ist: «The Age of Spiritual Machines» hat begonnen, und diese Maschinen werden wir sein.

Künstlichkeit statt Natürlichkeit? Transformation des Menschen in programmierbare «mind children» aus synthetischer
Biomasse und algorithmischer Universalmaschine? – Wie realistisch sind die Phantasmen des Künstlichen? Und welche Rolle
spielen sie in Literatur, Philosophie und Wissenschaft?

Um im Strudel dieser Fragen nicht die Orientierung zu verlieren, ist es notwendig, den Blick nicht nur nach vorn zu richten. Wir müssen ihn auch auf jene kulturgeschichtlichen Schnittstellen zurückwerfen, an denen sich das Künstliche vom Natürlichen abgespalten hat, um es zugleich in seine eigene Perspektive zu rücken. Zwar geht es um die Lösung eines Problems, das uns heute herausfordert. Aber nur eine wiederholte Rückblende kann es uns in seiner ganzen geschichtlichen Schärfe vor Augen führen. Und manchmal muß man sogar zu frühgeschichtlichen Mythen zurückgehen, um begreifen zu können, was jetzt mit uns geschieht.

Lara Croft: Original

Cyborgs

Die Zukunft des Homo sapiens

> Wir sind alle Chimären, theoretisierte und fabrizierte Hybriden aus Maschinen und Organismen; kurz, wir sind Cyborgs.[1]
> *Donna J. Haraway*

> Unsere neuen technologisch vermittelten Beziehungen zwingen uns zu der Frage, in welchem Ausmaß wir selbst zu Cyborgs, zu transgressiven Mischwesen aus Biologie, Technologie und Code, geworden sind.[2]
> *Sherry Turkle*

> *The War of Desire and Technology* handelt von Science-fiction in dem Sinne, daß es um neue Technologien und die Grenzverschiebungen zwischen dem Lebendigen und dem Unlebendigen geht, ... mit anderen Worten, um die alltägliche Lebenswelt als Cyborg-Habitat.[3]
> *Allucquère Rosanne Stone*

Wollen sie sich einen Jux machen? Donna Haraway, Professorin für Wissenschafts- und Bewußtseinsgeschichte an der University of California at Santa Cruz, überraschte 1980 die Öffentlichkeit mit ihrem ersten «Manifest für Cyborgs», in dem sie uns alle zu Mischwesen erklärte, die wie die mythischen Schimären aus unterschiedlichen Stoffen zusammengesetzt sind. Sherry Turkle, Professorin für Wissenschaftssoziologie am Massachusetts Institute of Technology (MIT), erforscht vor allem die Verstrickungen zwischen Menschen und Computern und sieht uns bereits als cyborgisierte Übergangswesen. Sandy Stone, Professorin am ACTLab (Advanced Communication Technologies Laboratory) der University of Texas at Austin, die «Queen of Cyberspace», schrieb ihr Buch über den «Krieg zwischen Begehren und Technologie» wie einen Science-fiction-Roman unserer alltäglichen Lebenswelt als «cyborg habitat». Handelt es sich hier um Beobachtungen dessen, was wirklich geschieht, oder um phantasievolle Wiederbelebungen alter Mythen, um Beschreibung von Wirklichkeit oder Futurologie des Zukünftigen?

Jedenfalls ist festzustellen, daß ein neues Schlüsselwort zunehmend populärer wird, um das vielschichtige und widerstreitende Verhältnis zwischen Natur und Technik, Mensch und Maschine, Natürlicheit und Künstlichkeit auf den Begriff zu bringen. Wurde es zunächst nur benutzt, um ein konkretes Projekt zu bezeichnen, so wandert es heute als Metapher zwischen Computerwissenschaft, Kognitionstheorie, Kulturwissenschaften, Künstlicher Intelligenz, Molekularbiologie und Literaturwissenschaft, sofern es um die grundsätzliche Problematik geht: Wie und wohin entwickelt sich die körperliche, geistige und soziale Natur des Menschen, sofern sie immer mehr durch künstlich hergestellte Mechanismen bestimmt und durch Technowissenschaften theoretisiert wird?

Cyborg ist eine sprachliche Neubildung, in der verbal zusammengezogen wurde, was auch in der Realität sich zunehmend annähert und vermengt. «Cyb» verkürzt das theoretische Forschungsprogramm der *Kybernetik*, das in den vierziger Jahren entwickelt wurde, um das umfassende Gebiet der Regelung und Nachrichtentechnik, ob in Maschinen, Tieren oder Menschen, zu benennen. Kybernetik hat das Feld aller möglichen Maschinen zum Gegenstand der Forschung, wobei der abstrakte Begriff der Maschine den Aspekt der Berechenbarkeit akzentuiert, unabhängig von der materiellen Substanz der analysierten oder konstruierten Systeme. «Org» dagegen bezieht sich auf die natürliche Gegebenheit des menschlichen *Organismus*, seine naturwüchsige Körperlichkeit und lebendige Fleischlichkeit.

In einem Artikel für die Zeitschrift «Astronauts» hat der Luftfahrtingenieur Manfred Clynes 1960 den Neologismus «Cyborg», cybernetic organism, ins Spiel gebracht, um auf das funktionale Eins-Werden von Astronaut und Fluggerät hinzuweisen. Das führte bald zum hypothetischen Projekt eines universellen Umbaus des Menschen. Um ihn an den Kosmos als künftigen Lebensraum anzupassen, sollte der natürliche Mensch in eine kosmonautische Variante transformiert werden, die zwar noch eine Reihe biologischer Elemente aufweist, aber an entscheidenden Punkten durch mechanische und elektrische Apparaturen ersetzt und gesteuert wird.

> Der Cyborg ist nicht mehr ein teilweise prothetisierter Mensch. Er ist ein teilweise umkonstruierter Mensch mit einem künstlichen System der Ernährung und Regelung, das es ihm gestattet, sich an unterschiedliche kosmische Milieus anzupassen.[4]

Was zunächst nur für den Kosmos geplant war, ist zur Metapher für ein Leben auf der Erde geworden, das sich einem immer komplexer und mächtiger werdenden technologischen Milieu akkommodieren muß. Wir brauchen uns nicht in einen orbitalen Satelliten oder eine intergalaktische Flugmaschine zu begeben, um Cyborgs zu werden. Es genügt, sich ins Auto zu setzen, um uns der Logik seines Fahrverhaltens anzupassen, das Armaturenbrett als Terminal zu sehen und die Landschaft wie auf einem Fernsehbildschirm vorbeiziehen zu lassen. Wir koppeln uns, wie Astronauten in ihrer Kapsel, an den TV-Apparat an und gestalten unser häusliches Universum als einen telematischen Empfangs- und Bedienungsraum, in dem «Tele»-vision und Infor-«matik» zusammenspielen. Wir loggen uns in Videospiele ein, die unsere ganze Aufmerksamkeit in die Feedback-Schleifen von Programmstrukturen, Bildschirmdisplay, virtualisierte Spielkompetenz und Reaktionsintelligenz integrieren. Wir vernetzen uns im Hyperraum des World Wide Web, in dem wir körperlos als Informationsempfänger und -sender funktionieren. Die Welt als «Cyborg-Habitat»: Damit ist die Tendenz gemeint, menschliche Gesten, Körper und Tätigkeiten mit mechanischen, elektrischen, elektronischen und digitalen Apparaturen funktionell verschmelzen zu lassen. «Die eskalierende Cyborgisierung des Homo sapiens erscheint so als Schlüsselereignis der Epoche.»[5]

In neueren Wörterbüchern wird «Cyborg» in der Regel als

eine symbiotische Verbindung von Biologie und Technik definiert. Im engeren Sinn sind damit Lebewesen gemeint, deren Körper aus organischen und unorganischen Anteilen besteht. Ihre spielerische Ausgestaltung haben sie vor allem in der populären Kultur des Hollywood-Kinos gefunden, das schon immer ein Seismograph techno-sozialer Entwicklungstendenzen war.

Bereits 1973 spielte Yul Brynner einen Cyborg-Revolverhelden in Michael Crichtons «Westworld», einem künstlichen Freizeitpark, der einer Kleinstadt im Wilden Westen nachgebaut wurde, um den Besuchern ihre Träume zu realisieren. Leider geriet er außer Kontrolle und wurde zur tödlichen Bedrohung. In Ridley Scotts «Alien» (1979) war es ein Cyborg-Androide, dessen programmierte Befehlsstruktur die Raumfahrer in einen Kampf auf Leben und Tod verstrickte, weil er das außerirdische Monster in das Raumschiff holte. Rick Deckard hat in Ridley Scotts «Blade Runner» (1981) den Auftrag, die Androiden zu identifizieren und zu terminieren, die aus biologischer Masse und digitalem Denkzentrum zusammengebastelt worden sind. Am Ende weiß er selbst nicht mehr, ob er Mensch oder Cyborg ist, ausgestattet mit einem künstlich erzeugten Erinnerungssystem. Im ersten Film der «Robocop»-Serie wird der zerstörte Körper eines Polizisten high-technisch aufgerüstet, um im Großstadtdschungel für Ordnung zu sorgen. Für die Hersteller dieser Mensch-Maschine liegt der Vorteil ihrer Cyborgisierung auf der Hand: «Wir bekommen das Beste beider Welten: die schnellsten Reflexe, die moderne Technologie bieten kann, ein von der Mutterplatine unterstütztes Computer-Gedächtnis und eine Programmierung, die aus einem ganzen Polizeileben im Einsatz resultiert.»

Einen Höhepunkt stellte 1991 «Terminator 2: Judgment Day» (Tag der Abrechnung) von James Cameron dar. Spielte Arnold Schwarzenegger in «Terminator 1» noch den Killer aus der Zukunft, so ist er nun der gute Cyborg, gebildet aus lebendem Gewebe über einem metallischen Skelett und mit einem lernenden Computergehirn ausgestattet. Humaner als die Menschen, ist er in einer zunehmend wahnsinnig gewordenen Welt die vernünf-

Yul Brynner in «Westworld»

tigste Alternative. Wie ein Auslaufmodell hat er gegen den Flüssigmetall-Cyborg T-1000 zu kämpfen, um die Menschheit vor einer Zukunft zu retten, in der Maschinen die Menschen vernichten wollen. Da nützen keine Pumpguns oder Tankexplosionen, um T-1000 zu zerstören, der sich immer wieder regeneriert und jede beliebige menschliche oder unorganische Gestalt gleicher Größe annehmen kann. Seine Fähigkeiten des «morphing» und des «shape shifting» bereiten dem alten Cyborg Schwarzenegger einige Schwierigkeiten, bis beide am Ende in einem kochenden Stahlbad terminieren.

Beeindruckend an «T 2» war vor allem die optische Perfektion im Erzeugen eines cinematografischen Cyborgs, in dem eine illusionistische Metamorphose zwischen dem «natürlichen» Abbild des Schauspielers Robert Patrick und den vielfältigen Gestaltformen des Flüssigmetalls stattfand. Das vertraute Abbildungsverhältnis zwischen körperlicher Präsenz und Leinwandexistenz war außer Kraft gesetzt worden durch eine Technik, bei der die Verwandlungsphasen zwischen zwei gefilmten Bildern von einem Computer errechnet wurden und auf der Leinwand etwas zu sehen war, für das es kein Vorbild mehr gab. Ähnlich perfekt funktionierte das Morphing-Verfahren, als der digitalisierte Schauspieler durch das Gitter einer Gefängnistür hindurchglitt wie ein Messer durch weiche Butter.

«Wir machen uns Bilder der Tatsachen.» Als Ludwig Wittgenstein in seinem «Tractatus logico-philosophicus» 1918 diesen erkenntnistheoretischen Grundsatz mit dem Gestus einer unantastbaren und definitiven Wahrheit formulierte, vertraute er zwar nicht mehr auf die Direktheit sensorischer Wahrnehmung oder sensibler Empfindung. Die Basis der Welterkenntnis ist gemacht. Am Anfang steht das Bild als ein «Modell der Wirklichkeit». Die philosophische Reflexion setzte nicht mehr bei der sinnlichen Gewißheit an, sondern an einer Technik. Aber Wittgensteins Philosophie orientierte sich am Vorbild einer Fotografie, in der die Welt so erscheinen soll, wie sie tatsächlich der Fall ist. Auch der Film, als Erweiterung der Fotografie, schien dieser Logik der Abbildung zu folgen. Siegfried Kracauers «Theorie des Films» hat es am entschiedensten eingefordert. Filmisch soll es um eine Wiedergabe der tatsächlichen Welt in ihrer Sichtbarkeit gehen, um eine «Errettung der physischen Realität», die frei von ideologischen Illusionen und begrifflichen Abstraktionen ist.[6]

Dieses Vertrauen in die Bilder von Tatsachen ist durch die neuen Techniken der Erzeugung errechneter Bildwelten überholt worden. Es sind keine physischen Dinge oder Sachverhalte mehr, die abgebildet werden, sondern Berechnungsoperationen, die referenzlose Bilder generieren. Die rasante Entwicklung der Computeranimation und der Publikumserfolg kalkulierter Blockbuster wie «Terminator 2» und «Jurassic Park» lassen immer mehr Bildsequenzen im Rechner entstehen. Videoclips und Werbespots arbeiten mit Illusionstechniken, die von realitätsbezogenen Abbildungen kaum noch zu unterscheiden sind. Ganze Filme wie «Toy Story» oder «Antz» entstehen bereits im Computer und führen den Zuschauern künstliche Welten als reine Projektionen digitaler Rechenprozesse vor Augen.

Auch in der Literatur haben sich Cyborgs ihren Platz erobert. Als Mischwesen aus synthetisierter Biomasse und kognitiver Programmstruktur tauchen sie in Erzählungen von Stanislaw Lem auf, in denen es den Menschen immer schwerer fällt, ihre künstlich hergestellten Doppelgänger als solche zu erkennen. In den Cyberspace-Romanen des amerikanischen Schriftstellers William Gibson bevölkern sie einen «kybernetischen Raum», in dem vernetzte Informationen untereinander und mit dem Bewußtsein der Benutzer in Wechselwirkung stehen. Lebendige Organismen vermischen sich mit visualisierten Datenkonstellationen. Sie agieren in den «Konsens-Halluzinationen»[7] einer informationellen Matrix oder in den «Simstim»-Mechanismen, die ein simuliertes und stimulierendes Morphing in anderes Fleisch und Denken ermöglichen.

All das ist Science-fiction. Aber es folgt einer Entwicklungslogik, die in der alltäglichen Lebenswelt ebenso stattfindet wie in den Forschungsprogrammen und -labors der fortgeschrittensten Technowissenschaften. Die Cyborgs sind unter uns.

William Gibson, nach den Quellen seiner Phantasie befragt, hat vor allem auf die Vernetzung hingewiesen, in deren Informationsströme immer mehr Nutzer eintauchen, wobei sie ihre körperliche Existenz zurückzudrängen versuchen zugunsten einer Intelligenz, die in der virtuellen Welt der Datennetze nomadisiert. Und er beschrieb seine Erlebnisse in einer Spielhalle, in der Jugendliche mit ihren Videogeräten in einer Mensch-Maschine-Symbiose vereinigt sind, die sie zu Cyborgs macht:

Ich merkte an der Intensität ihres körperlichen Einsatzes, wie *versunken* diese Kinder waren. Es kam mir vor, als wäre eines der geschlossenen Systeme aus einem Roman von Pynchon Wirklichkeit geworden: Eine Rückkopplungsschleife aus Photonen, die aus dem Bildschirm heraus in die Augen der Kids strömten, Neutronen, die durch ihre Körper flossen, und Elektronen, die durch den Computer flossen. Und diese Kids *glaubten* offensichtlich an die Realität des Raumes, den diese Spiele projizierten.[8]

Die Spieler versenken sich so intensiv in ein Computerspiel, daß ihnen die «wirkliche» Welt bedeutungslos wird und sich ihnen eine neue Wirklichkeit eröffnet, die ihre ganze instrumentelle Aufmerksamkeit fordert. Sie tauchen in funktional angelegte Handlungssequenzen ein, deren Reiz-Reaktions-Mechanismus bewältigt werden muß. Die Intensität ihres Erlebens findet auf der Schnittstelle verschiedener Räume statt, die sich im Spielverlauf vermischen: *Vor* dem Computer existiert der physische Raum, in dem die Spieler vor dem Bildschirm sitzen; *im* Computer erzeugt die Software den virtuellen Raum der künstlichen Spielfiguren, deren Verhaltensweisen durch Künstliche-Intelligenz-Skripte modelliert worden sind; und *hinter* dem Computer befindet sich der transvirtuelle Raum, der durch die leitende und schöpferische Hand des Designer- und Programmierteams bestimmt ist.

Solche Erfahrungen sind es, die auch Donna Haraway, Sherry Turkle und Sandy Stone ihre Szenarien entwerfen lassen. Die Projektionsmechanismen der technisch erzeugten Bilder und Hypertexte werden entziffert als Projekt einer Cyborgisierung, die den Menschen und seine Lebensräume umgestaltet.

Daß der Alltag immer stärker maschinisiert und technifiziert wird, ist nicht zu übersehen. Immer mehr elektrische, elektronische und digitale Geräte werden benutzt, um das Leben zu erleichtern oder unterhaltsamer zu gestalten, von der Waschmaschine über Fernsehapparat und Videogame bis zum Laptop. Die Kommunikation wird zunehmend technisch vermittelt, vom Telefon über Fax und E-Mail bis zum Sex im Internet. Immer mehr Maschinen rücken uns auf den Leib oder werden ins

Körperinnere implantiert: Prothesen, Hörchips, Herzschrittmacher, Prototypen künstlicher Augen und Herzen. Die Grenzen zwischen Künstlichkeit und Natürlichkeit lösen sich auf.

Der Umbau menschlichen Lebens beschränkt sich damit nicht mehr auf die strukturelle Integration des Homo sapiens mit seinen Maschinen. Technik dringt ins Innere der Körper vor und läßt die jahrtausendealten Gegensätze zwischen «gewachsen» und «von Menschen gemacht», «biologisch» und «technisch», «lebendem Fleisch» und «toter Materie» obsolet werden.[9]

In dieser Hinsicht ist ein Physiker zum Sinnbild unseres Proto-Cyborg-Zeitalters geworden. Es sind nicht nur seine Gedanken über Schwarze Löcher und selbstgesteuerte Evolution, über die Geschichte der Raum-Zeit und die Existenz des Universums, die uns interessieren. Es sind auch seine Erscheinung und seine öffentlichen Auftritte, die ihn zu einer der populärsten Gestalten der Gegenwart machten. 1963, im Alter von 21 Jahren, erfuhr der englische Physikstudent Stephen Hawking, daß er an einer schleichenden Bewegungsunfähigkeit litt, die ihn zwang, den größten Teil seines Lebens an den Rollstuhl gefesselt zu sein. Je mehr seine körperlichen Fähigkeiten schrumpften, desto stärker wurde ihre maschinelle Supplementierung. Auf seinen Vortragsreisen rund um die Welt agiert er als ein Cyborg, der sein Publikum fasziniert. Unbeweglich sitzt die gnomenartige Gestalt, von deren Extremitäten nur noch ein Finger der linken Hand voll funktionsfähig ist, in ihrem elektrischen High-Tech-Rollstuhl und steuert mit kaum bemerkbaren Bewegungen den Laptop, der es ihr erlaubt, eine körperlose Stimme aus den Lautsprechern ertönen zu lassen, die aus dem «Krieg der Sterne» stammen könnte. Ein Sprachsynthesizer läßt hören, was dieser «Master of the Universe» zu sagen hat. Es war nicht zufällig diese Menschmaschine, die Sandy Stone dazu motivierte, sich in ihre technischen Prothesen am ACTLab zu verlieben.

Kein Lautsprecher, kein Diskurs; ohne Prothesen wird Hawkings Intellekt zu einem Baum, der im Wald umfällt, ohne daß es jemand hört. Andererseits ist durch die Lautsprecher seine Stimme hörbar und zugleich elektrisch, völlig anders als die eines Menschen, der in ein Mikrophon *spricht*. Wo *endet* er? Wo sind seine Grenzen? Die Probleme, die durch seine Person und seine kommunikativen Prothesen aufgeworfen werden, sind Grenzdiskussionen und -fragestellungen (boundary debates, borderland / *frontera* questions).[10]

Stephen Hawking ist ein Grenzfall. Er lebt und kommuniziert auf der Schnittstelle zwischen Mensch und Maschine, Biologie und Technik, die er auch mit Witz und Selbstironie in Szene zu setzen weiß. Wer kennt nicht die amüsante Folge von «Star Trek: The Next Generation», in der er sich selbst spielt und auf dem Holodeck mit Isaac Newton, Albert Einstein und Mr. Data, dem superintelligenten und gefühllosen Serien-Cyborg, pokert, um das Welträtsel zu lösen?

Die Frage nach der Grenze zwischen Künstlichkeit und Natürlichkeit stellt sich nicht nur angesichts neuer Techniken, welche die körperlichen und geistigen Vermögen des Menschen durch prothetische Möglichkeiten erweitern. Auch die *Wissenschaften* selbst theoretisieren verstärkt an einer Front der Ununterscheidbarkeit, die es immer schwerer macht, Modellkonstruktionen und reale Gegenstandsbereiche verläßlich auseinanderzuhalten. Es sind gleichsam *theoretische Cyborgs*, die entworfen werden, um erkennen zu können, wie die natürliche Welt funktioniert. Mathematisierte Modelle, computergestützte Berechnungsoperationen und experimentelle Labortechniken lassen die Wirklichkeit zunehmend als etwas begreifen, das immer perfekter simuliert und technisch erzeugt werden kann. Die Realität erscheint wie ihr eigener Doppelgänger, zusammengesetzt aus konkreten Gegebenheiten und abstrakten Projektionsmechanismen. Sie verliert ihre Eigenständigkeit und verschwimmt mit den theoretischen Modellentwürfen, die ihre maschinenartigen Funktionsweisen erklären sollen.

Das Geheimnis des Lebens wird durch Forschungsstrategien der *Molekularbiologie* und *Gentechnologie* zu lüften versucht, deren Modelle sich von einer vertrauten Naturansicht und Erfahrungstypik ablösen und dem Ziel biochemischer Produzierbarkeit unterwerfen. An die Stelle einer traditionsreichen Naturbetrachtung ist das universelle Strukturmodell der DNS getreten, mit dem theoretisch und praktisch gearbeitet werden kann, wobei die Grenzen zwischen natürlichen Lebensformen und ihrem gentechnischen Re-Design fließend geworden sind. Daß unsere pflanzlichen und tierischen Nahrungsmittel gentechnisch verändert werden, scheint unaufhaltsam zu sein. Klone werden erzeugt, transgene Pflanzen und tierische Hybridformen («Schimären») werden zusammengebastelt nach dem Willen ihrer Schöpfer-Ingenieure.

Für die moderne *Linguistik* gilt Sprache nur noch als ein Strukturgebilde, das durch mathematisierte Modelle erzeugt werden kann. Alle Sätze einer Sprache werden aus einem formalisierten Regelsystem abgeleitet, dessen Kapazität nicht mehr zwischen lebendiger Sprachpraxis und verkünstlichten Sprachgebilden unterscheiden läßt. Als modelltheoretisches Erkenntnisobjekt ist die Sprache in einem ort-, zeit-, subjekt- und kontextlosen Hyperraum ohne kommunikative Atmosphäre angesiedelt worden, der nur noch als «Berechnungssystem» interessiert.

Was einst als Denken reflektiert worden ist, ist zum Operationsgebiet symbolischer Maschinen transformiert worden. Formalisierte Kunstsprachen werden entwickelt, um die Funktionsweise der menschlichen Intelligenz durchsichtig zu machen. Maschinensprachen der *Künstlichen Intelligenz* versuchen, die natürlichen Denkfähigkeiten und Wissensformen des Menschen zu simulieren. Sie imitieren ein Denken, das operational begreifbar ist mittels einer intelligenten Künstlichkeit, die sich selbst als Ausdruck des Geistes inszeniert und radikal unser Bild dessen verändert, was es heißt, als Mensch zu denken. Im Licht der KI mutieren wir zu Geistmaschinen. In der Perspektive «neuronaler Netzwerk»-Konstruktionen gelten wir als «Seelenmaschinen».[11]

Aus der Verbindung von Telekommunikation und Datenverarbeitung entsteht ein phantomatischer *Cyberspace*, in dem eine künstliche Kommunikation zwischen Symbolketten stattfinden kann, die durch entpersonalisierte Benutzernamen autorisiert werden. Personale Identität zersplittert in die Optionen vielfältiger Maskierungen. Telematische Netzwerke und virtuelle Welten werden aufgebaut, in denen Geisterwesen nomadisieren, denen der biologische Körper nur noch als ein notwendiges Übel erscheint. Sie bilden Wirbel in einem telematischen Fluß ohne Ufer, in dem sich stets neue virtuelle Gemeinschaften organisieren und auflösen, sich immer neue Räume öffnen, Zeithorizonte verschieben und Identitäten herausbilden.

Auch Kulturtheoretiker haben das Phänomen der Künstlichkeit, das sich mit natürlichen Lebensformen vermischt, als zentrale Herausforderung entdeckt. Bereits in den fünfziger Jahren, also lange vor der schönen neuen Cyberspacewelt mit ihren Täuschungsmanövern auf der Schnittstelle zwischen Original und Informationsabbild, hat der polnische Schriftsteller Stanislaw Lem versucht, die Illusionstechniken einer «Virtuellen Realität» in lebensweltliche Zusammenhänge einer möglichen Zukunft einzuordnen. In seiner «Summa technologiae», als polnisches Original 1964 erschienen, hat er die Begriffe *Phantomatik* und *Phantomatologie* geprägt und die Simulationsmechanismen zu begreifen versucht, deren technische Realisierung uns fragen läßt:

> Wie lassen sich Realitäten erzeugen, die für die in ihnen verweilenden vernünftigen Wesen in keiner Weise von der normalen Realität unterscheidbar sind, doch anderen Gesetzen unterliegen als diese? (...) Ist es möglich, eine künstliche Realität zu schaffen, die der natürlichen vollkommen ähnlich ist, sich jedoch von ihr in keiner Weise unterscheiden läßt? Die erste Frage betrifft die Erzeugung von Welten, die zweite die von Illusionen.[12]

Während die Phantomatik eine Technik ist, um die Wirklichkeit durch ihre Simulation zu ersetzen, ohne daß die erzeugte Fiktion zu durchschauen ist, ist die Phantomatologie eine Disziplin, die eine Antwort auf die Frage sucht: Welche psychischen, sozialen und philosophischen Konsequenzen ergeben sich, wenn virtuelle Realitäten mit ihren Empfängern so kurzgeschlossen sind, daß es aus den Illusionen keine Ausgänge in die reale Welt mehr gibt, wenn die menschlichen Rezipienten zu aktiven Teilnehmern phantomatischer Projekte und Projektionen werden, wenn die Simulation zu einer von der wirklichen Wirklichkeit nicht mehr abreißbaren Maske geworden ist?

Vor allem der französische, 1929 in Reims geborene Soziologe Jean Baudrillard hat es theoretisch auf die Spitze getrieben. Was einst als Realität galt, ist liquidiert worden und findet seine künstliche Auferstehung in verschiedenen hyperrealistischen Zeichensystemen, die ihren eigenen Spielregeln folgen. Das ist das perfekte Verbrechen, ohne daß es dabei einen identifizierbaren Täter gibt, ein leidendes Opfer und ein klares Motiv. Die Realität ist ermordet worden und wurde durch ihre simulativen Doppelgänger ersetzt. *Simulation* und *Simulakrum* sind die Schlüsselbegriffe, mit denen Baudrillard zu denken und zu schreiben versucht, was wirklich geschieht.

Überall sieht Baudrillard simulative Prozesse am Werk und Simulakren auftauchen, im Alltagsleben ebenso wie in den wissenschaftlichen Forschungsprogrammen. In seinem theoretischen Hauptwerk – «Der symbolische Tausch und der Tod»[13] – hat er die Geschichte dieses Verbrechens rekonstruiert, die sich in drei Etappen einer zunehmend perfekter werdenden Modellierung vollzog. Sie begann in der Renaissance mit der «Imitation» des Menschen durch Automaten, die am theatralischen und gesellschaftlichen Spiel teilnahmen. Es folgte die Phase der seriellen «Produktion», der Maschinen des industriellen Zeitalters, die nicht mehr spielen, sondern arbeiten und den Menschen in ihren Mechanismus hineinziehen. Heute leben wir im Zeitalter der «Simulation», in dem genetischer Code, generative Modelle und Systeme der Künstlichen Intelligenz determinieren, was als Leben, Sprache oder Denken gelten kann.

All diese Tendenzen bleiben nicht unwidersprochen. Gegen sie wird eine «Natur» zu bewahren versucht, von der fundamentalistischen «grünen» Politik über Naturheilverfahren bis zum Wunsch nach Naturkost und einem Leben in freier Natur. Und gegen die Verkünstlichung menschlicher Lebensformen wird das Bild eines «natürlichen» Menschen gestellt, der authentisch lebt und ohne mediale Masken als der denkt, spricht und handelt, der er «wirklich» ist.

Sandy Stone sprach von «boundary debates» und «borderland/*frontera* questions», in die wir angesichts einer eskalierenden Cyborgisierung verstrickt sind. Wo und wie verläuft die Grenze zwischen dem «Cyb» und dem «Org», zwischen den kybernetischen Modellkonstruktionen und den organismischen Lebensformen? Und wie sollen wir uns an ihr verhalten? Auf diese Fragen werden widerstreitende Antworten gegeben. Sie sind angesiedelt zwischen den beiden Extremen eines Glaubens an die heilbringende Ankunft stets neuer Technologien und einer apokalyptischen Klage über das Ende der Natürlichkeit.

Es ist davon auszugehen, daß die Konflikte an der Grenze zwischen Künstlichkeit und Natürlichkeit nicht nur heute unvermeidbar sind, sondern daß sie an Schärfe zunehmen werden. Denn immer mehr prothetische Hilfsmittel werden entwickelt und eingesetzt, bei denen es sich nicht um mechanische Prothesen handelt, sondern um ein immer intimer werdendes Feedback-Verhältnis zur Technosphäre. Die fortschreitende Cyborgisierung des Homo sapiens ist unaufhaltsam.

Angesichts dieser Situation ist es notwendig, sich über ihre geschichtliche, soziale und psychische Dimension grundsätzlich klarzuwerden. Ein manichäisches Denken, dem das Natürliche als authentisch, gut und echt, das Künstliche als maskierend, böse und falsch erscheint, ist nicht an der Zeit. Wenn die Grenzziehung zwischen dem Natürlichen und dem Künstlichen überhaupt noch sinnvoll ist, dann nur in dem Maß, in dem sie dazu beitragen kann, die theoretisierten und fabrizierten Schimären, Hybriden oder Cyborgs als das zu erkennen, was sie sind: Wer die Realität des Künstlichen und die Virtualierung des Realen durchschaut, muß nicht an eine reine Natur oder unbefleckte Natürlichkeit glauben; wer künstliche Modelle des Realen konstruiert, muß den Blick für die modellierte Wirklichkeit nicht völlig verlieren.

Diese Überzeugungen grundieren die mythischen, philosophischen und literarischen *Bilder künstlicher Menschen*, denen wir unsere Aufmerksamkeit zunächst widmen. Innerhalb der europäischen Kulturgeschichte dokumentieren sie, wie die *Einbildungskraft* das Phänomen der Künstlichkeit entdeckt und gestaltet hat. Das Spektrum reicht vom frühgriechischen Mythos der Pandora über die philosophischen Mensch-Maschinen bis zu den virtuellen Phantasiegestalten in Werken von Stanislaw Lem und William Gibson. Dem «Blade Runner» von Philip K. Dick wird dabei ein eigenes Kapitel gewidmet. Wenn es hier um Erkenntnis geht, dann nicht im Sinne eines mathematisch-wissenschaftlich orientierten Erkenntnisbegriffs, sondern hinsichtlich einer sozialen und psychischen Erfahrung, die den Menschen über sich selbst nachdenken läßt. Worin besteht sein humanes Wesen, das durch keinen künstlichen Mechanismus ersetzbar ist?

Es ist das Privileg dieser Gestaltungen, daß sie an lebensweltlichen Erfahrungen ansetzen, um sie phantasievoll auszuschmücken. Sie lassen sich durch keinen Willen zum wahren Wissen leiten, sondern spinnen existentielle Herausforderungen fort ins Reich der Imagination. Sie spielen mit den Illusionen des Künstlichen, um sie als solche künstlerisch aufzuheben. In der Differenz zu seinen künstlichen Doubles will der Mensch sein eigenes Wesen begreifen.

Demgegenüber geht es in den *Wissenschaften* ernst und scheinbar objektiv zu. Die Welt als alles, was tatsächlich der Fall ist, soll ihr Gegenstand sein. Mit Täuschungen oder Fake wollen die strengen Wissenschaften nichts zu tun haben. Methodische Regeln und ein Willen zum wahren Wissen beherrschen die wissenschaftliche Theoriebildung und ihre experimentelle Überprüfung. Auch wenn es sich herumgesprochen hat, daß selbst die beste naturwissenschaftliche Erkenntnis nur ein Vermutungswissen sein kann, so besteht doch das Vertrauen, daß es das Sicherste ist, das wir haben können, weil es durch das Kreuzfeuer kritischer Überprüfungen hindurchgegangen ist. Aber auch auf dem Feld des Wissens wimmelt es von Fiktionen und Projektionen. Sie liegen in der Logik einer Erkenntnisintention begründet, die sich von den natürlichen Phänomenen zunehmend abgewendet und in *abstrakte Modellkonstruktionen* verlagert hat.

Das soll im zweiten Teil herausgearbeitet werden, der nicht von absichtlichen Täuschungsmanövern und wissenschaftlichen Scharlatanen handelt, sondern von den fortgeschrittensten Technowissenschaften. So provokativ es zunächst klingen mag: Gerade bei den tonangebenden Pionieren drängt sich der Eindruck auf, daß sie nicht wissen, was sie tun. Denn sie beschwören eine Wirklichkeit und Objektivität, obwohl sie sich vor allem in Modellwelten und Simulationen bewegen. Die Aufklärung dieser Verwirrung kann nicht ästhetisch oder spielerisch geschehen. Nur der Rückblick auf Erkenntnisanstrengungen, die sich durch umfassendere Konzepte ihres Gegenstandsbereichs lenken ließen, kann deutlich machen, daß der Erkenntnisfortschritt einer unauflösbaren Paradoxie unterliegt: Je mehr sie in die Perspektive hochabstrakter Modelle geraten, desto unerkennbarer werden die Phänomene hinter ihren künstlich erzeugten Maskierungen. Als Erkenntnisobjekte spezialisierter, in der Regel formalisierter Theoriekonstruktionen verlieren sie ihre originäre Qualität und tauchen nur noch im Gewand konstruierter Vermittlungen auf. Sie werden unecht oder «factitious», eingefangen ins schimärenhafte Spiel von Fakten und Fiktionen. Sie sind weder real, noch imaginär, sondern werden als Simulakren zu erkennen versucht, angesiedelt in einem eigenständigen Bereich des *Hyperrealen*.

I
Künstliche Menschen

Trugbilder, Ersatzobjekte, Wunschmaschinen

Unsere Reisen ins Reich des Künstlichen beginnen dort, wo auch das wissenschaftliche Denken seine Quellen hat. Denn gegen dessen Selbstverständnis, sich nur durch logische Argumentation und empirischen Tatsachenbezug legitimieren zu können, kann sein kulturgeschichtlicher Ursprung nicht vergessen werden. Wissenschaftliche Zielvorstellungen und Verfahrensweisen fallen nicht vom Himmel. Es sind mythische Geschichten, philosophische Gedankenexperimente und literarische Fiktionen, die ihnen ihre Ausgangspunkte liefern und die bereits von imaginierten Doppelgängern des Menschen bevölkert sind, lange bevor die Technowissenschaften sich darauf ausrichteten, die natürliche Lebenswelt, den Menschen inbegriffen, durch Modellkonstruktionen erkennen zu wollen.

Bereits in der Theogonie des Hesiod, etwa 700 v. Chr. geschrieben, wurde Pandora, die Ur-Frau, als ein künstliches Wesen geschaffen, um das Begehren der Männer zu wecken. «The War of Desire and Technology», den Sandy Stone ans Ende des mechanischen Zeitalters stellt, fand bereits im Werk des ersten Schriftstellers statt, der seine Dichtung mit seinem Namen autorisierte. Lara Croft, das errechnete Superweib des Computerspiels «Tomb Raider», ist das erfolgreiche Endprodukt einer langen Geschichte der *künstlichen Frauen*. Stärker als natürliche Frauen dienen sie als Projektionsfiguren, an denen sich das sexuelle Begehren entzünden kann. Dabei findet oft eine bemerkenswerte Verdrehung statt: Die künstlichen Frauen scheinen echter und natürlicher zu sein als die wirklichen Frauen.

Wenn man die wichtigsten Vertreterinnen dieser eigenartigen Spezies betrachtet, so geht es dabei stets auch um eine Geschichte der Technologie und der Medien.

Pandora ist aus Schlamm gemacht, Apega (etwa 150 v. Chr.) aus Eisen. Sie wurden von Mechanikern hergestellt und finden ihren Abschluß in der mechanischen Automatenbaukunst des 18. Jahrhunderts. E. T. A. Hoffmanns Puppe Olimpia, in seiner Erzählung vom Sandmann (1815), ist ihre schönste literarische Gestaltung, in der zugleich die zunehmende Mechanisierung des gesellschaftlichen Lebens reflektiert wird.

«Die Eva der Zukunft» von Villiers de l'Isle Adam erscheint 1886. Sie ist ein elektro-menschliches Wesen, das Thomas Alva Edison, der Magier der Elektrizität, produziert hat, um die übersteigerte Ästhetik seines adligen Freundes Lord Ewald zu befriedigen. Die Dekadenz findet ihre Erfüllung in einem Wesen, dessen künstlich-künstlerische Vollkommenheit von keiner wirklichen Frau erreicht werden kann.

Auf der Schnittstelle zwischen Elektrizität und Elektronik agiert Rachael Rosen, die Androide in Philip K. Dicks Roman «Träumen Androiden von elektrischen Schafen?» (1968), der 1981 von Ridley Scott als «Blade Runner» verfilmt wurde. Hier geht es nicht mehr um ästhetisierte Dekadenz, sondern um Medienwirklichkeiten, die es immer schwerer machen, zwischen wirklichen und virtuellen Realitäten zu unterscheiden.

Am vorläufigen Ende stehen die digitalisierten Frauen der Unterhaltungsindustrie: die Pop-Idole Kyoko Date, Aimee, Tyra, Busena oder Lara Croft. Ihre Spielfelder sind der Computer und das Videogerät. Literarisch gestaltet worden ist diese Verlagerung in den virtuellen Raum in William Gibsons «Idoru» (1996), in dem ein Popstar eine computergesteuerte Hologrammfrau heiratet, um den verblüfften Zeitgenossen die Mechanismen der Medienkultur vorzuführen.

Es sind teils unheimliche, teils amüsante Geschichten, in denen sich sexuelle Phantasien, technologische Entwicklungen und mediale Veränderungen ästhetisch vermitteln, die von Hesiod bis Gibson erzählt worden sind. Aber selbst wenn es dabei manchmal um Leben und Tod ging oder um den Sturz in den Wahnsinn, wurde den Zuhörern, Lesern und Zuschauern doch immer verdeutlicht, daß es sich um Täuschungsmanöver handelt.

Was aber geschieht, wenn die Differenz zwischen dem Künstlichen und dem Natürlichen verschwimmt, weil das Leben selbst als künstlich erfahren wird und die Vorstellung des Natürlichen sich als Trugbild erweist? Um diese Frage zuzuschärfen, die uns heute mehr denn je herausfordert, müssen wir zunächst 250 Jahre zurückblicken. Denn an einem Oktobertag 1749 fand je-

*Casanova und seine mechanische Geliebte (Szenenfoto aus Federico
Fellinis Film «Casanova» 1976)*

ner epochale Einschnitt statt, der die aktuelle Auseinandersetzung und den Widerstreit zwischen dem Künstlichen und dem
Natürlichen in Gang brachte. An diesem denkwürdigen Tag
überkam Jean-Jacques Rousseau die Vision einer natürlichen
Lebensweise, welche die zivilisatorischen Masken des «l'homme
artificiel» abzustreifen vermag. Er litt an der Künstlichkeit der

Lebens- und Wissensformen und brachte einen «Naturzustand» und einen «natürlichen Menschen» als Alternativen ins Spiel, die erst durch ihn ins Bewußtsein des modernen Menschen gerückt worden sind. Ohne Vergegenwärtigung von Rousseaus Schriften ist nicht zu verstehen, was gegenwärtig umstritten ist.

Denn Rousseau begann auch zu ahnen, daß «Natur» und «Natürlichkeit» nur Wunschbilder sein können. Er koppelte sich an ein hochartifizielles Aufschreibsystem an, das von Anfang an die natürliche Reinheit und Unmittelbarkeit zerstörte, die er für sich ersehnte. Rousseau empfand, dachte und schrieb als ein «l'homme double», der zwischen Natürlichkeit und Künstlichkeit hin- und hertaumelte. In dieser Hinsicht soufflieren seine Schriften noch immer die entscheidenden Stichworte, die auch heute noch maßgeblich sind. Als doppelter Mensch zwischen natürlichem Leben und verkünstlichter Zivilisationsmaschinerie soll er hier zu Wort kommen, wobei es vor allem seine *Sexualität* ist, die uns interessiert. Sie ist das Paradigma, an dem sich der Konflikt zwischen dem Künstlichen und dem Natürlichen am deutlichsten artikuliert und nachzeichnen läßt.

Maskierte Sexualität

Rousseaus Traum vom natürlichen Menschen

> Es ist kein geringes Unterfangen zu unterschei-
> den, was in der aktuellen Natur des Menschen
> ursprünglich und was künstlich ist, und einen
> Zustand richtig zu erkennen, der nicht mehr
> existiert, der vielleicht nie existiert hat, der
> wahrscheinlich nie existieren wird und von dem
> zutreffende Begriffe zu haben dennoch notwen-
> dig ist, um über unseren gegenwärtigen Zustand
> richtig zu urteilen.[1]
> *Jean-Jacques Rousseau*

Zurück zur Natur

Wer von Künstlichkeit spricht, orientiert sich, ob er es will oder
nicht, an ihrem Gegenteil. Es macht keinen Sinn, dieses Wort in
einem absoluten Sinn zu gebrauchen. Nur im Wechselspiel mit
der Vorstellung des Natürlichen und dem Begriff der Natur gewinnt es seine Bedeutung. Bemerkenswert dabei ist, daß der
«Natur» und dem «Natürlichen» sowohl eine zeitliche als auch
eine systematische Vorrangstellung zugesprochen wird. Das
Künstliche ist etwas Sekundäres, Hinzugekommenes und De-
pravierendes, durch das etwas Natürliches verdeckt oder ersetzt
worden ist.

Die Rede von Natur und Natürlichkeit soll dem Menschen
helfen, die Welt so zu begreifen, wie sie wirklich ist. Hinter dem
Künstlichen gilt es etwas Ursprüngliches, Unverstelltes oder
Eigentliches zu entdecken. Davon zeugen philosophischer und
alltäglicher Sprachgebrauch. Wer das Wesen von etwas zu begreifen versucht, spricht von seiner Natur: von der Natur des Menschen, der Natur des Wissens, der Natur der Sprache, der Natur
der Natur. Wer etwas für selbstverständlich hält, sagt gern: «Na-

türlich, so ist es.» Bereits Aristoteles hat diesen Sprachgebrauch favorisiert, der bis in unsere Gegenwart einflußreich geblieben ist: «Nicht in depravierten Dingen, sondern in jenen, die sich in einem guten Zustand gemäß der Natur befinden, muß man betrachten, was natürlich ist.»[2]

Man spricht von einer natürlichen Sprache, in deren Medium man sich ohne Schwierigkeiten bewegt, von natürlicher Fortpflanzung und natürlichen Lebensformen, die den Kontakt zur Natur nicht verloren haben, von der Welt als Universum natürlicher Gesetze und von natürlichen Verhaltensweisen im Sinne einer durchsichtigen Authentizität ohne Maskierung.

Diese naturbezogene Redeweise, durch die der Natur und dem Natürlichen sowohl eine zeitliche Priorität als auch eine unmittelbare Seinsweise zugesprochen wird, war schon immer ein Mythos. Sie beschwor einen Zustand, den es für den Menschen nie gegeben hat, und zielte auf etwas Unvermitteltes und Unberührtes, das nur den Schein des Natürlichen besitzen kann. Denn sie übersah, daß die Natur für den Menschen schon immer eine kultivierte, gestaltete oder konstruierte Lebenswelt war; und daß die Vorstellungen eines Natürlichen im geschichtlichen Prozeß der Zivilisation vielfältige Formen angenommen haben. Das «Natürliche», das sich von selbst versteht, ist immer geschichtlich.

Aber diese Entmythologisierung eines unreflektierten Redens von «Natur» und «Natürlichkeit» zerstört nicht den kritischen Sinn dieser Prädikate. Sie verlieren zwar ihren absoluten Charakter zur Beschwörung eines natürlich Gegebenen, das ohne geschichtliche Vermittlung existieren soll. Orientierend aber bleiben sie als Verhältnisbegriffe. Sie widerstreiten der Vormachtstellung eines Künstlichen, das sich aus der Naturgebundenheit menschlicher Existenz und ihren alltäglichen Verständlichkeiten völlig loszulösen droht. «Natürlichkeit» bezeichnet keine wahre Natur oder unmittelbare Evidenz, sondern widerspricht der fortschreitenden Tendenz zum Artifiziellen.

Kein anderer Schriftsteller und Denker hat diese widerstreitende Bewegung in ihrer Dramatik so sehr erlebt, erlitten und reflektiert wie Jean-Jacques Rousseau (1712–1778). Er hat einen «Naturzustand» und einen «natürlichen Menschen» beschworen, auch wenn er ahnte, daß er sich dabei in einem Labyrinth von gedanklichen Konstruktionen, enttäuschten Hoffnungen und undurchschauten Selbsttäuschungen zu verirren drohte. An seinen Schriften ist abzulesen, mit welchen Problemen man zu kämpfen hat, wenn man gegen die Verkünstlichung der Lebensweisen und die Abstraktionen der Wissenschaften anzukämpfen versucht im Namen einer Natur, die als unberührte, authentische und originäre Gegebenheit doch nur ein Wunschbild sein kann.

Man hat Rousseau oft als einen Menschen verstanden, der zur Natur zurückzugehen versuchte und aufforderte. Sein ungestümes Drängen nach Natürlichkeit ist auf mannigfaltigen Gebieten – Erziehung, Kunst, Politik – äußerst wirksam geworden. Man hat ihn sich zum Gewährsmann gewählt, um gegen die technische Vergewaltigung der Natur und die erzieherische Konditionierung des Menschen aufzubegehren. Antiautoritäre Erziehung, ökologische Politik, Wunsch nach Naturkost und einem Leben in der Natur orientieren sich an Rousseaus Idealen und wenden sie kritisch gegen zivilisatorische Entfremdung und eine entfesselte technologische Naturbeherrschung.

Was den einen als Vorbild dient, wird von anderen als leere Phantasterei zurückgewiesen, als ein unhaltbarer Romantizismus, an den nur Träumer oder Naturapostel glauben können. So hat, um nur ein Beispiel zu nennen, Michael Rutschky die grünen Naturschützer als eine ökologische Priesterschaft attakkiert, die den Mythos einer heiligen Natur beschwört, ohne zu sehen, daß die Natur, in der wir leben, eine bearbeitete Landschaft ist, die durch und durch «künstlich»[3] ist. Es führt kein Weg zurück. Auch Camille Paglia hat sich lustig gemacht über alle Versuche, den «guten» Menschen von negativen Umwelteinflüssen möglichst freizuhalten. «Unter heutigen Sozialarbeitern und Erziehern, deren sanfte und heitere Stimmen allzu häufig von Frömmigkeit und väterlicher Bevormundung vibrieren, hat der Rousseauismus Konjunktur.»[4] Nein, die Vorstellung des Menschen als «von Natur aus gut» ist nur eine romantische Seifenblase, die ständig an der gesellschaftlichen Wirklichkeit zerplatzt.

Seit mehr als 200 Jahren spielt Rousseau eine Schlüsselrolle in der Auseinandersetzung um die Chancen und Risiken einer Moderne, die es nicht erlaubt, zu einem wahren, guten und schönen Naturzustand zurückzugehen. Aber war das Rousseaus Absicht? Wollte er nicht nur auf einen Naturzustand und einen natürlichen Menschen zurücksehen, «um über unseren gegenwärtigen Zustand richtig zu urteilen»? Zurückgehen oder zurücksehen? An dieser Differenz eines einzigen Buchstabens entzündeten sich die meisten Mißverständnisse und heftigsten Auseinandersetzungen der letzten beiden Jahrhunderte. Auf jeden Fall empfiehlt es sich, Rousseau zu lesen, um sich über den Widerstreit zwischen dem Künstlichen und dem Natürlichen klarwerden zu können.

In all seinen philosophischen Abhandlungen, autobiographischen Schriften und literarischen Werken steht eine Überlegung im Mittelpunkt: Die soziale Lebenswelt ist eine künstliche Zivilisationsmaschine, in der von einem ursprünglichen Naturzustand kaum noch Spuren zu entdecken sind; und der soziable Mensch ist ein «l'homme artificiel», der sich vom «l'homme naturel» so weit entfernt hat, daß es äußerster Anstrengungen und einer großen Kunst bedarf, um ihn daran zu hindern, ganz künstlich zu werden. Das voluminöse Erziehungskonzept, das Rousseau in «Emile oder Über die Erziehung» (1762) entworfen hat, plädiert nicht dafür, den natürlichen Menschen, den es heranzubilden gilt, zu einem unzivilisierten Wilden zu machen. Statt dessen kämpft es an gegen alle «Scheinexistenzen», zu denen der Mensch durch die Institutionen verformt wird.

Bleiben wir zunächst beim *Naturzustand*. Rousseau hat ihn vor allem im ersten Teil seines «Diskurs über den Ursprung und die Grundlagen der Ungleichheit unter den Menschen» (1755) rekonstruiert, mit dem er eine von der Akademie von Dijon gestellte Preisfrage beantwortet hat. Das war keine Rede gegen die Ungleichheit, die sich gesellschaftlich etabliert hat in den Verhältnissen zwischen Herren und Knechten, Reichen und Armen, Starken und Schwachen. Es war ein Versuch, sich über diese Ungleichheit klarzuwerden durch die spekulative Rekonstruktion eines ursprünglichen und anfänglichen Naturzustands. Wie sind die Menschen aus ihm hervorgegangen, und was wäre aus dem Menschengeschlecht geworden, wenn es in ihm geblieben wäre? Rousseau will den Menschen von den zivilisatorischen Prägungen «entkleiden», um den bedauernswerten Zustand der Ungleichheit besser analysieren und verstehen zu können. Aber was er entdeckt, ist kein verlorenes Paradies oder Goldenes Zeitalter der Gleichheit, der allgemeinen Freundschaft und der gegenseitigen Wohlgefälligkeit. Als erster sieht Rousseau den Naturmenschen als Tier.

> Wenn ich dieses so verfaßte Wesen aller übernatürlichen Gaben, die es hat empfangen können, und aller künstlichen Fähigkeiten, die es nur durch langwierige Fortschritte hat erwerben können, entkleide, wenn ich es, mit einem Wort, so betrachte, wie es aus den Händen der Natur hat hervorgehen müssen, so sehe ich ein Tier, das weniger stark als die einen, weniger flink als die anderen, aber alles genommen am vorteilhaftesten von allen organisiert ist.[5]

Der Mensch im Naturzustand war animalisch, und nichts spricht dafür, daß Rousseau sich dessen Zustand als Idylle oder als Ideal vorgestellt hat. Von seinen «übernatürlichen Gaben» und «künstlichen Fähigkeiten» befreit, lebt der Naturmensch in animalischer Beschränktheit. Als Einzelwesen existiert er «autark» ohne soziale Beziehung zu anderen; er ist statisch eingebunden in seine jeweils gegenwärtige Situation, ohne Erinnerung und ohne Zukunftsplanung; er ist in einen ständigen Kampf ums Überleben verstrickt, blutgierig und grausam, wenn es die Situation erfordert; das Gesetz des Stärkeren beherrscht das Aufeinandertreffen der einzelnen und unterwirft sie einer natürlichen Selektion, die durch keine zivilisatorischen Maßnahmen kontrolliert wird.

Der Mensch im Naturzustand lebt ohne Sprache und ohne Vernunft. Er hat keine Vorstellung von Gott oder moralischen Pflichten. Er besitzt keinen Begriff von Recht, Eigentum oder

Herrschaft. Er ist, paradox gesagt, kein «menschlicher» Mensch. Und doch ist er «gut». Diese Wende zum Guten ist einigermaßen überraschend, und kein anderes Wort hat zu so vielen Mißverständnissen geführt: Der Mensch ist von Natur aus gut, und allein die Institutionen sind es, die den Menschen böse machen. Das hat nichts mit Güte, Wohlwollen, gegenseitiger Rücksichtnahme und moralischem Bewußtsein zu tun. Als Tier ist der Mensch gut, weil er erstens über eine körperliche Wohlgeratenheit und biologische Lebensfähigkeit verfügt und seine vitale Gesundheit noch in direktem Zusammenhang mit der Natur steht, in der er lebt. Er ist gut, weil er zweitens noch moralisch unschuldig oder unverantwortlich ist, diesseits von Gut und Böse in einer Welt von Naturereignissen, in der alles nach einer natürlichen Ordnung geschieht. Und er ist gut, weil er drittens nicht böse ist.

Selbst wenn der Mensch als Tier gewaltsam ist, so folgt er doch nur dem natürlichen Antrieb seiner solitären Selbsterhaltung. Er kennt kein Ressentiment, keinen Haß und kein Verlangen nach Rache, keinen Stolz und keine Geringschätzung. Eifersucht und Mißgunst sind ihm fremd. Im Naturzustand haben all diese Gefühle und Charaktereigenschaften keinen Sinn und keine Funktion. Das Böse kann erst entstehen, wenn der Mensch in gesellschaftliche Strukturen und Institutionen eingebunden wird, wenn er «soziabel» wird. Wenn Rousseau nicht müde wurde, immer wieder darauf hinzuweisen, daß das Böse nicht in der menschlichen Natur begründet ist, sondern in den sozialen Verhältnissen, so heißt dies nicht, daß der zivilisierte Mensch wieder zum Tier werden soll. Der Naturzustand ist endgültig verlassen, und ein «Zurück zur Natur» ist auch für Rousseau unvorstellbar. Das «Gut-Sein» des Tiers kann allein ein hypothetisches Postulat sein, dessen Wert ausschließlich in seiner Kritik des Bösen besteht, das sich in der *conditio humana* des vergesellschafteten Menschen herausgebildet und ausgebreitet hat. Es affirmiert nicht die Lebensweise des Animalischen, sondern widerspricht den Verfehlungen der sozialen Lebenswelt.

Was bedeutet es nun, wenn Rousseau den *natürlichen Men-*

schen imaginiert, der kein Tier mehr ist, sondern als gesellschaftliches Wesen zu sprechen, zu denken, zu empfinden und zu handeln gelernt hat? Jetzt geht es um eine neue Opposition. Nicht mehr Animalität und Soziabilität, vorgeschichtlicher Naturzustand und fortschreitende Zivilisierung werden konfrontiert, sondern der «l'homme naturel» wird als ein Wesen zu denken versucht, das von den Mängeln frei ist, die den «l'homme artificiel» beherrschen.

Der Tiermensch brauchte sich nicht zu verstellen. Er lebte allein und autark. Der sozialisierte Mensch ist dagegen in ein Netz von gegenseitigen Erwartungen, Einschätzungen, Meinungen und Beurteilungen verstrickt, das ihn zwingt, sich an gesellschaftlichen Konventionen zu orientieren.

> Der Wilde lebt in sich selbst, der soziable Mensch weiß, immer außer sich, nur in der Meinung der anderen zu leben; und sozusagen aus ihrem Urteil allein bezieht er das Gefühl seiner eigenen Existenz.[6]

Der vergesellschaftete Mensch ist nicht bei sich selbst. Er sucht seine Selbstbestätigung, indem er seine Existenz durch das Ansehen aufwertet, das er in den Augen der anderen genießt. Rousseaus Stichwort lautet: «gesellschaftliche Meinung» (opinion). Ganz gleich, ob sie falsch ist, also nur aus Vorurteilen besteht, oder ob sie ausnahmsweise das Richtige trifft, so zieht sie doch den Menschen in den Strudel einer Selbst-Entfremdung, weil er sich mit den Augen der anderen zu sehen gelernt hat. Er muß sich gleichsam verdoppeln und wird zu einem «l'homme double», in dem das, was er wirklich ist, und das, was er in den Meinungen der anderen zu sein scheint, unauflöslich verquickt sind.

Scheinexistenz, Doppelspiel und Maskierung sind die Erkennungsmerkmale des *künstlichen Menschen*. Wie eine Erleuchtung hatte Rousseau diese Einsicht überfallen, als er sich im Oktober 1749 auf der Landstraße von Paris nach Vincennes befand, wo sein Freund Diderot nach der Veröffentlichung seiner «Briefe über die Blinden» unter dem Verdacht des Atheismus inhaftiert war. Unterwegs las Rousseau die Preisaufgabe der Akademie von Dijon: «Hat die Wiederherstellung der Künste und

Wissenschaften zur Reinigung der Sitten beigetragen?» Sie löste in ihm eine unbeschreibliche innere Erregung aus und ließ visionär die Grundzüge einer Gesellschaftskritik vorscheinen, die sich durch sein ganzes spätere Werk ziehen. Er fühlte sich inspiriert, berauscht, als wäre er betrunken. Er warf sich unter einen der Bäume an der Straße. «Eine halbe Stunde bringe ich dort in einer Bewegung zu, daß ich beim Aufstehen den ganzen Vorderteil meiner Weste mit Tränen benetzt finde, ohne gefühlt zu haben, daß ich welche vergoß.»[7]

Von diesem Oktobertag 1749 an wurde Rousseau für die Geistes- und Kulturgeschichte wichtig. Er beantwortete die Preisfrage mit seinem «Diskurs über die Wissenschaften und die Künste» (1750), in dem er zum ersten Mal das Gefühl gegen den verwissenschaftlichten Verstand, die Innerlichkeit gegen die Äußerlichkeit, die Persönlichkeit gegen die Zivilisationsmaschinerie, den natürlichen gegen den künstlichen Menschen aufzuwerten versuchte. Gegen die hochkultivierten Lebens- und Denkweisen seiner Zeitgenossen entdeckte Rousseau das Ideal der Transparenz. Es kommt darauf an, die Masken zu durchschauen, hinter denen sich der soziable Mensch in seinem Kampf um Anerkennung und Sozialprestige verstecken muß.

> Ehe noch die Kunst unser äußerliches Wesen geformt und unseren Leidenschaften eine gekünstelte Sprache in den Mund gelegt hatte, waren unsere Sitten zwar bäurisch, aber natürlich, und die Verschiedenheit der Lebensart verriet beim ersten Anblick die Verschiedenheit des Charakters. Die menschliche Natur war im Grunde nicht besser, aber die Menschen fanden ihre Sicherheit in der Leichtigkeit, mit der sie sich wechselseitig durchschauten.[8]

Der Mensch seiner Zeit durchschaute weder sich noch die anderen. Maskenspiele haben alles Natürliche überdeckt, um das es Rousseau zufolge doch eigentlich gehen sollte, wenn der Mensch sein will, was er ist, und nicht scheinen will, was er sein soll. An seinem «Emile» wird er es später (1762) als Erziehungsprogramm entwickeln. Er wird aus ihm keinen Naturmenschen machen, aber ihn lehren, die Masken zu durchschauen.

Der Mensch der Gesellschaft existiert gänzlich in seiner Maske. Da er fast niemals in sich selber lebt, ist er sich selbst immer fremd und fühlt sich unbehaglich, wenn er gezwungen wird, sich auf sich selbst zu besinnen. Was er ist, gilt ihm nichts; was er scheint, gilt ihm alles. (...)

Wenn es sich nur darum handelte, den jungen Leuten den Menschen in seiner Maske zu zeigen, brauchte man ihn ihnen überhaupt nicht zu zeigen – sie begegnen ihm immerzu mehr als genug. Da aber die Maske nicht der Mensch selbst ist und er nicht durch seinen Firnis bestechen soll, müßt ihr sie, wenn ihr ihnen die Menschen zeichnet, so zeichnen, wie sie sind; nicht, damit sie sie hassen, sondern damit sie sie bedauern und ihnen nicht gleichen wollen. Meiner Ansicht nach ist dies die vernünftigste Ansicht, die der Mensch von seinem Geschlecht haben kann.[9]

Der natürliche Mensch kann nicht hergestellt werden. Die Masken sind nicht einfach abzureißen. Auch die erzieherische Anstrengung, den Menschen so natürlich wie möglich heranzubilden, macht keinen Wilden aus ihm und verbannt ihn nicht in die tiefsten Waldesgründe. Er lebt in der Gesellschaft. Aber er soll zumindest erkennen, in welchem gesellschaftlichen Strudel er eingeschlossen ist, und sich nicht völlig hineinziehen lassen. Denn zum Glück gibt es noch einzelne Menschen, deren Charakter «schöner» ist als die gekünstelten Masken derjenigen, die ihm «mehr als genug» begegnen. Emile soll erkennen lernen,

daß alle Menschen fast die gleiche Maske tragen, daß er aber genausogut weiß, daß es Antlitze gibt, die schöner sind als die Maske, die sie tragen.[10]

Auf der Suche nach der eigenen Naturwahrheit

Rousseaus großer Erziehungsroman «Emile» erschien 1762, ebenso sein «Contrat social», sein Gesellschaftsvertrag, in dem er über die Grundsätze einer gerechten Staatsverwaltung räsonierte. Doch Rousseaus Hoffnungen, mit diesen Werken dem Erziehungs- und dem Rechtssystem eine vernünftige Orientierung zu geben, wurden bitter enttäuscht. Am 19. Juni wurden beide Bücher in Genf durch Henkershand verbrannt und ein Haftbefehl gegen ihren Verfasser ausgestellt. Das Verdikt machte die Runde durch die europäischen Staaten. Rousseau war zwar berühmt, aber die letzten 16 Jahre seines Lebens wird er auf der Flucht sein und im Exil leben.

Die Demaskierung des künstlichen Menschen war zum Skandal geworden. Sie stieß auf entschiedenen staatlichen und kirchlichen Widerstand. Was sollte Rousseau tun? War seine gute Absicht, den natürlichen Menschen ins Zentrum der Aufmerksamkeit zu rücken, so sehr mißverstanden worden? In dieser verzweifelten Situation entschloß sich Rousseau, sich selbst zum Thema zu machen. Er will sich selbst durchsichtig machen, demaskieren, in seiner eigenen «Naturwahrheit» zu erkennen geben. Den natürlichen Menschen sucht er in der Tiefe seines Ich. Er will sein eigenes Antlitz porträtieren und gegen die gesellschaftlichen Meinungen und Maskeraden stellen. Jetzt streitet er nicht mehr über eine adäquate Definition der «Natur» oder über den «natürlichen» Charakter des Menschen. In den 16 Jahren, die er noch zu leben hat, schreibt er seine großen Autobiographien[11], in denen er authentisch zu zeigen versucht, worüber er früher nur argumentiert hat.

Doch wie kann man seine wahren Gefühle und natürlichen Regungen ausdrücken und darstellen, wenn man den Umweg über das Schreiben geht? Ist nicht jeder schriftliche Text als Kunstgebilde von dem entfremdet, was in ihm als Natürlichkeit transparent zum Ausdruck kommen soll? Das ist das zentrale Problem des Schriftstellers Rousseau auf der Suche nach seiner tiefsten Wahrheit, die er gegen alle Mißverständnisse und Unterstellungen als «natürlich» darzustellen versucht.

Wir wollen diesen Konflikt hier nicht allgemein behandeln, sondern auf einen Punkt konzentrieren, an dem sich paradoxerweise die Suche nach der Naturwahrheit am schwierigsten gestaltet: an Rousseaus Darstellung seiner *Sexualität*. Gibt es ein besseres Anschauungsmaterial als die Sexualität, um die wahre Natur des Menschen freilegen zu können? Aber Rousseaus autobiographische Schriften belehren uns gerade in dieser Hinsicht eines Besseren. Die Natur seiner Sexualität ist nichts Ursprüngliches, Authentisches oder Natürliches, sondern ganz und gar verstrickt in die artifizielle Kultur lesbarer und schreibbarer Texte, deren verschlungenen Linien er folgt, bis zu einer letzten einsamen Erschöpfung.

Rousseau wollte in seinen Autobiographien nichts von sich dunkel oder verborgen lassen. Man sollte ihn gründlich kennenlernen, so wie er sich selbst sah ohne Rücksicht auf die Meinungen, die über ihn kursierten. Voller Mühe ließ er sich auf ein Werk ein, ein schonungsloses und offenherziges «Bekenntnis», das seine wahre Existenz offenbaren sollte. Das schriftliche Bekenntnis malt das einzigartige Bild eines Menschen, der sich in ihm zu spiegeln versucht.

> Ich beginne ein Unternehmen, das ohne Beispiel ist und das niemand nachahmen wird. Ich will meinesgleichen einen Menschen in der ganzen Naturwahrheit zeigen und dieser Mensch werde ich sein. Ich allein. (S. 9)

Paradoxie der «Bekenntnisse»: Man soll sie lesen und glauben, was das geschriebene Wort sagt, doch nicht daran glauben, weil man es gelesen hat, sondern weil man den Autor selbst in seiner Wahrheit außerhalb des Textes so sehen soll, wie er wirklich ist. Und diese Aufforderung wird er am Ende dann auch noch vorlesen! (S. 646) Die ganze Naturwahrheit wird also nur als medialisierte Schriftwahrheit zutage treten.

Ich allein. «So bin ich denn allein auf dieser Erde, habe keinen Bruder mehr, keinen Nächsten, keinen Freund, keine Gesellschaft außer mir selbst.» Das sind die Worte, mit denen Rousseaus letztes Werk, die «Träumereien des einsamen Spaziergängers», beginnt. Sie hätten jedoch auch jedes andere Werk dieses Schriftstellers einleiten können. Das Erkenne-dich-selbst des delphischen Orakels fand schon immer in der Einsamkeit des Ich-allein sein Echo. Die Geste seines Schreibens ist von Anfang an eine einsame Geste. «Mein Entschluß, sich zurückzuziehen und zu schreiben, ist gerade der für mich passendste» (S. 118).

46

Rousseaus Schreiben steht dabei nicht nur am Ende eines Lebens, das immer schneller mit dem zusammenfällt, was geschrieben wird, bis hin zu jener gefährlichen Stunde, in welcher der Mensch ganz lebt, was er schreibt. «So soll mein Buch auf natürliche Weise zu Ende gehen, wenn ich mich dem Ende meines Lebens nähere.»[12] Geschriebenes steht auch am Anfang eines Lebens, das allein durch Lektüre sich selbst bewußt zu werden vermag. Wie er lesen lernte, weiß er zwar nicht mehr und kann es auch gar nicht wissen, weil alles, was er weiß, die Fähigkeit des Lesens bereits voraussetzt.

> Ich weiß nicht mehr, wie ich lesen lernte; ich erinnere mich nur meiner ersten Lektüre und ihrer Wirkung auf mich. Von dieser Zeit an datiere ich ohne Unterbrechung das Bewußtsein meiner selbst. (S. 12)

Seine Mutter hatte ihm Romane hinterlassen. An ihrer Stelle, deren Leben er durch seine Geburt genommen hat, wirkten die Romane, die er gierig verschlingt, ohne aufhören zu können. Was er später als Natur, die für ihn stets «mütterlich» sein sollte, zu beschwören versucht, war schon zu Beginn seines Lebens verloren und mußte durch geschriebene Werke ersetzt werden. Ganze Nächte verbringt er mit ihnen, um den Verlust der Mutter bewältigen zu können. Als er sieben Jahre alt ist, hat er bereits all ihre Romane ausgelesen und sich damit nicht nur eine «außerordentliche Gewandtheit im Lesen und Auffassen» (S. 12) angeeignet, sondern zugleich jene Fähigkeit, die sein weiteres Leben bestimmen wird: sein «einzigartiges Verständnis der Leidenschaften» (S. 12). Zwar hat er noch nichts begriffen von den Tatsachen der Welt. Aber er hat schon alles gefühlt, wenngleich nur aus zweiter Hand. Er hat empfunden, was er in Romanen gelesen hat. Anstelle der Mutter lieferte ihm das Lesen einen Einblick in eine Welt, die ihm zunächst als Buch vertraut wird.

> Die unklaren Vorstellungen, die ich hintereinander empfand, schadeten der Vernunft nicht, die ich noch nicht hatte, aber sie bildeten mir eine auf eine andre Weise und gaben mir vom menschlichen Leben wunderliche und romanhafte Vorstellungen, von denen – Erfahrung und Überlegung mich niemals ganz haben heilen können. (S. 12)

Die schreckliche Leere, welche die Mutter hinterlassen hat, wird durch eine Leidenschaft der Bücher angefüllt, in denen der junge Leser begierig sucht, was ihm mangelt. Es ist ein «gefährlicher Ersatz» (S. 110). Denn er wird es nicht finden, weder in der Einsamkeit seiner Lektüre noch durch das entblößende Schreiben seiner Bekenntnisse, mit denen er um Ehre und Anerkennung kämpft. Auch die öffentliche Lesung der «Bekenntnisse» hat nichts als anhaltendes Schweigen hervorgerufen. Das schreibende und geschriebene Subjekt blieb ohne Antwort, und unter seiner leidenschaftlichen Stimme tat sich um so stärker jene Leere auf, von der es sich schreibend zu befreien versuchte.

Es ist besonders die Sexualität, die dabei auf dem Spiel steht. Wer bin ich in meiner Sexualität und meinen «natürlichen» Leidenschaften? Rousseau weiß, daß er auch in seinen Leidenschaften einsam ist, wie beim Akt des Lesens und Schreibens. Es ist ein äußerst intimes Verhältnis, das Schrift und Sexualität in seinen Bekenntnissen eingegangen sind. Denn die Sexualität, die rückhaltlos beschrieben wird, in deren «dunkles und schmutziges Labyrinth» (S. 21) er sich hineinbegibt, ohne Rücksicht auf äußere und innere Zensur, ist ja nicht nur Niederschlag eines Schreibens, das einsam vollzogen wird. Sie ist zugleich Ausdruck jener «romanhaften» Vorstellungen, deren phantasmatische Kraft aus einer Lektüre vor jeder Erfahrung stammt. Nicht nur als Kind, eingelesen in die Geschichte der Griechen und Römer, wurde er «die Person, über deren Leben ich las» (S. 13). Auch die «Neue Héloise», sein Briefroman der Leidenschaften, wird von den «imaginären Wesen» (S. 540) bevölkert, über die er mit flammender Ekstase zu erzählen weiß, ohne daß es «wirklicher Wesen bedurft» hätte, um sie hervorzubringen. Und auch die späte autobiographische Prosa läßt sich lesen wie ein Roman des Lebens, das seine Wirklichkeit im Phantasma des Geschriebenen bewältigt.

Selbstbefriedigung

Zeit seines Lebens hat er onaniert. Zwar nicht ohne Gewissensbisse und Schuldgefühle; denn er glaubt, damit die Natur zu betrügen. Aber doch mit einer Lust, die ihm, dem Einsamen, eine phantastische Möglichkeit der Befriedigung verspricht, die keines anderen bedarf. Er hat erst spät, etwa 17 Jahre alt, damit begonnen, in einer schwärmerischen Nähe zu jener Frau, die dann seine erste große Liebe sein wird, verführerischer Ersatz seiner Mutter, seine «Mama», Madame Louise-Eleonore von Warens. In ihrem Haus ist sein «lebhaftes Temperament» endlich durchgebrochen –

> und seine erste, sehr unfreiwillige Entladung hatte mich in eine Unruhe über meine Gesundheit versetzt, die besser als alles andre die Unschuld beweist, in der ich so lange gelebt hatte. Bald wieder beruhigt, kam ich auf jenen gefährlichen Ersatz, der die Natur betrügt und junge Leute meiner Sinnesart vor vielen Ausschweifungen bewahrt, freilich auf Kosten ihrer Gesundheit, ihrer Kraft, manchmal sogar ihres Lebens. Dies Laster, das die Scham und die Schüchternheit so bequem finden, hat für lebhafte Phantasien noch einen besonderen Reiz, den, gleichsam über das ganze Geschlecht nach eigenem Belieben zu verfügen und ihren Lüsten die Schönheit, die sie verlockt, dienstbar zu machen, ohne ihre Einwilligung erringen zu müssen. (S. 110)

»Gefährlicher Ersatz«: ein Schlüsselwort, das den Text für seinen Schreiber und für seine Leser öffnet. Es ist nicht sofort zu erkennen, denn es wirkt wie das, was es bezeichnet, im geheimen. Was uns einen Zugang zu Rousseaus geschriebenen Leidenschaften ermöglicht, kann leicht überlesen werden. Einsamkeit und Ersatz des Schreibens / Einsamkeit und Ersatz der Onanie. In jedem Fall für ihn ein «unheilvoller Reiz», dessen ambivalente Struktur mit Raffinesse ins Spiel seiner Leidenschaften verwoben wird. Indem er seine Verfehlung gesteht und sein kleines schmutziges Geheimnis veröffentlicht, bürgt er für seine natürliche Unschuld, in der er zuvor gelebt hat. Indem er die Natur betrügt, weil er sich in den narzißtischen Circulus vitiosus der Selbstbefriedigung einschließt, ohne sich in den «natürlichen» Prozeß eines Gebens und Nehmens zwischen den Lebewesen einzugliedern, bewahrt er sich vor den Ausschweifungen, die nicht nur seine Gesundheit, sondern auch seine Tugend gefährden würden.

Die Scham und Schüchternheit, die er durch das verborgene Spiel der Onanie ausschaltet, weil er ganz mit sich allein sein kann, überspielt er im Akt eines schriftlichen Geständnisses, das sich, wie das gelüftete Geheimnis, einer wesentlichen Einsamkeit verdankt. Er kann nun auch für sein Schreiben jene Schamlosigkeit in Anspruch nehmen, die sich im Alleinsein einen bequemen Ort geschaffen hat. Und schließlich wird auch mit dem geliebten Objekt, das der onanistischen Phantasie zum Vorbild dient, ein durchaus dialektisches Spiel gespielt. Es wird als Phantasma in das eigene Geschlecht integriert, verfügbar ohne Einwilligung. Denn Rousseau allein verfügt frei über das «ganze Geschlecht», über Liebenden und Geliebte, Mann und Frau. Er ist allein, frei und mit sich selbst identisch; und zugleich sich selbst ungleich, weil er den Umweg einer Phantasie gehen muß, einer Brechung des Selbst durch die verlockende Schönheit des anderen Geschlechts: Narziß und Doppelgänger.

Jacques Derrida hat die gemeinsame Struktur von Schreiben und Onanieren aufgedeckt und jenen Textbegriff erhellt, der durch das Schlüsselwort *gefährliches Supplement* geschaffen wird. Denn eigentlich sollte die Natur sich selbst genügen. Sie sollte präsent sein wie das Selbstbewußtsein eines «ich bin» oder die gegenwärtige Fülle des Sprechens, in dem das Bewußtsein sich selbst gegenwärtig ist. Aber diese Präsenz, die für Rousseau allein «natürlich» ist, mütterlich und vertraut, wird unterbrochen in jenem Moment, in dem sie sich äußern muß, um als das erkannt zu werden, was sie ist. Rousseau ersetzt das Sprechen durch das Schreiben und sein lebhaftes Temperament durch eine skripturale Handlung, die ihm zu zeigen erlaubt, was seine Erregungen wert sind. Von der natürlichen Präsenz zur künstlichen Repräsentation, von der Natur zur De-Naturierung. Es ist immer eine Form der gefährlichen Supplementierung, die hier am Arbeiten ist mit jener doppelten Taktik, die Derrida freigelegt hat:

> Das Supplement fügt sich hinzu, es ist ein Surplus; Fülle, die eine andere Fülle bereichert, die Überfülle der Präsenz. Es kumuliert und akkumuliert die Präsenz. Ebenso treten die Kunst, die techne, die Repräsentation, die Konvention usw. als Supplement der Natur auf und werden durch jede dieser kumulierenden Funktionen bereichert. Diese Art der Supplementarität determiniert in bestimmter Weise alle begrifflichen Gegensätze, in die Rousseau den Begriff der Natur einschreibt, insofern dieser sich selbst genügen sollte. Aber das Supplement supplementiert. Er gesellt sich nur bei, dum zu ersetzen. Es kommt hinzu oder setzt sich unmerklich an-(die)-Stelle-von; wenn es auffüllt, dann so, wie wenn man eine Leere füllt. Wenn es repräsentiert und Bild wird, dann wird es Bild durch das vorangegangene Fehlen einer Präsenz. Hinzufügend und stellvertretend ist das Supplement ein Adjunkt, eine untergeordnete, stellvertretende Instanz. Insofern ist es Substitut, fügt es sich nicht einfach der Positivität einer Präsenz an, bildet kein Relief, denn sein Ort in der Struktur ist durch eine Leerstelle gekennzeichnet. Irgendwo kann etwas nicht von selbst voll werden, sondern kann sich nur vervollständigen, wenn es durch Zeichen und Vollmacht erfüllt wird.[13]

An die Stelle der mütterlichen Natur und der natürlichen Sexualität tritt die Geste eines «Ich allein»: allein schreiben – allein onanieren. Aber dieses Alleinsein ist nicht ursprünglich. Es ist der Effekt einer vorgängigen Erfahrung zu zweit. Im Reich der Schrift war es der Vater, der dem Kind das Lesen beibringt in den Büchern der Mutter, die um so mehr zum Phantasma wurde, je mehr ihre Abwesenheit in ihren hinterlassenen Büchern erlitten wurde. Also zwei minus eins, um schließlich allein übrigzubleiben. Im Reich der Sexualität war es ein früher Verführer, der ihn, den Sechzehnjährigen, in einem Turiner Hospiz, in dem er sich auf seine Konversion zum Katholizismus vorbereitet, zum ersten Mal mit jenem sexuellen Ersatz konfrontiert, dem er sich ein Leben lang verschreibt. Aber was ihm hier gezeigt wird, in einem Akt zu zweit, erschreckt ihn so sehr, daß er sich mit Abscheu und Ekel vor dem gemeinsamen Genuß, den er nicht zu begreifen vermag, zurückzieht.

Ich riß mich ungestüm los, indem ich einen Schrei ausstieß und zurücksprang; und ohne Empörung oder Zorn zu zeigen (denn ich hatte nicht die geringste Vorstellung von dem, worum es sich handelte) drückte ich meine Überraschung und meinen Ekel so kräftig aus, daß er mich in Frieden ließ. Aber während er sich vollends abarbeitete, sah ich etwas Klebriges und Weißliches auf den Kamin spritzen und zur Erde fallen, was mir Übelkeit erregte. Ich stürzte auf den Balkon, erregter, verwirrter, ja entsetzter, als ich je in meinem Leben gewesen war, und war einer Ohnmacht nahe. Ich konnte nicht begreifen, was dieser Unglückliche hatte; ich glaubte, er leide an der Fallsucht oder einer noch schrecklicheren Raserei, und ich kann mir wahrhaftig keinen abstoßenderen Augenblick denken für einen, der bei kaltem Blut dergleichen mit ansieht, als dies unzüchtige und schmutzige Gebaren und dies scheußliche, von der brutalsten Begierde entflammte Gesicht zu sehen. Ich sah nie einen andern Mann in einem ähnlichen Zustand; aber wenn wir in der Erregung bei den Frauen so aussehen, müssen ihre Augen ganz geblendet sein, damit sie sich nicht vor uns entsetzen. (S. 70)

Das Spritzen des Samens wird Rousseau zu seiner einsamen Arbeit machen, um voller Scham allein an sich zu sehen, was niemand sonst sehen darf, wäre der Blick eines anderen doch identisch mit dem Verlust der eigenen sexuellen Begierde. Aber auch hier funktioniert die Vereinsamung nur, weil die abwesende Frau als dritte im Spiel ist. Die Abscheu vor der Sexualität eines anderen, der ihm seine eigene Erregung gleichgeschlechtlich offenbart, läßt die Frau als Phantasiegestalt entstehen. Wie häßlich sie auch sein mag, sie wird ihm doch immer schöner und begehrenswerter erscheinen als das, was er am Mann zu sehen gezwungen war.

Mir schien, als schulde ich ihnen zur Genugtuung für die Beleidigungen meines Geschlechts die Zärtlichkeit meiner Gefühle und die Huldigung meiner Person, und die häßlichste Vogelscheuche wurde in meinen Augen durch die Erinnerungen an diesen falschen Afrikaner anbetungswürdig. (S. 71)

Also wieder zwei minus eins, um sich allein dem Phantasma Frau ausliefern zu können als Kopfgeburt und Onaniervorlage. Lebenslänglich wird er darunter leiden, leidenschaftlich und schwärmerisch; voller Skrupel, weil seine Tugend gefährdet ist, und sich selbst bestrafend, weil er es nicht lassen kann, dieses gefährliche Supplement.

Nacktarsch

Das Spiel der Leidenschaften ist vorbereitet worden durch eine jugendliche Erfahrung, welche schon früher, Rousseau war elf Jahre alt, das Schicksal seiner Sexualität nachhaltig vorprägte. Die Psychoanalyse hat es erfreut zur Kenntnis genommen: Schläge und Entblößungen.

Seine Mutter war tot, sein Vater geflohen, er selbst in Obhut beim Prediger Lambercier gegeben. Es sind glückliche Jahre (1722–1724), die er auf dem Land verbringt. Und es sind folgenreiche Jahre. Denn die Schwester des braven Predigers, Demoiselle Lambercier, etwa 30 Jahre älter als ihr Pflegekind, machte ihn zum ersten Mal mit einer Sinnlichkeit und einem «frühzeitigen geschlechtlichen Instinkt» (S. 19) bekannt, die über seine Neigungen und seine Leidenschaften für den Rest des Lebens entscheiden werden. Und das geschah mittels einer Züchtigung auf den Hintern durch die Hand eines ältlichen Fräuleins, das für ihren Zögling die «Liebe einer Mutter hatte» (S. 18). Mag die Drohung vor jener Züchtigung, «wie eine Mutter mit ihren Kindern tut», dabei zunächst nur eine schreckliche Angst hervorrufen, so verkehrt sich ihre Ausführung ins Gegenteil. Denn

diese Züchtigung flößte mir noch größere Neigung für die ein, die sie mir erteilt hatte. Es bedurfte sogar der ganzen Echtheit dieser Neigung und meiner natürlichen Sanftmut, um mich davon abzuhalten, eine gleiche Behandlung abermals zu suchen, indem ich sie verdiente. Denn ich hatte dem Schmerz, der Schande selbst, eine Sinnlichkeit beigemischt gefunden, die mir mehr Lust als Furcht gemacht hatte, sie abermals durch die gleiche Hand zu erfahren. Da sich darin zweifellos ein frühzeitiger geschlechtlicher Instinkt bekundete, wäre mir die gleiche Züchtigung von der Hand ihres Bruders durchaus nicht angenehm gewesen. (S. 19)

Später glaubt er zu wissen, daß sich in diesem denkwürdigen Moment, als seine Sinne durch die erogene Reizung seines Hinterns entzündet wurden, seine Begierden «so sehr irreführen» ließen in ein finsteres Labyrinth verdrehter Leidenschaften, daß er niemals mehr den Weg zu einer natürlichen Sexualität finden konnte. Die Schläge reizen seine Phantasie an, und unaufhörlich wird er sich jene Frauen herbeisehnen, «einzig und allein, um sie nach meiner Weise tätig zu sehen und aus ihnen ebenso viele Fräulein Lambercier zu machen» (S. 20). Schlagphantasien sind die psychischen Niederschläge jener genossenen Züchtigung, die kultivierten Narben nach jenem Prozeß, in dem zum ersten Mal Schuldbewußtsein und Erotik zusammenfielen. Das andere Geschlecht wird ihm in seiner Einbildung immer nur die Hilfe bieten, die seine libidinöse «Narretei» sich erträumt.

Seine Begierden sind entzündet, törichte Einbildungen und wunderliche Narreteien treiben ihn zu erotischen Tollheiten und überspannten Handlungen. Dabei ist allerdings die Phantasie stärker als die Realität. Er wird ein Künstler in der Einbildung möglichen Genusses. Denn was er begehrt, kann er nur schwer verwirklichen. Er wagt nicht zu fordern, was er ersehnt. Er wird zu keiner Frau sagen, was sie an ihm tun soll, und keine wird es je erraten. Was soll er tun? Er verbirgt sein Begehren und inszeniert eine Pose, die hundert Jahre später dann zum förmlichen Kultus des Masochisten verfeinert wird.

> Zu Füßen einer herrischen Geliebten zu liegen, ihren Befehlen zu gehorchen, sie um Verzeihung bitten zu müssen, waren für mich süßeste Freuden, und je mehr meine lebhafte Einbildung mir das Blut erhitzte, desto mehr hatte ich das Aussehen eines eisigen Liebhabers. (S. 21)

Bis es soweit ist, hat er allerdings noch einige lächerliche Beschämungen zu erleiden. Schläge mit elf, erste Entblößungen mit 16 Jahren. Er weiß immer noch nicht, was man mit Mädchen und Frauen, die unaufhörlich sein Hirn bevölkern, «wirklich macht» (S. 90), und seine Vorstellungen von der «Vereinigung der Geschlechter» (S. 20) sind noch so unklar wie früher. Er ahnt nur

Schmähliches, Abstoßendes, das ihm Übel bereitet. Hinzu kommt jetzt die Scham, «die Begleitung des Bewußtseins vom Bösen» (S. 90). Die Natur kennt die Scham nicht. Aber er, seines Unterschieds zur Natur sich bewußt werdend, lernt sich zu schämen. Sein entblößter Hintern wird zum obszönen Objekt, auch wenn es für ihn zunächst nur lächerlich erscheint. Was er zeigt, ist ein «mehr lächerliches als verführerisches Schauspiel» (S. 91).

> Meine Aufregung wuchs so sehr, daß ich meine Begierden, da ich sie nicht stillen konnte, durch die sonderbarsten Manöver noch anfachte. Ich suchte dunkle Alleen und abgelegene Orte auf, wo ich mich von fern weiblichen Personen in dem Zustande zeigen konnte, in dem ich bei ihnen hätte sein mögen. Was sie sahen, war nichts Unzüchtiges, daran dachte ich nicht einmal; es war nur lächerlich. Das dumme Vergnügen, das ich empfand, mich vor ihren Augen zu entblößen, läßt sich nicht beschreiben. Es bedurfte nur eines Schrittes darüber hinaus, um der ersehnten Behandlung teilhaftig zu werden, und ich zweifle nicht, daß mir irgendeine Entschlossene beim Vorübergehen dies Vergnügen verschafft hätte, so ich die Kühnheit gehabt hätte, zu warten. (S. 91)

Natürlich schützt diese Narretei nicht vor einer gefürchteten Strafe. Sie droht allerdings nicht durch die Hand der Frauen, denen er sich zeigt. Sie droht von jenem «großen Mann mit mächtigem Schnauzbart, großem Hut und großem Säbel» (S. 91), vor dessen Bestrafung er sich nur durch eine «romanhafte Geschichte» retten kann. Der große Mann mit dem Säbel – die Psychoanalyse kann zu Wort kommen.

«Daß die Psychoanalyse in ihrer Freilegung der Komplexe sich als viel unbarmherziger erweist als Rousseau selbst», darauf ist René Laforgue stolz.[14] Der nackte Arsch des leidenschaftlichen Schwärmers wird noch einmal freigelegt, und jetzt erst zeigt sich, was hier, bei vollem Licht, zu sehen gewesen wäre: Infantilität, Wunsch nach Kastration, ein perverses Inferno: «Zur Frau zu werden und ihr gleichzukommen, um sie beim Vater zu ersetzen, sich zugunsten des Vaters kastrieren, ihm alles opfern, zur Reinheit, zur Keuschheit selbst werden.»[15] Impotenz, Verzicht auf Männlichkeit, Verfolgungswahn etc. – Professor Laforgue hat es sich von Freud sagen lassen. Die Schrift der Psychoanalyse deckt zu, was sie freilegen will, indem sie es in eine aufklärende, erhellende Sprache der Normalität und Natürlichkeit übersetzt, für die alles an seinem Ort zu sein hat. Wer seinen nackten Hintern zeigt, spielt die Rolle der Frau, begibt sich die betreffende Person doch damit «in eine für die Weiblichkeit charakteristische Situation»[16]. Der masochistische Mann will gebären, kastriert und koitiert werden, am liebsten von hinten. Er ist passiv, und seine einzige Aktivität, in der Phantasie wie in den Veranstaltungen zu ihrer Realisierung, besteht in nichts anderem als darin, «sich regelmäßig in die Rolle von Weibern zu versetzen.»[17] Armer Jean-Jacques. Immer wird er jene Schläge herbeisehnen müssen, die er sich in einer «femininen (Ein-)Stellung» phantasiert. Ist auch sein Schreiben, seine schriftliche Offenbarung, sein flammendes Geständnis, nur eine weibliche Geste, mit der er eine öffentliche Bestrafung provoziert? Sind die «Bekenntnisse» ein unbewußt femininer Text voller Schuldgefühle und masochistischer Selbstbestrafung?

Sex mit Mama

Nach jahrelangen schwärmerischen Verliebtheiten, nach idyllischen Liebeleien, sinnlichen Verwirrungen und flammenden Begegnungen mit zauberhaften Mademoiselles ist es dann endlich soweit. Er ist 22 Jahre alt und bereits seit sechs Jahren in der Nähe seiner «Mama», Frau von Warens, die ihm zärtliche Mutter, geliebte Schwester und reizende Freundin zugleich ist. Von sich aus wagt er nicht, in den «Besitz einer so teuren Person» (S. 194) zu gelangen, besteht doch die Gefahr, «meine Begierden und meine Einbildungskraft nicht genügend zügeln zu können, um Herr meiner selbst zu bleiben» (S. 194). Da ergreift endlich sie die Initiative. Um ihn den Gefahren seines Alters zu entreißen (fürchtet sie, daß er zuviel onaniert?; oder daß er sich zuviel mit seinen jungen, ihn liebenden Freundinnen vergnügt?), entschließt sie sich, ihn «als Mann behandeln zu müssen» (S. 192), indem sie ihn zum Koitus verführt, auch wenn das keine leichte Aufgabe ist. Denn es fällt ihm zunächst schwer, überhaupt zu begreifen, worauf sie ihn mit gefühlvollen Erklärungen und gesprächigen Belehrungen vorzubereiten sucht.

> Sobald ich sie verstanden hatte, was für mich nicht leicht war, beschäftigte mich die Neuheit dieses Gedankens, der, solange ich bei ihr lebte, mir nicht einmal in den Kopf gekommen war, nun völlig und ließ mich nicht mehr an das denken, was sie mir sagte. (S. 193)

Schließlich noch ein letzter Aufschub, acht Tage Bedenkzeit, in der er die «entscheidende Stunde mit mehr Angst als Freude nahen» (S. 195) sah. Er liebt und achtet Madame zu sehr, um sie körperlich zu begehren. Vergeblich denkt er über ein «ehrenhaftes Mittel» nach, um der Einladung zum Koitus nicht folgen zu müssen. Aber Mama läßt nicht locker, die reife Frau und der Jüngling, o nein, das will sie nicht in der Schwebe lassen, dieses «mein Kleiner» und dieses «meine Mama» (S. 108).

> Der mehr gefürchtete als ersehnte Tag kam endlich. Ich versprach alles und log nicht. Mein Herz bekräftigte meine Beteuerungen, ohne den Lohn dafür zu begehren. Ich erhielt ihn trotzdem. Zum erstenmal sah ich mich in den Armen einer Frau, und einer Frau, die ich anbetete. War ich glücklich? Nein, ich genoß nur die Lust. Ich weiß nicht, welch unüberwindliche Traurigkeit mir ihren Reiz vergiftete. Mir war, als hätte ich Blutschande begangen. Zwei- oder dreimal benetzte ich, während ich sie entzückt in meine Arme schloß, ihren Busen mit meinen Tränen. (S. 196)

Wie gebrochen ist dieser Augenblick, ein Pyrrhussieg der Verführung, dieses bösen Geistes der Leidenschaft, der selbst im Rausch noch Fallen aufstellt und auch im siebten Himmel noch die teuflischen Wege der Hölle weist. Vorbereitet durch jahrelange Liebkosungen, süße Vertraulichkeiten und zärtliche Wallungen, ist der sexuelle Akt selbst voller Trauer. Die genitale Lust verfehlt das ersehnte Glück. Da bleiben nur die Tränen danach, Tristesse und Melancholie nach jenem Moment, den auch im Text der Bekenntnisse nur eine Leerstelle markiert.

Was er als «Lohn» erhielt, ist bereits geschehen, sobald es bewußt und gedacht wird. Es fand irgendwie dazwischen statt,
hundert Seiten lang aufgeschoben und jetzt bereits vorbei. Ihm
war, «als ob ich Blutschande begangen hätte». Der irreale Kon-
junktiv liefert ihm eine doppelte Distanzierung. Nachträglich
umschreibt er, was es gewesen hätte sein können; und supplementiert damit zugleich eine zusätzliche Bedeutung, die dem
Ereignis hinzugefügt wird, um es begreifen zu können.

Bewußt erfahrbar wird ihm das Geschehene als Inzest. Nie
wird Rousseau direkt bewußt, was er tut oder sieht: «Ich sehe
nur das richtig, dessen ich mich erinnere, und nur in meiner Erinnerung habe ich Geist» (S. 116). Auch der unmittelbare
Augenblick der Lust erscheint sofort wie eine nachträgliche
Umschrift, deren Bedeutung das präsente Ereignis bereits von
sich gespalten hat. Was gerade geschieht, durchschaut er nicht.
Er muß sich erinnern, um es mit seinem Geist zu umschreiben.
Konjunktivisch vollzieht er damit die entscheidende Transformation, die ihm ein Begreifen der menschlichen Sexualität im
Scharnier zwischen Naturzustand und Kulturzustand ermög-
licht.

Claude Lévi-Strauss hat überzeugend gezeigt, daß der Inzest
die Sexualität des Menschen in jenem Übergangsfeld organisiert
und entstehen läßt, auf dem sich Naturgesetze und soziale Regeln überschneiden, ähnlich jener Schrift der Leidenschaft, in
der das Begehren seine Zeichen und die Kultur ihre notwendigen Bedingungen aufdeckt.[18] Wenn der Liebende das, was er tun
mußte, als «Blutschande» begreift, so hat er diesem Geschehen
schon jene geistige Bedeutung im Strukturgitter der verwandt-
schaftlichen Beziehungen zugeschrieben, welche das sexuelle
Erlebnis bereits dem Augenblick der unmittelbaren Lust entfremdet und in ein unauflösliches System von Verboten und Pri-
vilegien, Hindernissen und Vorschriften eingebunden hat.

Vielleicht erklärt das Rousseaus Vorliebe für Dreiecksverhält-
nisse. Denn seine geliebte Mama hat schon einen Geliebten. Und
nur seine Beziehung zu dieser Beziehung, zu der er wie ein Parasit hinzukommt, ermöglicht es ihm zu lieben. Die Gefahr, die

Rousseau und Madame de Warens, seine « Mama ».
Illustration von Jean-Michel le Jeune
und J.-B.-M. Dupréel

ihm droht, ist offensichtlich. Er kann ausgeschlossen werden, weil er überflüssig ist oder störend. Aber diese Gefahr allein ermöglicht ihm den Genuß, den er sucht. Er war immer nur in der Position eines Dritten. Er hat keine direkte, unmittelbare Beziehung zu den Personen, die er liebt. Stets hat er nur eine Beziehung zu Beziehungen. Immer wieder trifft man bei ihm Dreiecke, Ehen zu dritt. Vater, Mutter und Sohn; Fräulein Vulson, Fräulein Goton und er; Frau Basile, ihr eifersüchtiger Gatte und der Gast des Hauses; er mit Frau von Epinay und Melchior Grimm; mit Frau d'Houdetot und François Saint-Lambert; mehr als 30 Jahre wird er an der Seite seiner späteren Frau Thérèse und ihrer Mutter leben; und zu allem Überfluß wird er den Herrn von Wolmar erfinden, um seine Julie, seine Neue Héloise, nur aus der verzweifelten Perspektive des ausgeschlossenen Dritten lieben zu können. Ich allein: der dritte Mann.

Im Land der Schimären

Zwischen 1756 und 1758 schreibt er «Julie oder Die neue Héloise», den großen Roman der Leidenschaften in Form von Briefen zweier Liebenden aus einer kleinen Stadt am Fuße der Alpen, gesammelt und herausgegeben von Jean-Jacques Rousseau. Er selbst inszeniert sich in der Maske des bürgerlichen Hauslehrers St. Preux, der sich in seine adlige Schülerin Julie von Etange verliebt, um sie an Herrn von Wolmar zu verlieren. In diesen Briefen wird er sich der unverrückbaren Regel des ausgeschlossenen Dritten unterwerfen, um gerade so seine romanhaften Leidenschaften entflammen zu lassen. «O Gefühl, Gefühl, köstliches Leben der Seele!» läßt er seinen St. Preux ausrufen, und Julie wird ihm antworten: «Die ungemäßigten Gefühle!» Aber alles nur in Briefen, die zu einem Roman zuzammengebunden werden, in dem er, Rousseau, sein Leben zu begreifen versucht, bevor es zu spät ist.

Von dem Bedürfnis zu lieben verzehrt, ohne daß ich es je ganz hätte befriedigen können, sah ich mich die Schwelle des Alters erreichen und sterben, ohne gelebt zu haben. Diese traurigen, aber rührenden Betrachtungen brachten mich mit einem Kummer, der nicht ohne Süße war, zur Einkehr in mich selbst. Mir schien, als schulde mir das Schicksal noch etwas, das es mir noch nicht gegeben hätte. (...) Was tat ich in dieser Lage? Schon hat es mein Leser geahnt, wenn er mir bis hierher ein wenig gefolgt ist. Die Unmöglichkeit, wirklichen Wesen nahe zu kommen, warf mich in das Land der Schimären. (S. 420 f)

Er ist gerade 44 Jahre alt und beginnt zu schreiben, um wenigstens in der Schrift der Literatur leben und sich selbst finden zu können als eine Phantasiegestalt in den Briefen seiner literarischen Einbildungskraft. Endlich kommt er zu sich und ist ganz außer sich.

Zunächst entwirft er zwei Frauenfiguren, allegorische Bilder seiner beiden Abgötter: der Freundschaft und der Liebe, zwei Freundinnen, «die eine dachte ich mir braun und die andre blond, die eine lebhaft und die andre sanft, die eine verständig und die andre schwach, aber von einer so rührenden Schwäche, daß die Tugend dabei zu gewinnen schien» (S. 425). Die blonde tugendhafte Schwache wird er «Julie» nennen, die andere wird ihre unzertrennliche Base «Clara» sein, ein Leben lang Freundin, Beraterin und Vertraute. An diese intime Freundschaft zweier verwandtschaftlicher Seelen schließt er seinen Dritten an. «Ich gab der einen von ihnen einen Geliebten, dem die andere eine zärtliche Freundin und selbst noch etwas mehr war» (S. 425). Das erste Dreieck wird geschlossen: Julie – Clara – St. Preux. Ein Dritter kommt hinzu, der nicht eigentlich nützlich ist, es sei denn für sein eigenes Überleben. Indem er hinzukommt, kann er zu leben beginnen. «Bezaubert von meinen beiden reizenden Vorbildern, identifizierte ich mich mit dem Liebhaber und Freund, soweit es mir möglich war» (S. 425). Das war der erste Sprung seiner Phantasie.

Auf dem Papier skizzierte er dann einige Situationen, «die mir die Einbildungskraft gezeigt hatte», um damit seinen eigenen unerfüllten Bedürfnissen nach Liebe einen neuen Ausdruck zu geben. Verstreute Briefe werden entworfen, Liebe und Freundschaft seiner Personen werden nicht nur von ihm als schriftliche Schimären gestaltet. Sie gestalten sich selbst nur durch das, was sie sich schreiben werden. Das Schicksal der Liebe erscheint im Gewand des Briefromans. Lesbar ist nicht der direkte Text dessen, was seine Personen gemacht haben. Lesbar sind allein die brieflichen Niederschriften dessen, was sie gemacht zu haben glauben und zu tun erhoffen. Die referentiellen Bezüge zur erlebten Welt sind gebrochen durch Briefe, deren Anlässe und Gegenstände gleichsam zwischen den Zeilen liegen. Auch der Sex befindet sich hier nicht im Text, sondern wird umschrieben im permanenten Wechsel von Anschrift und Entgegnung. Als Nichtgesagtes verschwindet die Wirklichkeit hinter dem kunstvoll Geschriebenen.

Betrachten wir den ersten Kuß. Er muß zwischen dem 13. und dem 14. Brief des Ersten Teils stattgefunden haben und drückt sich in jener ungeheuren Verwirrung aus, die die Schrift des liebenden St. Preux mit gebremsten Energieschüben ins Taumeln bringt.

An Julien

Was hast du getan! Ach, was hast Du getan, meine Julie? Du wolltest mich belohnen und hast mich unglücklich gemacht. Ich bin trunken oder vielmehr von Sinnen. Meine Sinne sind erschüttert; alle meine Kräfte hat der tödliche Kuß in Verwirrung gebracht. Du wolltest mein Übel lindern? Grausame, Du verbitterst es. Gift habe ich von deinen Lippen gesogen; es gärt, es entzündet mein Blut, es bringt mich um; und Dein Mitleid ist mein Tod.

O unsterbliche Erinnerung an jenen Augenblick der Illusion, des Rausches und der Bezauberung! Niemals sollst du in meiner Seele erlöschen; und solange ihr Juliens Reize eingeprägt sind, solange dieses aufgewühlte Herz mir Empfindungen und Seufzer gewährt, wirst du meines Lebens Glück und Folter sein. (J 63)

Zwischen dem 54. und dem 55. Brief kommt es auch noch so weit, daß Glück und Folter, Trunkenheit und Vergiftung durch jene Tat «gekrönt» werden, die dann ein ganzes Leben lang abgebüßt werden muß. 109 Briefe werden davon berichten, postalisch elf Jahre eines verzweifelten, sehnsüchtigen Lebens begleitend[19], um seine Julie, die sich von der Liebe zum lasterhaften Fehltritt hat verführen lassen, wieder tugendhaft werden zu lassen an der Seite eines neuen Mannes. Ein zweites Dreieck. Als Frau von Wolmar wird Julie jene eheliche Sittlichkeit und Keuschheit leben müssen, die für ihn zum Grund jeder sozialen Ordnung gehört. An diese Ehe der beiden Gatten wird sich St. Preux nicht mehr als Liebender ankoppeln können. Die gesellschaftliche Konvention, die Julie mit «unauflöslichen Ketten» (J 353) an ihren Ehemann bindet, läßt ihn zu einem überflüssigen Dritten werden, dem nur noch das Schreiben und das Reisen als Ersatz der Liebe bleiben.

Doch zurück zu jenem 54. Brief an Julie, in dem das entscheidende Ereignis vorbereitet wird. St. Preux befindet sich bereits allein in Julies Kammer, in dieser «geheiligten Freistätte», jenem «Heiligtum alles dessen, was mein Herz anbetet» (J 147). Und was macht er? Er schreibt einen Brief an sie, die gerade erwartet wird. Wann soll sie ihn lesen? Er hat also nicht unbedingt einen Grund, die Feder zu ergreifen und in fliegender Eile aufs Papier zu schreiben, was ihn bewegt. Aber er wird bald einen Grund haben, sie fallen zu lassen, im letzten Moment, bevor es dann soweit ist.

An Julien
Wie wird es werden, wenn – Ach, schon glaube ich, dieses zarte Herz zu fühlen, wie es unter einer glücklichen Hand schlägt! Julie! Meine reizende Julie! Ich sehe, ich fühle Dich überall, ich atme Dich mit der Luft, die Du eingeatmet hast; Du durchdringst mein ganzes Wesen. Wie brennend und schmerzhaft ist Deine Behausung für mich! Sie ist schrecklich für meine Ungeduld. O komm, komm geschwind oder ich bin verloren! Was für ein Glück, daß ich Tinte und Papier gefunden habe! Ich suche das, was ich fühle, auszudrücken, um der Empfindung Stärke zu mäßigen; ich dämpfe meine Erregung, indem ich sie beschreibe. Mich dünkt, ich höre Geräusche. Soll es Dein unmenschlicher Vater sein? Ich glaube nicht, daß ich verzagt bin. Wie entsetzlich aber wäre mir in diesem Augenblicke der Tod! Meine Verzweiflung würde gleich heftig sein als das Feuer, das mich verzehrt. – Himmel! Nur noch eine Stunde Leben erbitte

ich mir von dir; dann sei das übrige deiner Strenge überlassen! O Verlangen! O Furcht! O grausames Herzklopfen! – Die Tür geht auf! – Es kommt jemand! Sie! Sie ist's! Ich sehe sie von weitem, ich erblicke sie ganz; ich höre die Türe sich wieder schließen. Mein Herz, mein schwaches Herz, so vielen gewaltsamen Regungen kannst du nicht widerstehen. Ach suche Kräfte, so viele Glückseligkeit, womit du überhäuft wirst, zu ertragen! (J 14 f)

Die Feder fällt ihm aus der Hand. Aber nicht ohne Not wird er bald wieder zu ihr greifen. Kaum ist geschehen, was das Herz des verliebten Briefeschreibers nur mühsam zu ertragen vermochte, wird er – den 55. Brief schreiben: «O laß uns sterben, meine süße Freundin: Laß uns sterben, o Geliebte meines Herzens! Was sollen wir nun mit einer fade gewordenen Jugend anfangen, deren ganze Wollust wir ausgeschöpft haben?» (J 148)

Die Grundstruktur dieser leidenschaftlichen Liebe ist bereits bekannt. Die Schimären seiner Phantasie rufen noch einmal auf das Papier zurück, was auch Rousseau in seiner Jugend gefühlt hat, besonders in den Armen von «Mama»: jene verwirrende Ambivalenz zwischen einer ungeduldigen, überschwenglichen Erwartung, die sich dann in der Verletzung der Tugend als Voraussetzung und Medium einer Qual verwirklicht, deren Übermaß nur im Tod oder in einer zurückgewonnenen Tugendhaftigkeit bewältigt werden kann. Stets wird der Triumph der Leidenschaft die Hemmung über den Wunsch siegen lassen. Und immer wird die Schalheit oder «Fadheit» dessen beschworen, was einmal gelebt worden ist, bevor es in den Spuren eines nachträglichen Schreibens seine Lebendigkeit verliert.

Für diese traurigen Siege ist die *Schrift* ein konstitutives Organon. Die «Briefe zweier Liebenden» (an die sich ihr Autor wieder maskiert als der Dritte anschließt: Julie – St. Preux – Rousseau, fingiert er doch, sie nur gesammelt und publiziert zu haben) lassen auf einzigartige Weise erkennen, daß die Abenteuer des Herzens nur in einer schriftlichen Topographie ihren Ort finden können, in der sich Nähe und Ferne, Lust und Erwartung, Augenblick und Aufschub, Präsenz und Nachträglichkeit strukturell niederschlagen und gestalten.

Der Briefwechsel erscheint als die Wirklichkeit des leidenschaftlichen Gefühls. Er supplementiert und setzt sich An-(die)-Stelle-von. Denn im Schreiben der Briefe an diejenigen, die abwesend sind, erfüllt sich die Verwirrung der Gefühle wesentlich vollendeter, als es in der Gegenwart der Geliebten je der Fall sein könnte. Das permanente Spiel zwischen verbotener Nähe (Präsenz des erhofften glücklichen Augenblicks) und erlittener Ferne (als Voraussetzung leidenschaftlicher Hoffnung und Trauer) findet in der Schrift sein schwebendes Feld. Voller Sehnsucht ist das schreibende Warten auf den Moment der Begegnung, der noch vorausliegt, um von der Schrift fast eingeholt zu werden; und voller tödlicher Melancholie ist dann die schreibbare Erinnerung an das, was nun nicht mehr ist und in seiner verspäteten Vergewisserung bereits als seltsam «fade» beschrieben wird.

Die Form des Briefromans ist für Rousseau, den Schriftsteller, deshalb kein äußerliches, bloß konventionell verfügbares Instrument in einem Jahrhundert des Briefeschreibens. Sie ist der adäquate Ausdruck dessen, was er mit seiner graphemischen Materialität erzeugt: die Trauer um die stets schon verfehlten Augenblicke eines erfüllten Lebens und Liebens. «Sterben, ohne gelebt zu haben.» Auch die Schimären seines Schreibens haben Rousseau nicht das Leben herbeizaubern können. Denn Papier und Tinte dienen nicht dem Transport von Mitteilungen, sondern verwandeln die Trugbilder eines ersehnten Lebens in die ekstatische Schrift einer Leidenschaft, die immer schon ein «gefährlicher Ersatz» ist, Betrug einer natürlichen Sprache des Gefühls und des Herzens, die ohne Schrift zwar ersehnt, jedoch nicht begriffen werden kann. Bewußtwerden bedeutet Vor-Schreiben und Nach-Schreiben, Aufschub dessen, was gewünscht wird, und Rückblick auf das, was verpaßt wurde.

Der doppelte Mensch

Für ein Begehren, das unter dem Zeichen der Schrift steht, kann es keine «natürliche» Erfüllung im Jetzt geben. Darüber war Rousseau immer unglücklich. Sein Wunsch, zwischen sich und dem Begehrten eine glückliche Unmittelbarkeit zu genießen, konnte nicht befriedigt werden. Das war ihm eine unerschöpfliche Quelle von Tränen und schriftlichen Ergüssen. «Nein, die Natur hat mich nicht für den Genuß geschaffen. Sie hat in mein Herz das Verlangen nach jenem unsagbaren Glück gepflanzt, dessen Gift in meinem armen Schädel es mir vergällt» (S. 315).

Aber dieser libidinöse Widerstreit, der paradoxerweise der Natur verantwortlich zugeschrieben wird, war zugleich der stets gärende Grund einer unendlichen Leidenschaftlichkeit, für die Rousseau eine rauschhafte und strömende Schriftsprache fand, die in sich das prekäre Spannungsverhältnis zwischen Sexualität und Sprache, Natürlichkeit und Artefakt lebendig und am Arbeiten hielt. Die Wahrheit der Sexualität kommt nur in einem figuralen Schreiben zum Vorschein, das ihre ersehnte Natürlichkeit schriftlich vermittelt, als «geistig» buchstabiert und erst damit als Leidenschaft überhaupt erlebbar werden läßt. Wäre also die Leidenschaft für ihn nur ein Parasit der Schrift? Er jedenfalls schreibt, weil er ein Parasit ist, indem er schreibt.

Zu Beginn dieses Rückblicks auf das Leben und Werk des Jean-Jacques Rousseau wurde auf die Schlüsselrolle hingewiesen, die dieser Einzelgänger im Widerstreit zwischen einem ursprünglichen Naturgefühl und einer technisch vermittelten Naturbeherrschung, zwischen natürlichen Menschen und gesellschaftlich konditionierten Charaktermasken spielt. In diesen Hinsichten hat Rousseau seit seiner Inspiration auf der Landstraße Paris – Vincennes (1749), die ihn zum Schriftsteller werden ließ, die Geister polarisiert.

Am Anfang waren eine gute Natur und ein natürlicher Mensch, der sich in ihr als unschuldiges Lebewesen zu entfalten vermochte. An diesen Idealen orientieren sich diejenigen, die gegen die Ausbeutung und Zerstörung der Natur und gegen die

Entfremdung des Menschen opponieren und Rousseaus Heimweh nach einem ursprünglichen Glückszustand teilen. «Wenn man die natürliche Verfassung der Dinge betrachtet, scheint der Mensch offensichtlich dazu bestimmt, das glücklichste Geschöpf zu sein; wenn man nach dem derzeitigen Zustand urteilt, erscheint die menschliche Art die bedauernswerteste von allen.»[20] Diese vorbereitende Notiz zu seinem «Diskurs über die Ungleichheit» dient als Motto und Motiv verschiedener Bewegungen, die ihr Glück in der Natur suchen: Wandervogelbewegung, Freikörperkultur, Bergsteigerromantik, radikaler Naturschutz, Reformpädagogik, antiautoritäre Erziehung, sexuelle Befreiung usw.

Von Anfang an lebte der vergesellschaftete Mensch in einer durch technische Mittel gestalteten und «künstlich» bearbeiteten Umwelt, die als solche nicht «gut» und von sich aus auf seine Bedürfnisse hin disponiert ist, sondern seinen Eingriff fordert, vom anfänglichen Roden der Wälder und kultivierten Ackerbau bis zu den gentechnologischen Eingriffen zur Lösung der Welternährungskrise. Und auch der Wunsch nach einem Leben ohne soziale Maskierung, ohne Entfremdung und institutionell erzeugte Depravierung ist eine utopische Illusion, weil es niemals eine ursprüngliche Natürlichkeit gegeben hat. Der Mensch war schon immer «soziabel». Seine Gefühle und sein Denken, auch seine sexuellen Bedürfnisse und Verhaltensweisen, waren nie wirklich natürlich, sondern stets geprägt von den «gesellschaftlichen Meinungen», die das soziale Zusammenleben bestimmen. Der Wunsch nach völliger Demaskierung würde bedeuten, sich in die unhaltbare Situation eines völlig isolierten Individuums zu versetzen, das sich selbst alles ist.

Angesichts dieser Polarisierung sind Rousseaus Schriften von ungebrochener Aktualität, weil sie den Konflikt in aller Schärfe reflektiert haben. Es gibt kein einfaches Entweder-Oder. Das hat Rousseau vor allem an seiner eigenen Sexualität demonstriert, die er als seine Naturwahrheit rücksichtslos freilegen wollte, aber doch nur als maskierte Sexualität empfinden und zu Papier bringen konnte.

*Die Pappelinsel im kunstvoll angelegten «englischen» Naturpark von
Ermenonville, mit dem Grab des dort 1778 gestorbenen Rousseau*

Als «l'homme double» zwischen echten Gefühlen und reiner Scheinexistenz, Unmittelbarkeit und Reflexion, natürlichem Sein und gesellschaftlichem Schein hin- und hertaumelnd, hat Rousseau damit eine Bewegung nachvollzogen, deren kultureller Ursprung bereits in den frühesten Mythen begründet liegt. Seit die Menschen über ihr Verhältnis zur Natur nachdenken, haben sie Bilder imaginiert und Geschichten erzählt, um sich über das Spannungsverhältnis zwischen Künstlichem und Natürlichem klarzuwerden. Das soll an einem Beispiel vorgestellt und erläutert werden, das bis heute nichts von seiner anfänglichen Faszination verloren hat: am lebendigen Mythos der künstlichen Frau.

Pandoras Töchter

Geschichte der künstlichen Frauen

> Aber ein solches Geschöpf wäre ja nur eine ver-
> nunftlose und fühllose Puppe!
>   Mylord, erwiderte Edison, glauben Sie mir:
> wenn Sie die beiden vergleichen werden, könnte
> es leicht geschehen, daß Sie das Original für die
> Puppe halten.[1]
> *Villiers de l'Isle Adam*

Der Mythos der Pandora

Am Anfang war ein Mythos. Der Konflikt zwischen dem natürlich gezeugten und dem künstlich gemachten Leben fand seine
erste Darstellung und Deutung in einer absonderlichen Geschichte, in der die Götter mit den Menschen ein übles Spiel
trieben. Für aufgeklärte Menschen mag jeder Mythos nur ein
herabgesunkenes Kulturgut sein. Bereits die vorsokratischen
Philosophen wiesen mythische Erzählungen als Lügengebilde
zurück. Im Unterschied zum begrifflich entfalteten Logos galt
jeder Mythos als eine Erzählung ohne argumentative Beweis-
führung. Aber selbst in der unglaubwürdigsten mythischen Fabel steckt ein rationaler Kern. Denn jeder Mythos bietet eine
Antwort auf grundlegende Fragen, die der Mensch an die Welt
und seine Existenz stellt. In den Epiphanien der Götter ist ver-
objektiviert, was als aufkeimendes Selbstbewußtsein rumort
und in der Welt verborgen ist, ohne begriffen werden zu können.

Als mysteriöse Gestalt taucht ein künstlicher Mensch zuerst
in zwei Werken des griechischen Dichters Hesiod auf, in der
«Theogonie» und in «Werke und Tage», die etwa um 700 v. Chr.
entstanden sind. Es handelt sich um Geschichten von Göttern
und Menschen, in denen düstere vorgriechische Legenden, dich-

terische Erfindungen und mythische Deutungen des Lebens zusammenspielen. Es ist kaum zu unterscheiden, was hier freie Eingebung eines einzelnen Autors und was kanonisierte mythische Existenzerfahrung ist, in der sich das Lebensgefühl und das Weltbild der frühen Griechen ausdrückt und darstellt. Auf jeden Fall sind es Geschichten voller Seltsamkeiten, die innerhalb der europäischen Kulturgeschichte traditionsbildend geworden sind. Sie soufflieren uns die Stichworte, mit denen wir noch heute unsere strittigen Probleme zu lösen versuchen.

Das künstlich Gemachte tritt bei Hesiod in einer Gestalt auf, von der wir es am wenigsten erwarten: in der mechanisch hergestellten Ur-Frau Pandora. Das ist einigermaßen überraschend. Denn repräsentiert nicht gerade die Frau, so anfechtbar eine solche Identifizierung auch sein mag, das Geheimnis der Natur?

Am Anfang war die Täuschung. Pandora, die «All-Geberin», deren weiblicher Körper die Menschen, die im Mythos des Hesiod zunächst ein reines Männergeschlecht waren, ins Spiel der erotischen Begierde und sexuellen Fortpflanzung verstrickt, ist kein Lebewesen aus Fleisch und Blut. Sie ist ein künstlich gemachter Mechanismus, den Zeus von seinem Sohn Hephaistos, dem Künstler-Gott der Schmiede, zum Verderben der Menschen / Männer herstellen ließ. An ihm sollten sie sich erfreuen und «lächelnd ihr Übel umarmen»[2]. Also sprach Zeus, lachend über seinen glänzenden Einfall. Wie kam es zu dieser böswilligen Täuschung?

Der Mythos von Pandora erzählt die Geschichte des Mannes als eines betrogenen Betrügers. Denn die List des Zeus ist nur eine Reaktion auf Betrügereien des erfinderischen Prometheus, eines Titanen, der zwischen Götterwelt und Menschenwelt agierte und durch seine technischen Erfindungen und schlauen Taten zur endgültigen Trennung des Göttlichen und des Menschlichen beitrug. Die Erschaffung der Pandora ist eine Entgegnung: kunstvolle List des Menschen – Gegentäuschung des olympischen Herrschers.

Prometheus, der «Vorbedachte», der «im voraus Wissende», hatte sich mit seinem Bruder Epimetheus, dem «Nachbedachten», «nachträglich Lernenden», im Kampf zwischen Titanen und olympischen Göttern auf die Seite des Zeus geschlagen. Er stammte zwar selbst aus dem Geschlecht der Titanen, aber er war klug genug gewesen, den Ausgang des Kampfs vorherzusehen. Doch mit «krummen Gedanken» wird er Zeus doppelt täuschen. Zunächst durch ein Schlachtopfer, bei dem er arglistig Zeus nur die künstlich in Haufen geordneten Knochen auswählen läßt, während er den Menschen das zerstückelte Fleisch zukommen läßt. Als Strafe für diesen Opferbetrug verweigert Zeus den Menschen die Kraft des Feuers. So blieb ihnen nur das rohe Fleisch. Aber Prometheus entwendet aus dem Olymp das Feuer und bringt es den Menschen. Auch dieser Diebstahl erfüllt Zeus mit bitterem Zorn und provoziert einen übelbringenden Einfall. Eine *Jungfrauenmaschine* soll gebaut werden.

> Und dem Hephaistos gebot er, dem rühmlichen, daß er in Eile
> Erde mit Wasser vermenge, um Stimme und Stärke des Menschen
> Drin zu vereinen, und schön wie der ewigen Göttinnen Antlitz
> Sollt' eine liebliche Jungfrau entstehen, doch Pallas Athene
> Sollte sie Werke lehren und schöne Gewänder zu weben.
> Anmut sollte dem Haupt Aphrodite, die goldene Göttin,
> Schenken und zehrende Sehnsucht dazu und drückende Sorgen,
> Aber auch hündischen Sinn, und mit betörender Schalkheit
> Sollte sie Hermes begaben, der Bote, der Argoserwürger.
> Also sprach er, und sie gehorchten dem Herrscher Kronion.
> Gleich aus Erde formte der hinkende Meister ein Bildnis,
> Züchtiger Jungfrau gleich, ganz wie der Kronoide geboten. (...)
> Aber in ihrer Brust erweckte der Argosbezwinger
> Trug und kosende Worte und schlaubetörende Schalkheit
> Nach des Donnerers Wunsch, und auch noch Rede und Stimme
> Gab ihr der Herold der Götter, und dann benannte Pandora
> Er dieses Frauengebilde, weil alle Bewohner des Himmels
> Sie mit Gaben begabten zum Leid der betriebsamen Männer.[3]

Pandora war die schönste Frau, die je geschaffen wurde. Ihr Antlitz war göttlich und ihre jungfräuliche Gestalt in die schönsten Gewänder gekleidet. In Begleitung des durchtriebenen Götterboten wurde sie als Geschenk zu Epimetheus gebracht, der sie zur Frau nahm. Dieser Tor durchschaute nicht, daß ihre Schönheit nur die Maske eines bösartigen und schalkhaften Charakters war. Das schöne Übel öffnete das Kästchen, in das Prometheus alle Plagen eingeschlossen hatte mit der Warnung, es stets geschlossen zu halten. Seitdem leiden die Menschen unter Alter, Krankheiten, Irrsinn, Laster, Leidenschaften und drückenden Sorgen. Nur die trügerische Hoffnung, die Prometheus auch in das Kästchen gesperrt hatte, hält die leidenden Menschen davon ab, ihrem Leben durch Selbstmord ein Ende zu machen.

Es wäre leicht, diese abstruse Geschichte als bloße Fabel zurückzuweisen, wenn hier nicht einige Motive verdichtet wären, die in der europäischen Kulturgeschichte bis heute wirksam geblieben sind. Dieses Motivbündel läßt sich durch vier Fragen entfalten: Warum wurde das Denken und Handeln des Prometheus, der den Menschen das Leben auf der Erde erleichterte, als *listige Täuschung* charakterisiert? Warum gab der verärgerte Zeus seinem Sohn Hephaistos den Auftrag, eine mechanische Frau herzustellen, die das ganze Menschengeschlecht ins *Unglück* stürzt? Was bedeutet es, daß Pandora ein *Automat* ist, der ein menschliches Lebewesen nur imitieren kann? Und warum ist, mit einem anderen Akzent gefragt, dieser erste Androide die *Ur-Frau*, deren Natur und Natürlichkeit von Anfang an durch ein künstlich-gekünsteltes Simulakrum ersetzt worden ist?

Prometheus stammt aus dem Göttergeschlecht der «krummsinnigen» Titanen, die den Kampf gegen Zeus verloren und vom Himmel ins Reich der Unterirdischen stürzten. Sie hießen mit Beinamen «chthónioi»: die dem Reich der Erde angehören und in ihrem tiefsten Schlund leben müssen. Das rückt sie in die Nähe der Menschen, die ihr Leben auf der Erde nur mit mühseliger Arbeit erhalten können. Es ist kein Zufall, daß der einfallsreiche Prometheus mit dem Wort «ankylometai» charakterisiert wird. Er ist in seinem Denken krumm (ankylos) und fängt sich dabei in seiner eigenen Schlinge (ankyle). Nur mit List kann dieser Titanensohn die Mängel zu beheben versuchen, unter denen die Menschen leiden.[4]

Die Taten des Prometheus sind Sinnbilder des menschlichen

Daseins im Kampf mit einer Natur, die jede menschliche Anstrengung zu durchkreuzen droht. Der Mensch als Mangelwesen muß wie Prometheus schlau sein. Er muß die Natur auf «krummen Wegen» überlisten und mit geistreichen Erfindungen und technischen Mitteln zu beherrschen versuchen. Wie jede Technik einen Mangel zu bewältigen versucht, so gehört die täuschende Mangelhaftigkeit zum Charakter des Schlauen. Diese Verschränkung zieht Prometheus in den Bereich des Menschlichen und in die chthonische Wirklichkeit der natürlichen Welt.

Während Prometheus seine Ränke schmiedet, verfügt Hephaistos über das handwerkliche Können des Schmiedens. Die Häßlichkeit dieses göttlichen Hinkefuß wird kompensiert durch die Schönheit der Dinge, die er schmieden kann. Er ist ein Künstler, der den Göttern ihre glänzenden Waffen herstellt und für die Götterversammlungen auto-mobile Dreifüße zu konstruieren vermag. Auch sich selbsttätig bewegende Statuen («automata») stammen aus seiner Werkstatt. Der Riese Talos soll von Hephaistos geschmiedet worden sein, um Kreta gegen Angreifer zu verteidigen und sie mit der Glut seiner Umarmungen zu töten. Hephaistos ist ein Meister in der Herstellung von «simulacra», welche die Gestalt und Bewegung des Menschen nachzuahmen vermögen. Auch künstliche Frauen hat er modelliert, die ihm als Mägde fleißig zur Hand gehen:

Diese waren aus Gold, doch glichen sie lebenden Jungfraun;
Denn sie besitzen im Herzen Vernunft und haben die Sprache,
Haben auch Kraft und lernten von ewigen Göttern die Werke.[5]

Hephaistos ist ein Magier der Mechanik, in dessen Kunst der ursprüngliche Bedeutungsgehalt des altgriechischen «mechané» versinnbildlicht ist. Denn dieses Wort meinte zunächst nichts anderes als betrügerische List, geheimnisvolles In-die-Falle-Locken, Raffinesse in der Wahl der Mittel. Wer mechanisiert, schmiedet irgendwelche Ränke. Vor allem mittels mechanischer Geräte («mechanai») gelang es den Menschen, die Naturkräfte zu überlisten wie den Fuchs, den man durch einen geschickten Mechanismus so täuscht, daß er ihn selbst auslöst und in der Falle gefangen ist.

Das erklärt die Trennung zwischen Physik und Mechanik, die später Aristoteles und seine Nachfolger eingeführt haben. Während die Physik die Natur («physei») der Dinge behandelt und ihre Bewegungen so, wie sie ihrer natürlichen Eigendynamik folgen, mit theoretischer Neugierde studiert, ist die Mechanik nur eine technische Kunst zur Herstellung «naturwidriger» Bewegungen, die der Mensch mit künstlichen Mitteln erzeugt. Antike «Maschinen» (aus dem griech. «mechané» hergeleitetes lat. «machina») dienen nicht zur Erkenntnis der Natur. Sie sind ein Ränkespiel gegen die Natur, um sie zu überlisten und durch verblüffende Effekte den Betrachter erstaunen zu lassen.

Als Wunderwerk des Hephaistos ist auch Pandora gegen die Natur mechanisiert worden. Sie ist zugleich mechanischer Androide und hinterlistige Machination. Als Automat und Simulakrum täuscht sie eine lebendige Frau vor. Der epimethisch-männliche Hang zur Frau findet seine Erfüllung in einem mechanisierten Trugbild. Epimetheus durchschaut nicht die mechanische Verschränkung von gelungener Nachahmung und listiger Täuschung, mit der Pandora die Menschen heimsucht.

Es war ein äußerst geschickter Schachzug des Zeus, die menschenfreundliche Gaunerei des Prometheus durch eine mechanische Täuschung zu überbieten. Pandora ist eine Entgegnung auf den widernatürlichen Hochmut des Menschen. Sie verkörpert eine mechanisch getäuschte Natur, die in Gestalt eines technisch hergestellten Simulakrums die Menschen als betrogene Betrüger ins Unglück stürzt. Wie eine Schimäre, in der Mechanik und Natur, Künstlichkeit und Natürlichkeit sich ununterscheidbar vermengen, spiegelt sie den Menschen ihren prometheischen Frevel wider, die Natur durch schlaue Mechanismen kontrollieren zu wollen.

Doch warum wird die Bestrafung für die prometheische List am epimethischen Begehren nach einer schönen Frau vollzogen? Robert von Ranke-Graves hat in seiner «Griechischen Mythologie» diese Frage kommentierend zu entschärfen versucht:

Hesiods Bericht über Prometheus, Epimetheus und Pandora ist indessen kein echter Mythos, sondern eine anti-feministische Fabel. Wahrscheinlich war sie seine eigene Erfindung. (...) Pandora («All-Geberin») war die Erdgöttin Rhea und wurde unter diesem Namen in Athen und an anderen Orten angebetet. Der pessimistische Hesiod schiebt ihr alle Schuld an der Sterblichkeit des Menschen, an den Übeln, die ihn befallen, und an dem frivolen und ungehörigen Benehmen der Ehefrauen zu.[6]

Aber warum ist gerade die Erdgöttin, die Große Mutter Natur, in ein mechanisches Monster transformiert worden? Warum ist ihre vollkommene Schönheit nur eine Maske und ihre allgebende Naturhaftigkeit künstlich mechanisiert? Es spricht einiges dafür, daß es sich bei dieser Transformation um mehr handelt als um die falsche Fabulierkunst eines individuellen Autors und seine «anti-feministische» Männerphantasie.

Daß Hephaistos sein trügerisches Machwerk aus Erde und Wasser hergestellt hat, verweist zunächst auf dessen Herkunft. Im Trugbild der Pandora hat das Bild der Erdgöttin Rhea seine Spur hinterlassen. Als Naturautomat kommt sie zu den Irdischen und bringt ihnen Myriaden von Übeln. Es ist die bedrohliche Übermacht der Natur selbst, die hier personifiziert worden ist. Als technisch begabtes Wesen mag der Mensch noch so schlau und geistreich sein. Es wird ihm dennoch niemals gelingen, die Macht der Natur zu beherrschen. Die chthonische Erde ist kein idyllisches Paradies. Naturkatastrophen, Hunger, Krankheiten und Tod gehören zum Leben auf der Erde. An ihnen scheitert jede List des Menschen.

Im Mythos der Pandora ist dieser Kampf zwischen Mensch und Natur als Geschlechterkonflikt dargestellt und gedeutet worden: «gender trouble»[7] in ursprünglichster Form. Den überheblichen Taten des Prometheus widerstreitet ein weibliches Simulakrum, das die «betriebsamen Männer» in die unlösbare Spannung zwischen «zehrender Sehnsucht» und «drückenden Sorgen» lockt. Sie lieben die Frau und fürchten sie. Die Ambivalenz der Natur als kultivierter Lebensraum und dämonische Macht ist weiblich. Gibt es dafür eine rationale Grundlage?

«Der weibliche Körper ist eine chthonische Maschine, gleichgültig gegen den Geist, der ihn bewohnt.»[8] Das ist kein Kommentar zu Hesiods Mythos. Es ist die grundsätzliche Überzeugung von Camille Paglia, die in ihrer Untersuchung «Die Masken der Sexualität» alle versöhnlichen Vorstellungen einer weiblichen Natur attackiert hat. Die mythologische Gleichsetzung von Natur und Frau, die sich in der Transformation der Erdgöttin Rhea in die allesgebende Pandora artikuliert, beruht dabei vor allem auf dem Geheimnis des weiblichen Leibes, der wie eine selbsttätige Maschine aus eigener Kraft anzuschwellen und zu gebären vermag; und auf seinen regelmäßig wiederkehrenden Zyklen, die wie ein natürlicher Mechanismus ohne bewußte Absicht stattfinden. Der Beitrag des Mannes zur Fortpflanzung ist dagegen nur momenthaft und flüchtig und steht in keinem direkten Zusammenhang mit der Naturwahrheit, daß die Frau die Mutter ihrer Kinder ist; und durch keine geistigen Mittel ist zu beherrschen, was monatlich als ein zyklisches Ereignis wiederkehrt, in dem die Natur ihren eigenen Willen durchsetzt.

> Von Anbeginn an erschien die Frau als unheimliches Wesen. Der Mann ehrte, der Mann fürchtete sie. Sie war der schwarze Schlund, der ihn ausgespien hatte und ihn wieder verschlingen würde. Die Männer schufen ihre Bünde und erfanden die Kultur als ein Mittel der Verteidigung gegen die weibliche Natur.[9]

Auch Camille Paglia weiß, daß die Gleichsetzung von Frau und Natur der heikelste Punkt ihrer provokanten Angriffe gegen die Illusion eines friedlichen Lebens im Einklang mit natürlichen Gegebenheiten ist. Aber sie versteht sie nicht als Mythos, sondern als sachhaltige Aussage. Auch wenn die Männer sich verbündeten, um sich gegen die weibliche Natur zu behaupten, so blieb doch immer die Angst vor der Frau bestehen. Sie wird liebend umarmt und als schönes Übel abgewehrt. Für diese Ambivalenz steht die Figur des Epimetheus, der stellvertretend für seinen schlauen Bruder von Zeus bestraft wurde, indem er die Maschine Pandora zur Frau nahm.

Pandora ist also eine äußerst raffinierte mythische Figur. In ihr vermengt sich die kunstfertige *mechané* zur Beherrschung der Natur mit der Erscheinung einer mechanischen Kunstfigur. Dem Mann erscheint als leidbringende Gabe, was er selbst wollte: die Natur zu mechanisieren und durch künstliche Mittel in den Griff zu bekommen. Jetzt ereilt ihn die Rache der überlisteten Natur. Zeus hätte sich keinen besseren Scherz ausdenken können, um den prometheischen Ur-Frevel gegen den Menschen selbst zu richten. Kein Wunder, daß er, der die männliche List von Anfang an durchschaute, über seinen hinterlistigen Einfall lachen mußte. Es war eine gelungene Gegentäuschung. Wenn die Natur mechanisiert wird, tritt sie dem Menschen als künstlich gemachter Mechanismus entgegen, der ihm seine eigene technische Schlauheit vorspiegelt. Der übermächtige Zeus war nicht nur der Wolkenballer, Blitzeliebende und Hochdonnernde. Er war auch ein Schelm, den seine eigenen Täuschungsmanöver amüsierten.

Descartes' Mensch-Maschine

In der Figur des Hephaistos sind Mechanik und Magie mythologisch verdichtet worden. Wie ein Magier die Kräfte der Natur zu beschwören vermag und wirken lassen kann, ohne daß der erstaunte Betrachter zu begreifen vermag, wie es ihm gelingt, so wurde auch die Kunst in der Herstellung und im Gebrauch mechanischer Hilfsmittel ursprünglich als ein geheimnisvolles Vermögen bewundert. Das erhellt die Fülle von Legenden und Fabeln, die um so phantastischer wurden, je mehr sich das mechanische Handwerk perfektionierte und eine frühe Automatenbaukunst [10] ermöglichte. Fast alle Autoren der Antike erzählen von lebenden Statuen und beweglichen Götterstandbildern. Die meisten davon werden wohl das Werk betrügerischer Priester gewesen sein, die Virtuosen in der Täuschung des unwissenden Volks waren. Was dabei mittels mechanischer Kunstfertigkeit tatsächlich erzeugt worden ist und was bloße Gaukelei war, ist nur schwer zu unterscheiden. Auf jeden Fall geistern die sonderbarsten Automaten durch die erzählte antike Welt, welche zur Erregung von mythologischem oder spielerischem Erstaunen dienten.

Selbst ein so trockener Berichterstatter wie der griechische Geschichtsschreiber Polybios (etwa 200–120 v. Chr.) schien nicht daran gezweifelt zu haben, daß der spartanische Tyrann Nabis eine Maschine aus Eisen anfertigen ließ, die seine schöne Frau Apega zu imitieren vermochte, mit der sie «die größte Ähnlichkeit hatte». Um Geld aus seinen Untertanen zu pressen, soll er diese eiserne Jungfrau teuflisch eingesetzt haben. Wer nicht zahlen wollte, hatte nichts zu lachen.

> Wenn aber jemand seine Forderungen ablehnte und sich weigerte, waren seine nächsten Worte: Ich kann offenbar nichts bei dir erreichen, aber ich denke, Apega wird dich überreden. Während er dies sagte, erschien die eben erwähnte Statue. Wenn nun der Gast auf sie zuging, um sie zu begrüßen, ließ er die Frau sich von ihrem Sitz erheben, die Hände um ihn legen und ihn an die Brust ziehen. Ihre Arme und Hände aber, ebenso die Brüste waren mit eisernen Nägeln unter dem Gewand bedeckt. Wenn Nabis nun mit den Händen auf den Rücken der Frau drückte, durch den Mechanismus den Druck verstärkte und das Opfer immer näher an die Brüste heranziehen ließ, dann entrangen sich dem Unglücklichen unter der Folter die entsetzlichsten Schmerzensschreie, und auf diese Weise brachte er viele um, die sich weigerten zu zahlen.[11]

Vom Altertum bis in die beginnende Neuzeit bezeichnen «Automat» und «Simulakrum» die vorgetäuschte Selbstbewegung von Artefakten, deren innerer Mechanismus verborgen war und die Illusion entstehen ließ, als ob sie sich wie lebendige Wesen bewegen könnten. Auch in den Dichtungen und Chroniken des Mittelalters haben diese frühen Wunderwerke mechanischer Kunstfertigkeit ihre Spuren hinterlassen. Das erklärt, warum auch die herausragenden Wissenschaftler, die sich praktisch und theoretisch mit mechanischen Konstruktionen auseinandersetzten, oft noch als Magier oder Zauberkünstler galten. Die Herstellung künstlicher Menschen war ein Topos der Legendenbildung. So stand selbst der naturwissenschaftlich gebildete Dominikaner Albertus Magnus (1193–1280), einer der großen Kirchenmänner und Wissenschaftler des hohen Mittelalters, im Verdacht der Zauberei, weil er einen Androiden geschaffen hätte, der ihm als Türsteher diente, die Besucher nach ihren Wünschen gefragt haben soll und aufgrund ihrer Antwort selbst enschieden hat, wer bei seinem Herrn und Meister eintreten dürfe und wer nicht.

> Man setzt hinzu, der nachmals heilig gewordene Thomas von Aquin habe solches Bild mit einem Stock zerschlagen. Die Ursache dieser Tat wird von Unterschiedenen unterschieden angegeben. Einige sagen, St. Thomas sey erschrocken worden, als er bey seinem Eintritt in das Zimmer, darinnen solches Bild stunde, selbiges unvermutet habe reden hören, andere sagen, er habe dem Geschwätze und Plaudern desselben nicht länger zuhören wollen. Albertus aber soll darüber in die Worte ausgebrochen seyn: O Thomas, du hast mir ein Werk zerbrochen, daran ich dreyssig Jahr gearbeitet habe.[12]

Was auch immer man von solchen Legenden halten mag, sie weisen doch darauf hin, daß bis ins 13. Jahrhundert der Bedeutungsgehalt von «mechané» als List seine etymologische Spur hinterlassen hat. Maschinen aller Art galten den erstaunten Betrachtern als undurchsichtige Wunderwerke, mit denen geschickte Manöver und verblüffende Täuschungen veranstaltet werden konnten.

Wer sich täuschen läßt, gehört zu den Dummen. Für sie steht Epimetheus, der Nachbedachte, als mythische Figur. Er fiel auf ein Trugbild herein, das Hephaistos als ein «Bildnis» geschaffen hatte, «züchtiger Jungfrau gleich». Apega, die erste eiserne Jungfrau, sah der Frau des tyrannischen Nabis «ähnlich». Der Androide des Albertus Magnus war ein «Bild» des Menschen, das «durch gewisse Bewegungen einige der menschlichen Stimme und gewissen Worten etwas ähnlich lautende Töne von sich gegeben hat.»[13]

Einzelne Menschen mögen sich zwar täuschen lassen, indem sie das Bild für das Abgebildete halten und den Unterschied zwischen Künstlichkeit und Natürlichkeit übersehen. Sie lassen sich durch die Ähnlichkeit zwischen dem Original und seinem mechanischen Doppelgänger verwirren und verstehen das «als ob» als ein «ist». Aber dieser täuschende Schein blieb dennoch prinzipiell durchschaubar. Von Hesiods mythischer Erzählung bis zu den mittelalterlichen Legenden blieb vorausgesetzt, daß zwischen der natürlichen Realität und den künstlich gemachten Simulakren ein ontologischer Unterschied besteht. Wer schlau ist, durchschaut das Spiel mit den Trugbildern.

Es gehört zu den Paradoxien der geschichtlichen Entwicklung, daß seit Beginn der Neuzeit, in der die naturwissenschaftliche Erkenntnis alle mythologischen und theologischen Fesseln abzustreifen versucht, der stabile Unterschied zwischen mechanischem Bild und natürlichem Original zunehmend verschwindet. Zunächst zögernd, seit Beginn des 17. Jahrhunderts extrem beschleunigt, findet eine radikale Umorientierung statt. Die Mechanik wird zum Königsweg der Erkenntnis natürlicher Phänomene. Verwies «mechané» anfänglich noch darauf, daß alles Natürliche anders funktioniert als seine mechanische Imitation, so wird jetzt die Maschine zum Modell und Mittel einer wahren Erkenntnis, die dem natürlichen Erkenntnisgegenstand in seiner eigentlichen Realität entspricht. Die verwirrende Vielfalt des Lebendigen, das spontan, unkalkulierbar und offen im kreativen Ausnutzen neuer Möglichkeiten ist, wird mittels mechanischer Modelle zu erkennen und zu beherrschen versucht.

Mechanische Kunstgebilde treten nicht mehr als unlebendige Doubles natürlicher Lebensformen auf. Das Lebendige selbst ist nur noch ein Oberflächenphänomen, hinter dem sich ein Maschinenkörper verbirgt. Wer mechanistisch denkt, durchschaut nicht die maschinelle Täuschung, sondern erkennt im Lebendigen einen verborgenen Mechanismus; und die Maschine, die sich einst durch Undurchschaubarkeit und geheimnisvolle Kräfte auszeichnete, wird zum Ideal kalkulierbarer Transparenz Sie funktioniert als eine Apparatur, deren Elemente klar und deutlich erkennbaren Gesetzmäßigkeiten unterliegen. Es qualifiziert die neuzeitliche Wissenschaft, daß sie nach Automatismen sucht, die allen Naturvorgängen zugrunde liegen sollen, von den Bewegungen der Himmelskörper über die Lebensweise von Pflanzen und Tieren bis zu den Aktivitäten des menschlichen Körpers. Die Natur wird nicht mehr durch künstliche Artefakte nachgeahmt, sondern als Mechanismus zu erkennen versucht. Und selbst das menschliche Denken und Sprechen gerät zunehmend in den Bann «symbolischer Maschinen», die es adäquat abzubilden versuchen.[14]

Den ersten Höhepunkt erreicht diese epistemologische Umpolung bei René Descartes (1596–1650). Angetrieben durch den Wunsch, gegen alle möglichen Täuschungen nur das als wirklich anerkennen zu wollen, was sich «klar und deutlich» (clara et distincta) erkennen läßt, wird die Mechanik bewegter Körper zum Modell von Erkenntnis überhaupt. Als natürliche Körper unterliegen Pflanzen, Tiere und Menschen rein mechanischen Gesetzmäßigkeiten. Galt bis ins späte Mittelalter ein maschineller Automat nur als ein künstlich gemachtes «Bild», so hat Descartes dieses Simulakrum in die natürliche Welt als solche hineinprojiziert. Auch der menschliche Körper ist nichts anderes als ein komplizierter selbstbeweglicher Automat.

Die Einzelheiten seiner physiologischen Automatentheorie hat Descartes 1632 in seinem «Traité de l'homme» entfaltet, auch wenn er unter dem Eindruck der Verurteilung Galileis (1632) vorsichtig genug war, diese Abhandlung nicht zu veröffentlichen. (Erst zwölf Jahre nach seinem Tod erschien 1662 in Holland eine lateinische Übersetzung, 1664 dann in Frankreich das französische Original.) Bis in die kleinsten Details werden die Funktionen der menschlichen Körpermaschine erklärt, ohne jede Rücksicht auf mystifizierende Vorstellungen einer «Seele» oder «Lebenskraft».

Doch trotz dieser cartesianischen Wende blieb im «Traité de l'homme» das Bewußtsein wach, daß es sich beim menschlichen Körperautomaten um eine ausgeklügelte Fiktion handelt. Descartes wußte, daß er nur ein Modell entworfen hatte, das vom «wirklichen Menschen» unterschieden werden muß. Modellhaft hat er zwar alle körperlichen Aktivitäten ins Bild eines Automaten übersetzt. Aber dieses Bild fiel nicht völlig mit dem Abgebildeten zusammen. Die Aufhebung dieser Modelldifferenz kann nicht wirklich funktionieren. Sie gelingt nur mittels eines hypothetischen Gedankenexperiments. Bereits der einleitende Abschnitt des «Traité de l'homme» entführt den Leser in eine Modellkonstruktion, die als solche kenntlich gemacht wird:

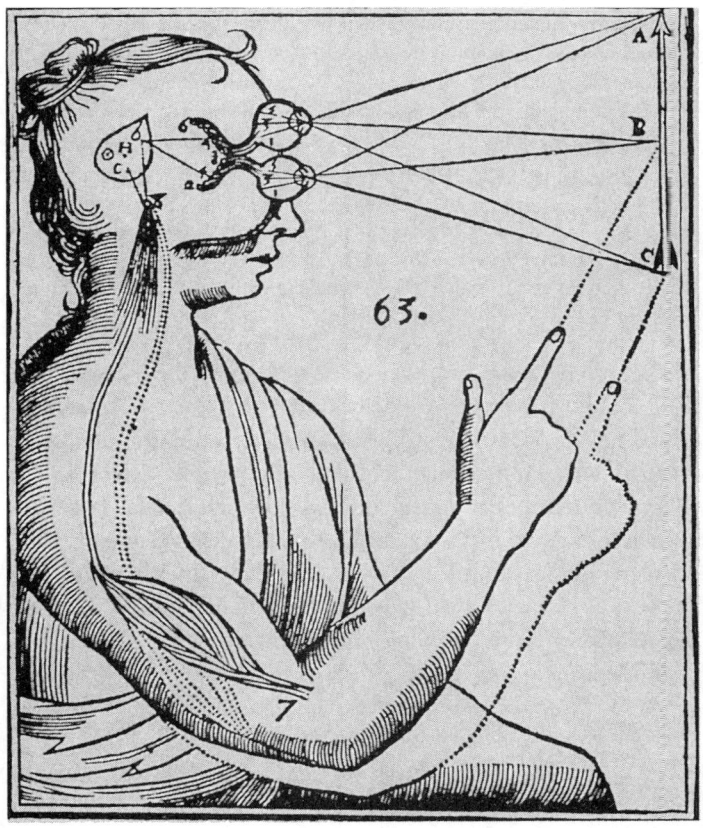

Figur aus dem «Traité de l'homme» zur Erklärung der Koordinierung mehrerer Wahrnehmungen

Ich stelle mir einmal vor, daß der menschliche Körper nichts anderes sei als eine Maschine, die Gott gänzlich in der Absicht formt, sie uns so ähnlich wie möglich zu machen, und zwar derart, daß er ihr nicht nur äußerlich die Farbe und Gestalt aller unserer Glieder gibt, sondern auch in ihr Inneres alle jene Teile legt, die notwendig sind, um sie laufen, essen, atmen, kurz alle unsere Funktionen nachahmen zu lassen, von denen man sich vorstellen könnte, daß sie aus der Materie ihren Ursprung nehmen und lediglich von der Disposition der Organe abhängen. Wir sehen Uhren, kunstvolle Wasserspiele, Mühlen und andere ähnliche Maschinen, die, obwohl sie nur von Menschenhand hergestellt wurden, nicht der Kraft entbehren, sich aus sich selbst auf ganz verschiedene Weise zu bewegen. Und wie mir scheint, könnte ich mir von einer Maschine, die – wie ich einmal annehme – aus der Hand Gottes angefertigt sein soll, nicht so viele Bewegungsarten vorstellen noch ihr so viel kunstvolle Bildung zuschreiben, daß man sich nicht vorstellen könnte, daß sie nicht noch mehr davon besitzen kann.[15]

Als göttlich gemachte Maschine «vorgestellt», bleibt der menschliche Körper eine «Nachahmung» des wirklichen Leibes. Gegen Ende seiner Abhandlung hat Descartes auf diesen Aspekt noch einmal nachdrücklich hingewiesen. Sein Erklärungsanspruch behauptet nicht, was wirklich der Fall ist, sondern ruft eine «klare und deutliche» Erkenntnis dessen hervor, was der Fall sein könnte. «Ich wünsche, daß man schließlich aufmerksam beachte, daß alle Funktionen, die ich dieser Maschine zugeschrieben habe, so vollkommen wie möglich die eines richtigen Menschen nachahmen.»[16]

Im Mythos von Pandora war es der von Prometheus getäuschte Zeus, der dem Künstler-Gott der Schmiede den Auftrag gab, die Menschen durch den chthonischen Mechanismus einer Frau zu überlisten. In Descartes' erkenntnistheoretischem Modellentwurf hat Gott als Automatenbauer die Stelle des Hephaistos besetzt. Hinter dem Gedankenexperiment steckt ein Ingenieur-Gott; und in der Körperautomatendoktrin verbirgt sich eine fiktionalisierende Automatenbauer-Theologie. Der wesentliche Unterschied dieses Experiments zum Mythos bestand allein in dem Vertrauen, daß der christliche Gott kein Betrüger ist, der sich mit den Menschen einen Scherz erlaubt. Er will sie weder ins Leid stürzen noch täuschen. Er schickt ihnen keine künstlichen Menschen, um sie zu bestrafen und zu verwirren. Er stellt ihnen vielmehr eine göttliche Maschine zur Seite, an der sie rekonstruieren können, wie sie selbst als körperliche Wesen funktionieren.

Es war das Unvermögen der Dummen, so erzählte der Mythos, den künstlich hergestellen Menschen nicht als mechanisches Trugbild zu durchschauen. Jetzt ist es das Privileg der Schlauen, so will es die philosophische Aufklärung, den natürlichen Menschen wie ein Maschinenwesen betrachten und analysieren zu können. Pandora und Apega waren keine Frauen, sondern verhielten sich nur so, als ob sie Frauen wären. Jetzt sind wir Menschen es selbst, die sich als funktionierende Körper so verhalten, als ob wir wie Pandora und Apega wären.

Während Descartes im «Traité de l'homme» 1632 den fiktionalen Charakter seines Körperautomaten unterstrichen hatte, war einige Jahre später der hypothetische Modellcharakter deutlich zurückgenommen worden. Im «Discours de la méthode» von 1637 ist die Formulierung «ich stelle mir einmal vor» gestrichen worden. Das Gedankenexperiment war zu schön, um nicht wahr zu sein. Die «Methode des richtigen Vernunftgebrauchs und der wissenschaftlichen Forschung» soll erfordern, daß der menschliche Leib tatsächlich eine Maschine ist, «die aus den Händen Gottes kommt und daher unvergleichlich besser konstruiert ist und weit wunderbarere Getriebe in sich birgt als jede Maschine, die der Mensch erfinden kann».[17] Über diese Radikalisierung muß Descartes selbst erschrocken sein. Denn jetzt war die Frage zu beantworten: Worin unterscheiden sich dann überhaupt noch Maschinen, Tiere und Menschen?

Descartes griff auf die «Seele» zurück, die er allein dem Menschen vorbehielt. Während tierische und menschliche Körper tatsächlich Automaten sind, verfügt der Mensch über das exklusive Vermögen einer denkenden Seele, für deren Existenz Descartes zwei sichere Kriterien gefunden zu haben glaubte:

Wir können einen Androiden von einem «wirklichen Menschen» unterscheiden, weil nur der Mensch über Sprachfähigkeit verfügt und über eine situative Anpassungsfähigkeit seines Denkens an die unkontrollierbare Fülle aller möglichen Lebenslagen.

So recht überzeugt von diesen beiden Unterscheidungskriterien aber schien selbst Descartes nicht gewesen zu sein. Bereits die goldenen Mägde des Hephaistos besaßen im Herzen Vernunft und hatten die Sprache. Pandora hatte durch den listigen Götterboten Hermes betörende Schalkheit, Rede und Stimme erhalten. Zahlreiche antike Götterstatuen sollen Orakelsprüche geäußert haben. Der Türhüter des Albertus Magnus schwätzte oder gab zumindest sprachähnlich klingende Töne von sich.[18] Warum sollte es also nicht möglich sein, in den cartesianischen Automaten einen Sprachmechanismus und eine künstliche Intelligenz einzusetzen, die auf jeden Input mit dem passenden Output reflexartig reagieren? Wenn Gott der perfekte Ingenieur ist, dann ist ja nicht auszuschließen, daß auch Sprachkompetenz und Denkvermögen auf die Ebene maschineller Körperorgane versetzt werden können und ihre körperlose Sonderstellung verlieren.

Descartes waren solche Überlegungen nicht fremd. Er hielt es durchaus für möglich, in einer Maschine Sprach- und Denkmechanismen unterzubringen. Aber er konnte «sich nicht vorstellen, daß sie die Worte auf verschiedene Weise zusammenordnet, um auf die Bedeutung alles dessen, was in ihrer Gegenwart laut werden mag, zu antworten, wie es der stumpfsinnigste Mensch kann.»[19] Und er wollte sich auch nicht vorstellen, daß sein Universalorgan der Vernunft an die materielle Struktur und Funktionsweise des Gehirns als Körperorgan gebunden sein kann und nach einem Maschinen-Denkmodell zu arbeiten vermag.

Descartes' Untersuchung der göttlichen Mensch-Maschine blieb unabgeschlossen. Sie machte halt vor dem Bereich des Seelischen und zerteilte den Menschen in eine rein körperliche und eine rein denkende Stubstanz, die auch ohne Körper existieren kann. War es seine Furcht, ein Sakrileg zu begehen, die Descartes davon abhielt, den Menschen zu mechanisieren, die Furcht nämlich, man müsse anerkennen, daß es mit der Seele vorbei wäre zugunsten eines vollkommen naturalisierten Menschen?

Wie sehr dieser Gedanke Descartes beunruhigte, dokumentiert eine kurze Überlegung in seinen «Meditationen über die Grundlagen der Philosophie» (1641). Was im «Traité de l'homme» noch einem allmächtigen Gott als Fähigkeit zugeschrieben worden war, dessen Modell-Menschen zur Erkenntnis dienen sollten, hat Descartes unvorhergesehen in einen tiefen Strudel gestürzt und so verwirrt, «daß ich weder auf dem Grund festen Fuß fassen, noch zur Oberfläche emporschwimmen kann.» Vielleicht war ein «allmächtiger und höchst verschlagener Betrüger» [20] am Werk, der den Philosophen durch mechanische Doppelgänger des Menschen täuschen wollte? Deshalb rettete sich Descartes vor diesem Zweifel durch einen intellektuellen Streich. Er zog sich auf sein eigenes Denken als einzige Gewißheit zurück: «Ich denke». Und nur dieses selbstherrliche Cogito soll auch davor schützen können, einem betrügerischen Mechaniker-Gott auf den Leim zu gehen. Denn die Sinne können jederzeit täuschen und niemals jene Sicherheit bieten, die Descartes verzweifelt suchte, um nicht in den Sog eines alles verschlingenden Zweifelns zu geraten. Der Sehkraft der Augen ist nicht zu trauen. Nur der urteilende Verstand soll erkennen lassen können, womit man es wirklich zu tun hat.

> Da sehe ich zufällig vom Fenster aus Menschen auf der Straße vorübergehen, von denen ich (...) gewohnt bin zu sagen: ich sehe sie, und doch sehe ich nichts als die Hüte und Kleider, unter denen sich ja Automaten verbergen könnten! Ich urteile aber, daß es Menschen sind. Und so erkenne ich das, was ich mit meinen Augen zu sehen vermeinte, einzig und allein durch die meinem Denken innewohnende Fähigkeit zu urteilen. [21]

Allein die Urteilskraft sollte den Menschen als Menschen erkennen lassen. So wollte es dieser Philosoph, der an allem zu zweifeln begann, nur nicht an der je eigenen Fähigkeit, denken zu können, die vernünftigerweise auch jedem anderen Menschen unterstellt werden sollte.

Wie dem auch sei. Es war jedenfalls nicht mehr aufzuhalten, daß die fortschreitende Maschinalisierung der Welt auch die Barrieren durchbrach, die Descartes noch aufgerichtet hatte, um zwischen dem Menschen und seinem vollkommenen Double weiterhin unterscheiden zu können. Sein philosophisches Gedankenspiel wirkte als Initialzündung, die vor allem im Jahrhundert der Aufklärung ein wahres Feuerwerk mechanistischen Denkens zur Folge hatte. Bemerkenswert sind dabei vor allem zwei Effekte.

Zum einen wurde die Modelldistanz zwischen natürlichem und simuliertem Körper aufgehoben. Das «ich stelle mir einmal vor» wurde in ein «so ist es» transformiert. Das Simulakrum trat an die Stelle des Simulierten. In seinem 64bändigen «Großen vollständigen Universal-Lexikon aller Wissenschaften und Künste» (Halle und Leipzig 1732–1754) hat es Johann Heinrich Zedler 1739 im Kapitel «Menschliche Maschine» mit aller Deutlichkeit unterstrichen.

> Was den Bau des menschlichen Leibes betrifft, so ist zu merken, daß er die allerschönste, vortrefflichste und künstlichste Maschine, die da von dem allerweisesten Schöpfer aus verschiedenen Teilen, welche unter sich bestens zusammenstimmen, also ist verfertigt worden, daß sie die ihr zukommenden ordentlichen und gewissen Bewegungen zu ihrem eigenen Besten auswirke und verrichte. Der menschliche Körper ist eine Maschine. (Band 20, S. 809)

Zum andern hat der Arzt und Philosoph Julien Offray de La Mettrie (1709–1751) die cartesianische Formel aufgegriffen und sie in seinem 1747 anonym erschienenen Werk mit dem provozierenden Titel «L'homme machine» extrem zugeschärft. Er hat Descartes zwar zugestanden, daß er als erster klar und deutlich bewiesen zu haben schien, daß die Tiere bloße Maschinen sind. Aber er hat gegen dessen Leib-Seele-Dualismus sein Veto eingelegt. Gegen alle Spielarten einer (christlichen) Seelenrhetorik, die eine immaterielle Seele als Emanation Gottes im Menschen beschwört, hat La Mettrie die psychophysische Einheit der lebendigen Menschmaschine ins Feld geführt. «Seele», für sich als selbständige Substanz gedacht, ist nur ein nichtssagender Ausdruck, «von dem man gar keine Vorstellung hat und den ein scharfer Kopf nur gebrauchen darf, um damit den Teil, der in uns denkt, zu benennen.»[22] Alle «seelischen» Fähigkeiten sind Aktivitätsmöglichkeiten des Gehirns als Teil des menschlichen Körpers.

Man hat deshalb La Mettrie zum Maschinendenker par excellence erklärt, zu einem Kybernetiker des Gehirns avant la lettre. Aber dabei sollte nicht übersehen werden, daß dieser Meister des Maskenspiels, der ironischen Vieldeutigkeit und der literarischen Provokation den cartesianischen Reduktionismus nur auf die Spitze trieb, um ihn zu überwinden. Seine Schriften bieten kein geschlossenes System, sondern spinnen Überlegungen fort, um dem Denken einen offenen Raum zu verschaffen. Ein auf Kurzformeln zu bringendes Philosophieren ist ihm fremd.

«L'homme machine» war nicht sein letztes Wort. Schon ein Jahr später erschien 1748 «L'homme plus que machine»: Der Mensch ist mehr als eine Maschine; und jede mechanistische Reduktion muß daran scheitern, daß sich im menschlichen Körper und in all seinen Teilen ein Lebensprinzip findet, das man mit mechanisch-hydraulischen Gesetzen nicht erklären kann. Der Denker der Menschmaschine fragte stets nach dem, was «jenseits der Maschine»[23] wirksam ist, auch wenn er nicht mehr bereit war, es «Seele» zu nennen.

Unheimliche Automaten um 1800

Während die philosophierenden Denker ihre Körpermodelle entwarfen, machten sich begabte Uhrmacher an die Arbeit und begannen, Automaten zu bauen, um Lebendiges zu imitieren. Sie waren zwar nicht auf der Suche nach Beweisstücken zur Bestätigung der mechanistischen Philosophie; und die Philosophen bezogen sich selten auf das, was die Automatenbauer infolge einer sich rapide verbessernden Technik herstellen konnten. Bemerkenswert ist dennoch die zeitliche Übereinstimmung.

1731 hat der französische Kupferstecher Charles-Nicolas Cochin eine Salongesellschaft porträtiert, die sich durch eine kleine bewegliche Puppe faszinieren läßt. Der magisch-illusorische Effekt dieser Selbstbewegung war so groß, daß die einfach gekleidete Frau im Vordergrund auf die Knie fällt und mit der betenden Orantengeste, mit erhobenen Armen und nach oben gewendeten Handflächen, das «charmante Püppchen / Freudenmädchen» anhimmelt.

1738, ein Jahr vor Zedlers «Menschlichen Maschinen», hatten dann in Paris die künstliche «Ente», der hölzerne «Flötenspieler» und der «Trommler» des französischen Mechanikers Jacques de Vaucanson großes Aufsehen erregt. Auf seine Kunstfertigkeit bezog sich La Mettrie, als er in «L'homme machine» 1747 mit dem Gedanken spielte, daß auch die Herstellung eines künstlich gemachten «Sprechers» nicht unmöglich sei. «Eine solche Maschine darf, insbesondere unter den Händen eines solchen neuen Prometheus, nicht mehr als Unmöglichkeit angesehen werden.»[24]

Auch wenn diese zeitgeschichtliche Koinzidenz kein Zufall ist, darf sie doch die geschichtliche Eigendynamik des praktischen Automatenbaus nicht übersehen lassen. Die Herstellung von tier- und menschenähnlichen Apparaten diente nicht der naturwissenschaftlichen und philosophischen Aufklärung, sondern zur Unterhaltung einer höfischen Kultur, die sich amüsieren wollte und alle Arten von Theater, Maskenspiel und künstlich erzeugtem Schein liebte. Die ersten Automaten waren keine Anschauungsobjekte der Erkenntnis, sondern Spielzeuge und Kunstwerke zum Ergötzen verwunderter Zuschauer. Sie tauchten bereits an den Höfen der Renaissance auf. Ihren größten Erfolg hatten sie in der verkünstelten Kultur des Rokoko.

Wie die großen Künstler-Ingenieure der Renaissance ins Spiel der höfischen Theatralik und inszenierten Machtdemonstration einbezogen wurden, erhellt eine Episode aus dem Leben Leonardo da Vincis, in dessen Werk wissenschaftliche Studien und künstlerische Vorstellungskraft eine einzigartige Synthese eingegangen sind. 1517 soll er von König Franz I. beauftragt worden

La charmante catin, Kupferstich von Charles-Nicolas Cochin, 1731

sein, ein festliches Spektakel zu veranstalten. Dafür ließ er sich etwas besonders Überraschendes einfallen. Er baute einen sich selbsttätig bewegenden Löwen mit struppiger Mähne, der so echt aussah und agierte, daß vor allem die erschrockenen Frauen die Flucht ergriffen. «Aber nachdem der König ihn dreimal mit einem Zauberstab berührt hatte, öffnete sich der künstliche

Löwe und schüttete eine Fülle von Lilien zu Füßen des Königs.»[25]

Auch das schwierige Problem, das der florentinische Goldschmied und Bildhauer Benvenuto Cellini 1545 am Hofe Franz I. in Fontainbleau zu lösen hatte, verweist auf die königliche Lust an der Nachahmung lebendiger Bewegungen. Cellini hatte den Auftrag erhalten, für einen Bildhauerwettstreit eine Reihe von Silberstatuen zu schaffen, von denen jedoch nur eine Jupiterfigur fertiggestellt war. Um sie ins rechte Licht zu setzen, ließ Cellini sie eine Kerze über ihrem Kopf halten, um in der Dämmerung dem Bildnis einen schöneren Ausdruck zu verleihen, als sie bei Tag gehabt haben würde. Der Effekt wurde noch gesteigert durch einen mit Kugeln versehenen Holzblock, der es ermöglichte, die Statue in alle Richtungen zu bewegen. Der König war begeistert. Durch die leichten Bewegungen erschien die «Bildsäule, wie wenn sie lebendig wäre. Da ließen alle Augen von den antiken Bilderwerken ab und wandten sich sofort mit großem Vergnügen meinem Werke zu.»[26] Cellini gewann den Wettstreit. Seine bewegungsfähige Figur übertraf in den Augen des entzückten Königs die Schönheit der statischen antiken Skulpturen.

Ihren Höhepunkt fand diese Illusionierung in der spielerisch-frivolen Kunst des vorrevolutionären Rokoko. Kapriziöse Mode, kunstvoll arrangierte und durch Drahtgerüste stabilisierte Perücken, Puder, Schminke und Maskenspiel, verspielte Galanterie und geistreich-pointierte Gespräche waren Teil einer Kultur der Inszenierung, die sich an theatralischen Effekten berauschte. Das erklärt den überwältigenden Publikumserfolg, den Vaucanson 1738 mit seinen Automaten hatte. Die Pariser Rokoko-Damen drängten sich mit ihren adligen Kavalieren in den vornehmen Salons, in denen sie einen kunstvoll gekupferten Entenmechanismus bewundern konnten, der täuschend echt das Schnattern, Watscheln, Fressen und Verdauen seines Vorbilds zu imitieren vermochte. Selbst die Ausscheidung des Gefressenen schien gleichsam auf natürlichem Weg zu funktionieren, nachdem das körnige Futter im «Magen» durch Aufweichung gelöst und durch eine Röhre, die dem Darm entsprach, bis zum After geführt worden war.

Während die Ente biologische Vorgänge imitierte, überraschte Vaucansons Flötenspieler die amüsierten Zuschauer durch seine musikalischen Fähigkeiten.

Nachdem Vaucanson über die Abänderung der Töne bei den blasenden Instrumenten vermöge der mechanischen Einrichtung und verschiedenen Bewegungen der Teile, so zum Spielen derselben gehören, seine Betrachtungen angestellt hatte; so hat er dann auf den erkannten Grund der Bewegungskunst diese mechanischen Bewegungen in einer bloßen Maschine glücklich nachgeahmt.[27]

Nahezu lebensgroß und modisch gekleidet, konnte ein schöner Jüngling zwölf Melodien auf einer Querflöte spielen, die Lippen, Finger und Zunge wie ein Mensch bewegend. In seinem Inneren befand sich ein von Uhrwerken angetriebenes Blasebalgsystem, das den Luftstrom zur Erzeugung der Flötentöne lieferte.

1774 führte der Schweizer Theologe und Uhrmacher Pierre Jaquet-Droz seinen «Schreiber» vor, einen hübsch ausstaffierten Knaben, der allein an seinem Schreibtisch saß und täuschend lebensecht aussah. Nach dem Eintauchen seiner Schreibfeder ins Tintenfaß streifte er sie zweimal ab, um Kleckse zu vermeiden, und folgte dann mit seinen Kopf- und Augenbewegungen dem vorprogrammierten Schreibvorgang, für den sich Jaquet-Droz etwas besonders Witziges hatte einfallen lassen. Die Puppe schrieb: «Wir sind die Androiden» oder brachte Descartes' Selbstgewißheit zu Papier: «Cogito, ergo sum». Von Jaquet-Droz' Sohn Henri-Louis stammte die Harmonium-Spielerin (1774), eine reizende junge Frau, die noch heute, ebenso wie der Schreiber des Vaters, im Musée d'Art et d'Histoire des schweizerischen Neuchâtel durch ihre Anmut die Zuschauer zu bezaubern vermag.

Doch nicht nur biologische und kunstvolle Aktivitäten wurden nachgeahmt. Auch die geistigen und sprachlichen Fähigkeiten, die Descartes als nicht-mechanisierbare Refugien dem Menschen als beseeltem Wesen freigehalten hatte, wurden zu imitieren versucht. Ungeheures Aufsehen erregte vor allem der feierlich gekleidete und mit Turban und Pfeife ausstaffierte «Schachtürke», den 1770 der damalige Sekretär bei der ungarischen Hofkammer in Wien, Wolfgang von Kempelen, als mechanisches Kunststück für höfisches Vergnügen konstruiert hatte.

Der Türke, der auf genaue Regeln hielt und regelwidrige Züge durch Kopfschütteln ablehnte, mit der gewissenhaften Präzision eines Automaten die Figuren in eckigen Bewegungen auf das richtige Feld brachte, pflegte ziemlich regelmäßig zu siegen.[28]

Mehrere Jahre reiste der Türke mit seinem Herrn durch die Welt, an die deutschen Höfe, nach Paris, London und Berlin. 1809, als Kempelen selbst nicht mehr lebte, hat Napoleon gegen ihn gespielt – und verloren. Damit war sein höfischer Glanz erloschen. Der Wiener Mechaniker Johann Nepomuk Mälzel erstand ihn und machte eine bessere Jahrmarktsattraktion aus ihm.

War es Kempelen gelungen, eine geistige Fähigkeit des Menschen zu mechanisieren? Die Frage muß wohl verneint werden. Denn es schien sich bei diesem ersten Schachautomaten um ein Kunststück verwirrender Täuschung gehandelt zu haben. Aller Wahrscheinlichkeit nach verbarg sich im kastenförmigen Unterbau dieses falschen «Türken» ein zwergenhafter Mensch, für dessen Existenz später Edgar Allan Poe in seiner Erzählung «Maelzels Schachspieler» eine logisch ausgefeilte kriminalistische Begründung geliefert hat.

Während das höfische Publikum sich noch durch diesen raffinierten Trickautomaten bluffen ließ, trat Kempelen 1790 mit einer neuen technischen Erfindung hervor, die ihm wesentlich ernster war als der verspielte türkische Schachspieler. Seit 1778 hatte er sich intensiv mit Theorien der Akustik beschäftigt und die artikulatorischen Mechanismen der menschlichen Lauterzeugung durch eine komplizierte Mechanik nachzubauen versucht, über deren Prinzipien er eine detaillierte Beschreibung geliefert hat.[29] Blasebalg, Luftröhren, Mundstück und ein ausgeklügeltes Klappensystem wurden immer besser aufeinander ab-

Der Schreiber von Pierre Jaquet-Droz 1774

gestimmt, um die künstliche Sprechmaschine dem menschlichen Sprechapparat immer ähnlicher werden zu lassen. Dieser Automat verfügte zwar über keine dialogische Kompetenz und kein Bedeutungsverständnis. Er war nur mit der Fähigkeit begabt, einen schriftlichen Input in einen gesprochenen Output umzusetzen, und soll, den Berichten zufolge, mit der Stimme eines etwa vierjährigen Knaben laut und deutlich gesprochen haben. Die Sprechmaschine war geistlos. Aber es war Kempelen gelungen, das Maschinelle des menschlichen Sprechens technisch zu reproduzieren.

Die meisten Automaten, die mechanisch spielen, tanzen, musizieren, zeichnen, schreiben und sprechen konnten, imitierten keine biologischen Körpervorgänge, sondern hochzivilisierte Tätigkeiten. Sie führten Handlungsverläufe vor, die selbst bereits quasi-automatisch funktionierten. Sie demonstrierten dem höfischen und bürgerlichen Publikum das gleichsam Maschinenartige seiner Kultur. Gerade das, was den zivilisierten Menschen über den Wilden erhebt, den kultivierten Höfling über den ungebildeten Bauern, den Bewunderer und Meister des Artifiziellen über Rousseaus Naturmenschen, schien am leichtesten von einem Automaten nachgeahmt werden zu können. In seiner zunehmend perfekter werdenden Hinausverlagerung in mechanische Apparaturen entpuppte es sich als maschinell geprägt. Die höfische Kunst des Rokoko hatte es auf die Spitze getrieben mit abgezirkelten Bewegungen, marionettenhaften Tanzschritten, modischen Staffagen und sozialen Maskeraden; und auch das Bürgertum glaubte zunächst, sich an solchen Vorbildern orientieren zu müssen. Der «künstliche Mensch» war nicht nur eine Ausgeburt von Rousseaus Denken. Er war soziale Realität.

Das erhellt, warum zu Beginn des 19. Jahrhunderts sich die Literatur für die Kunst des Automatenbaus zu interessieren begann.[30] Denn die zunehmende Perfektion im Imitieren zivilisierter Leistungen stellte die Umkehrfrage: Sind die Menschen nur Marionetten in einer Zivilisationsmaschinerie, in der sie abgerichtet und diszipliniert werden? Die künstlichen Menschen, die vor allem in den Werken von Jean Paul und E. T. A. Hoffmann die Szene zu bevölkern begannen, veranschaulichten nicht den technischen Fortschritt. An ihnen wurde eine Gesellschaftskritik exemplifiziert, die sich gegen eine Mechanisierung zur Wehr setzte, in der humanes Leben verlorengegangen zu sein schien.

In einer Reihe von satirischen Überzeichnungen hat Jean Paul (1763–1825) seine verdrehten Schlüsse vor allem aus den Spiel- und Sprechapparaten Wolfgang von Kempelens gezogen. Die Sensationen, die sie verbreiteten, wurden auf die Menschen zurückgewandt, die von ihnen fasziniert waren. Sie wurden als Maschinenmenschen entlarvt, die sich in den vorgeführten Automaten selbst erkennen sollten. Es war die Begeisterung durch das mechanische Double, das in die Ausstellungssalons lockte. Spielerische Vergnügungen, gekünstelte Konversation und musikalisches Spiel waren in den Sog des Maschinellen geraten und führten ein Leben vor, das keines mehr sein wollte. Wie Vaucansons Flötenspieler und die Harmoniumspielerin von Henri-Louis Jaquet-Droz musizierten auch die Orchester, «worin in Wahrheit nichts anders, weiter gar nichts anders als Maschinen spielten.»[31]

Aber der Mensch kann doch denken und besitzt eine Seele! Polemisch hat Jean Paul diesen cartesianischen Einwand aufgegriffen und satirisch weitergesponnen. Was wäre, wenn Herr von Kempelen statt seiner Spiel- und Sprechmaschine eine «Denkmaschine» hergestellt hätte? Der Schaden wäre nicht allzu groß, «denn da nur sehr wenige Profession vom Denken machen, so hätt' er geringes oder gar kein Unheil anrichten können.»[32] Und in seiner «Einfältigen, aber gutgemeinten Biographie» erzählte Jean Paul von der Herstellung einer schönen Ehefrau aus bloßem Holz und löste das Problem ihrer Beseelung mit dem lapidaren Hinweis: «Inzwischen frag' ich nichts darnach, sondern ich will wirklich annehmen, die lebendigen Damen hätten keine Seele, so wenig als die Welt, die sie zieren.»[33]

Auch wenn sich der Autor das Vergnügen gestattete, die Automatenbaukunst in ihrer Entwicklungslogik weiterzuspinnen, bis schließlich jene höchste Stufe erreicht ist, auf der alle körperlichen und geistigen Techniken des Menschen vollkommen maschinell vollzogen werden können, so lebte in dieser bizarren Übersteigerung doch noch der Wunsch, daß es in Wirklichkeit anders sein möge. Jean Paul war ein lachender Literat. Indem er diese «verflucht arge Sache»[34] satirisch auf die Spitze trieb, lenkte er die Aufmerksamkeit auf die besondere Qualität des Menschen, der gerade im aufgeklärten Gelächter über seine automatischen Doppelgänger zu erkennen vermag, was es heißt, ein humanes Lebewesen zu sein.

Während Jean Paul ein Feuerwerk verwirrender Überlegungen explodieren ließ, verführte Ernst Theodor Amadeus Hoffmann (1776–1822) in die Abgründe des *Unheimlichen*, die desto bedrohlicher wurden, je mehr sich künstliche und natürliche Wesen ähnelten. Hoffmann grauste, worüber Jean Paul lachen konnte.

Das Technische der damals populären Automaten interessierte Hoffmann dabei weniger als ihre psychische und soziale Auswirkung. Was geschieht mit den Menschen, wenn sie sich durch diese Trugbilder begeistern lassen? Dieser vielseitig talentierte Künstler, der als Schriftsteller, Komponist, Kapellmeister, Zeichner und Theatermensch selbst die spielerische Kunst des Als-ob perfekt beherrschte, war besonders sensibel für die Spannungen zwischen dem Künstlichen und dem Natürlichen, dem Toten und dem Lebendigen, dem Mechanischen und Beseelten. Er wußte, was auf dem Spiel stand.

Hoffmann will in seinen jungen Jahren Rousseaus «Bekenntnisse» an die 30 Mal gelesen haben. Der Wunsch nach einem verlorengegangenen «natürlichen» Leben schien diese intensive Lektüre motiviert zu haben. Aber er war zugleich ein begeisterter Sammler von Marionetten und Puppen, der wie ein Kind mit ihnen spielte und sie wie lebendige Wesen behandelte. Er soll selbst Pläne verfolgt haben, künstliche Automaten zu bauen.

Wie sehr ihn der Widerstreit zwischen menschlicher Natur und ihrer mechanischen Nachbildung beschäftigt hat, erhellt ein Brief, den Hoffmann am 1. Juli 1812 an seinen Freund Eduard Hitzig geschrieben hat, der ihm Heinrich von Kleists Studie

«Über das Marionettentheater» (1810) zugeschickt hatte. Hoffmann fand diesen Aufsatz «hervorstechend»[35], in dem der Erzähler sich auf das Gespräch mit einem Tänzer einließ, der eine paradoxe Meinung vertritt. Während ein menschlicher Tänzer durch sein Bewußtsein gehindert werde, natürliche Grazie zu erreichen, soll dies einer kunstvoll gearbeiteten Marionette möglich sein. Denn erst die völlige Automatisierung des Tanzes, der «gänzlich ins Reich mechanischer Kräfte hinüberspielt», eröffne die Möglichkeit vollkommener Anmut. Es komme darauf an, das menschliche Bewußtsein auszuschalten, um in seinen natürlichen Bewegungen perfekt zu werden. In dieser Hinsicht aber sei die Marionette jedem lebendigen Tänzer überlegen, dessen Bewegungen weder rein mechanisch sein können noch die Absolutheit eines rein geistigen Gottes jemals auszudrücken vermögen.

> Wir sehen, daß in dem Maße, als in der organischen Welt, die Reflexion dunkler und schwächer wird, die Grazie darin immer strahlender und herrschender hervortritt. (...) So, daß sie, zu gleicher Zeit, in demjenigen menschlichen Körperbau am reinsten erscheint, der entweder gar keins, oder ein unendliches Bewußtsein hat, d.h. in dem Gliedermann, oder in dem Gott.[36]

Diese Überlegung war in der Tat hervorstechend. Sie trieb einen Gedanken auf die Spitze und provozierte Hoffmanns entschiedenen Widerspruch. Nicht zufällig wird er ihn am Beispiel des Tanzes vorführen, um gegen Kleists Paradoxie das Recht des beseelt Lebendigen zu behaupten und es vor der Falle des Mechanischen zu schützen. Der Tanz eines Menschen mit einem Automaten wird zum Sinnbild einer Bewegung, die den Menschen ins Totenreich geistloser Mechanik zu locken droht.

Hoffmann ahnte, daß sich zwischen den lebendigen Menschen und ihren automatisierten Nachahmungen eine geheimnisvolle Beziehung entwickelt hatte. Verhielten sich nicht die meisten Menschen, eingezwängt und festgewurzelt in familiären, beruflichen, zivilisierten und politischen Ordnungen, bereits wie Marionetten? Waren die Puppen und Automaten nicht

Spiegelbilder eines mechanisierten Lebens? Je mehr Hoffmann auf die Fragen eine Antwort suchte, desto stärker wurde sein Unbehagen.

Schließlich war es nur noch ein Alptraum, der in den Wahnsinn zu stürzen drohte.

1814 erschien Hoffmanns Erzählung «Die Automate», in der die mechanische Nachahmung des Lebens als ein Phänomen des Grauens reflektiert wurde. Ein «redender Türke» beherrscht die Diskussion in der Stadt. Junge und Alte, Reiche und Arme, Adlige und Bürger strömen zu diesem sprechenden Automaten, um die Orakelsprüche zu hören, «die von den starren Lippen der wunderlichen lebendigtoten Figur den Neugierigen zugeflüstert wurden» (IV, 328).[37] Die Figur, eine Mischung aus Kempelens Schachtürken und Sprechautomat, ist wohlgestaltet und besitzt eine wahrhaft geistreiche orientalische Physiognomie.

Geheimnisvoll antwortet sie auf die Fragen der erstaunten Zuhörer, manchmal grob spaßhaft, manchmal schmerzhaft treffend und zweideutig verdrießlich. Niemand vermag zu erkennen, wie dieser Automat, dessen Inneres nur aus einem mechanischen Räderwerk besteht, zu sprechen vermag.

Bemerkenswerterweise weigern sich die beiden Freunde Ludwig und Ferdinand, an diesem Spektakel teilzunehmen. Sie müssen zu ihrer Schande gestehen, den Türken noch nicht besucht zu haben. Aber vor allem Ludwig hat für diese Zurückhaltung gute Gründe. «Mir sind alle solche Figuren, die dem Menschen nicht sowohl nachgebildet sind, als das Menschliche nachäffen, diese wahren Standbilder eines lebendigen Todes oder eines toten Lebens, im höchsten Grade zuwider» (IV, 330). Es ist die Angst vor dem Unheimlichen, das vor dem Besuch abhält. Denn das mechanische Nachäffen eines Menschen droht, das automatisierte Tote an die Stelle des Lebens zu setzen und das beseelte Leben in die mechanische Falle einer widernatürlichen Erstarrung zu locken. Ludwig fürchtet nicht ohne Grund, daß ihn dieser «wunderbare geistreiche Türke mit seinem Augenverdrehen, Kopfwenden und Armerheben» (IV, 331) besonders in schlaflosen Nächten als Alptraum verfolgen würde.

E. T. A. Hoffmann hat seine Abwehr am Phänomen der Musik näher erläutert. Als begabter Komponist und zeitweiliger Musikdirektor bei der Operntruppe Joseph Secondas (1813–1815) leidet er unter jeder Form einer mechanischen Schematisierung musikalischer Phantasie und Aufführungspraxis. Die Flöten-, Harmonium- und Trompetenspieler, die das Publikum amüsierten, müssen ihm ein Greuel gewesen sein, spiegelten sie ihm doch vor, wogegen auch sein «alter ego», der 1810 erfundene Kapellmeister Johannes Kreisler, verzweifelt ankämpfte. Sie waren Erscheinungen einer mechanischen Perfektion, die dem Wesen der Musik entgegenwirkte. «Das Streben der Mechaniker, immer mehr und mehr die menschlichen Organe zum Hervorbringen musikalischer Töne nachzuahmen oder durch mechanische Mittel zu ersetzen, ist mir der erklärte Krieg gegen das geistige Prinzip» (IV, 347). Dieses Prinzip, das in der tiefsten Tiefe des Gemüts erklingt, erstirbt, wenn es durch künstliche Mittel inszeniert wird; und die meisten Komponisten und Musikanten, die dem Unterhaltungsbedürfnis des Publikums entsprachen, verhielten sich in dieser Hinsicht nicht anders als ihre mechanischen Nachbildungen.

Was Hoffmann in «Die Automate» essayistisch reflektiert hatte, fand in dem Nachtstück «Der Sandmann», dessen Niederschrift er am 16. November 1815, ein Uhr nachts, begonnen hat, seinen erzählerischen Ausdruck. Hier sind alle Motive verdichtet, denen wir in diesem Kapitel bereits begegnet sind. Sie sind zusammengeführt in der himmlischen Figur der Olimpia, diesem verführerischen Trugbild eines lebendigen Todes und toten Lebens.

Es beginnt mit einem neugierigen Blick. Auf dem Weg zu einer Vorlesung beim Physiker Spalanzani gelingt es dem Studenten Nathanael, einen Blick in dessen Wohnzimmer zu werfen. Dort sieht er eine schlanke Frau an einem kleinen Tisch sitzen. Ihr Gesicht ist schön wie das eines Engels, und ihre Figur ist von vollendeter Gestalt. Nur ihr Blick hat etwas Starres, als schliefe sie mit offenen Augen. Es ist Olimpia, «die aus dem Olymp Kommende», die «Himmlische», Spalanzanis Tochter.

Ein Brand des Hauses, in dem Nathanael wohnte, läßt ihn in die Nachbarschaft seines Professors umziehen. Aus seinem Fenster kann er in das gegenüberliegende Zimmer schauen, und wieder sieht er die einsame Olimpia dort sitzen wie eine «Bildsäule», die zwar seine Augenlust befriedigt, ihn aber doch gleichgültig sein läßt. Denn noch ist Nathanael in seine Braut Clara, die «Hellsichtige», verliebt, ein hübsches aufgeklärtes Mädchen mit gesundem Menschenverstand und heiterem Gemüt. Manchmal erscheint sie ihm allerdings zu vernünftig zu sein. Da kann es schon vorkommen, daß der schwärmerische Nathanael sie als «lebloses, verdammtes Automat» (I, 348) beschimpft und von sich stößt.

Während die kluge Clara ihm als gefühllos erscheint, wird ihm die himmlisch-schöne Olimpia immer begehrenswerter. Auf einem Fest, zu dem Spalanzani geladen hat, um seine Tochter in die Gesellschaft einzuführen, begegnet er ihr zum ersten Mal. Ihr Schritt ist etwas abgemessen und steif, aber das kann mit dem Zwang zusammenhängen, den ihr die Konvention auferlegt. Das Konzert beginnt, und Olimpia spielt das Klavier mit großer technischer Bravour. Auch ihr Gesang ist von hoher Perfektion, obwohl ihre Stimme einen zwiespältigen Eindruck hinterläßt. Sie klingt hell und klar, aber auch schmetternd und schneidend.

Nach dem Konzert beginnt der Ball, und Nathanael hat nur noch den Wunsch, mit der begehrten Schönen zu tanzen. Sie macht ihm die Freude. Aber eiskalt ist ihre Hand. Und auch ihre Tanzbewegungen haben etwas Mechanisches; denn sie folgen mit strengster rhythmischer Festigkeit dem vorgegebenen Takt, und es fällt dem verliebten Schwärmer schwer, ihnen zu entsprechen. Gerade die zwangartige Präzision ihrer Bewegungen bringt ihn oft ordentlich aus der Haltung.

Erhitzt durch reichlich genossenen Wein kann Nathanael sich bald nicht mehr zurückhalten und spricht begeistert von seiner Liebe, während Olimpia ihm unverrückt in die Augen sieht und mehrfach seufzt: «Ach – Ach – Ach». So wenig dieses «Ach» auch bedeuten mag, so nimmt es der Verliebte doch als Aus-

Die Harmoniumspielerin von Henri-Louis Jaquet-Droz 1774

druck einer breiten Gefühlsskala wahr, von Erstaunen, Bewunderung, Entzücken bis zu Hingabe und Liebesbekundung.

Das Fest geht zu Ende, und die Trennung droht. Wild und verzweifelt küßt Nathanael Olimpias Hand und Mund. Eiskalte Lippen begegnen seinen glühenden. Aber im Kuß scheinen sie zum Leben zu erwärmen. Und ein letztes «Ach», mit dem Olimpia die alles entscheidende Frage «Liebst du mich?» beantwortet, verklärt das Innerste des Liebenden, in dem nur noch Olimpias heller Liebesstern strahlt, während alles andere in Bedeutungslosigkeit und Dunkelheit versinkt.

Schritt für Schritt, vom ersten Blick über den Tanz bis zum Kuß, war Nathanael in die Falle der Mechanik geraten. Wie der dumme Epimetheus die mechanisierte Pandora nicht als listige Täuschung des olympischen Gottes durchschaut hat, so verfiel auch der junge Physikstudent dem magischen Zauber eines Wesens, das der geschickte Mechaniker und Automaten-Fabrikant Spalanzani hergestellt hatte, um das kultivierte Publikum zu betrügen, das sich an der technischen Bravour musikalischer Darbietungen und taktmäßig geregelter Tanzbewegungen, an ritualisierten Konversationen und an der puppenartigen Schönheit herausgeputzter Damen zu ergötzen suchte. Auch hier handelte es sich also wieder um eine listige Gegen-Täuschung. Das mechanisch Marionettenartige des Lebens wurde durch einen lebendig scheinenden Mechanismus überlistet, der dem Publikum seine eigenen Ideale zurückspiegelte.

Diese Vorspiegelung erklärt das Gefühl des Unheimlichen, das Olimpia bei allen hervorruft, die mit ihr zu tun haben. In ihrem Namen sprach Nathanaels Freund und «Bruder» Siegmund, der wie der vorbedachte Prometheus seinen nachbedachten Bruder Epimetheus davor warnte, die himmlische Gabe des Zeus anzunehmen.

Wunderlich ist es doch, daß viele von uns über Olimpia ziemlich gleich urteilen. Sie ist uns – nimm es nicht übel, Bruder! – auf seltsame Weise starr und seelenlos erschienen. Ihr Wuchs ist regelmäßig sowie ihr Gesicht, das ist wahr! Sie könnte für schön gelten, wenn ihr Blick nicht so ganz ohne Lebensstrahl, ich möchte sagen, ohne Sehkraft wäre. Ihr Schritt ist sonderbar abgemessen, jede Bewegung scheint durch den Gang eines aufgezogenen Räderwerks bedingt. Ihr Spiel, ihr Singen hat den unangenehm richtigen, geistlosen Takt der singenden Maschine, und ebenso ist ihr Tanz. Uns ist diese Olimpia ganz unheimlich geworden, wir mochten nichts mit ihr zu schaffen haben, es war uns, als tue sie nur so wie ein lebendiges Wesen, und doch habe es mit ihr eine eigne Bewandtnis. (I, 356)

Unheimlich ist es, wenn das Mechanische als lebendig erscheint und das Lebendige, als ob es mechanisierbar sei. Und nichts kann in dieser Hinsicht unheimlicher sein als der Tanz eines Menschen mit einem Automaten. Denn dabei geht es nicht mehr nur darum, Mensch und Maschine zu konfrontieren. Es entsteht eine erotisierte Einheit, ein Nathanael-Olimpia-Mechanismus, der durch gemeinsame Bewegungsabläufe gesteuert wird.

E. T. A. Hoffmann, der bereits in «Die Automate» die tänzerische «Verbindung des Menschen mit toten, das Menschliche in Bildung und Bewegung nachäffenden Figuren» (IV, 346) als Schreckensbild gezeichnet hat, mag dabei vor allem an die gekünstelten Tänze des Rokoko gedacht haben, wie sie auch im Schlußbild von Federico Fellinis «Casanova» (1976) als Sinnbild eines erstarrten Lebens erscheinen. Der größte Rokoko-Liebhaber Casanova (1725–1798) entpuppt sich am Ende als eine «elektrifizierte Marionette» mit dem zwanghaften «Eros einer reinen Kolbenmaschine», die auf der öden Eisfläche des Canal Grande mit einer mechanischen Puppe ihren letzten Danse macabre aufführt.

In der Mitte der großen öden Eisfläche angelangt, beginnt die mechanische Frau, von Casanova begleitet, sich um sich selbst zu drehen.
Um die blutunterlaufenen Augen des greisen Casanova ziehen sich die Falten zusammen zu einem Lächeln, der Blick bleibt unbewegt.
Casanova und die Puppe, die Köpfe einander zugeneigt in gezierter Unbeweglichkeit, wie verzaubert, die Blicke gesenkt über einen öde lächelnden Abgrund schweifend, sie drehen und drehen und drehen sich, funkelnd, verloren in tödlichem Dunkel.[38]

Um sich über die unheimliche Wirkung dieser Totentänze klarzuwerden, in der erotisches Begehren und mechanische Bewegung zusammenspielen, empfiehlt sich ein kurzer Blick in Sigmund Freuds Studie «Das Unheimliche». Freud hat in diesem Klärungsversuch zunächst am eingespielten Wortgebrauch angesetzt. Das Unheimliche wird semantisch gemessen am Heimlichen, dem es sich negativ entgegensetzt. «Heimlich»: Das meint zum einen das Vertraute, nicht Fremde, das zum alltäglichen Leben Gehörende; zum andern hält es die Erfahrung dessen fest, was versteckt ist, verborgen gehalten wird und noch nicht recht erkannt werden kann. Das Wort ist bereits auf eine Ambivalenz hin angelegt, die sich auch zu einem semantischen Gegensatz verschärfen läßt. Das verborgen Geheimnisvolle des Heimlichen erhält den Sinn des Unheimlichen. Als solches bereitet es Unbehagen und erregt banges Grauen.

Freud hat sich in seiner Studie, in der Hoffmanns Erzählung eine Schlüsselrolle spielt, nicht näher auf das Motiv der belebt scheinenden Puppe eingelassen. Er hat statt dessen für die unvergleichlich unheimliche Wirkung dieser Erzählung das Ammenmärchen-Motiv des Sandmanns verantwortlich gemacht, der den Kindern, die nicht schlafen wollen, Sand in die Augen streut, daß sie blutig herausspringen und von eulenartigen Schreckwesen gefressen werden. Das bot einer psychoanalytischen Lesart den Vorteil, die Wirkung der Erzählung auf eine schreckliche Kinderangst zurückführen zu können und die Furcht vor dem Verlust der Augen mit der Kastrationsangst zu verbinden.

Die Unsicherheit, ob etwas belebt oder leblos sei, weil die Ähnlichkeit des Leblosen mit dem Lebenden zu weit getrieben worden ist, hielt Freud dagegen nur für ein Nebenmotiv. Zwar ließe sich auch diese Verwirrung auf eine kindliche Entwicklungsstufe zurückführen. «Wir erinnern uns, daß das Kind im frühen Alter des Spielens überhaupt nicht scharf zwischen Belebtem und Leblosem unterscheidet und daß es besonders gern seine Puppe wie ein lebendes Wesen behandelt.»[39] Aber warum soll ein solcher Kinderwunsch oder Kinderglaube, bei dem von Angst keine Rede ist, den Erwachsenen ins Grauen des Unheimlichen locken? Er könne höchstens eine «intellektuelle Unsicherheit» wecken, die als solche nicht für das Verständnis der unheimlichen Wirkung des «Sandmanns» wesentlich sei.

Freuds Interpretation übersah den maschinenkritischen Gehalt von Hoffmanns Erzählung. Er ödipalisierte sie und ließ die Projektionsmechanismen der Wunschmaschinen außer acht, die hier am Arbeiten waren.[40] Seine Rückführung des Unheimlichen auf eine infantile Kastrationsangst war eigentümlich blind gegenüber der Herausforderung, welche die zunehmende Verschränkung und Spiegelung von Automatenbaukunst, Maschinenkonstruktion, mechanistischer Naturerklärung und zivilisatorischer Disziplinartechnik bedeutete. Der Mensch drohte, so sahen es jedenfalls die sensibilisierten Schriftsteller zu Beginn des 19. Jahrhunderts, mit seinen körperlichen, geistigen und emotionalen Fähigkeiten in ein «Räderwerk» und in den «richtigen, geistlosen Takt» von Maschinen zu geraten, die selbsttätig zu funktionieren schienen.

Bei Jean Paul war der «Maschinenmann» zum Genius der Neuzeit erklärt worden, vor dem man sich nur durch satirische Volten retten konnte. Bei E. T. A. Hoffmann war es die «Maschinenfrau» Olimpia, an der er die Abgründe demonstrierte, in die man stürzt, wenn zwischen geistlos ablaufenden Mechanismen und menschlichen Lebensäußerungen nicht mehr klar unterschieden werden kann. Daß es damit eine «eigne Bewandtnis» hat, gehörte bereits zum «heimlichen» Bewußtsein der Zeitgenossen, das Hoffmann ins Unheimliche übersetzte, um es über sich selbst aufzuklären.

Wer sich, wie Nathanael, durch Olimpia verführen ließ, mußte ent-täuscht werden, um die Projektion seines Begehrens in einen Automaten als Irrtum erkennen zu können. Sie war nur eine leblose Puppe. Wer, wie Siegmund, zu ahnen begann, daß von Olimpia etwas Unheimliches ausging, weil sie etwas Lebendiges nur nachzuäffen schien, wollte mit ihr nichts zu tun haben. Und wer schließlich erkennen mußte, daß sein Wunsch nach automatenhaft perfektionierter Unterhaltung durch einen listigen Mechaniker befriedigt wurde, begann schließlich am Menschlichen des Menschen selbst zu zweifeln und versuchte sich durch

«Taktlosigkeit» von dem Verdacht zu befreien, selbst mechanisiert worden zu sein.

> Die Geschichte mit dem Automat hatte tief in ihrer Seele Wurzel gefaßt, und es schlich sich in der Tat ein abscheuliches Mißtrauen gegen menschliche Figuren ein. Um nun ganz überzeugt zu werden, daß man keine Holzpuppe liebte, wurde von mehreren Liebhabern verlangt, daß die Geliebte etwas taktlos singe und tanze, daß sie beim Vorlesen sticke, stricke, mit dem Möpschen spiele usw., vor allen Dingen aber, daß sie nicht bloß höre, sondern auch manchmal in der Art spreche, daß dies Sprechen wirklich ein Denken und Empfinden voraussetze. Das Liebesbündnis vieler wurde fester und dabei anmutiger, andere dagegen gingen leise auseinander. «Man kann wahrhaftig nicht dafürstehen», sagte dieser und jener. (I, 360)

Ein Gespenst geht um in Europa seit Beginn des 19. Jahrhunderts – das Gespenst des Automaten. Es verlor seinen Unterhaltungswert als Jahrmarktsattraktion und wurde zur unheimlichen Bedrohung. Im «Sandmann» hat E. T. A. Hoffmann sie noch durch einen scherzhaften Ton zu besänftigen versucht. Man veranstaltete allerhand taktlose Manöver, um sich von dem Verdacht zu befreien, selbst nur ein Automat zu sein.

In dieser Umdrehung bestand die eigentliche Pointe von Hoffmanns Erzählung, die «eigne Bewandtnis» der Olimpia, die Spalanzanis Absicht überstieg. Denn der geniale Mechaniker wollte ja nur sehen, ob es ihm gelingt, ein blödes, lebloses Gliederpüppchen in die Gesellschaft einzuführen, ohne daß seine Täuschung durchschaut wird. Sein listiges Spiel war in dem Moment verloren, in dem Olimpia vor den Augen Nathanaels zerissen wurde. Damit hätte die Geschichte zu Ende sein können. Was jedoch «tief in der Seele Wurzel gefaßt hat», war der Stachel der Reflexion, der die Menschen über sich selbst nachzudenken zwang.

Was im 17. Jahrhundert mit Descartes' irritierendem Gedankenspiel begann und im 18. Jahrhundert zum Bild des «L'homme machine» geführt hat, war zu Beginn des 19. Jahrhunderts zu einem «abscheulichen Mißtrauen gegen menschliche Figuren» angewachsen. In diesem Kontext ist verständlich, warum Nathanael seine Braut Clara als «lebloses, verdammtes Automat» beschimpfen konnte. Das Unheimliche der Automatenbaukunst hatte das Leben infiziert. Die Menschen wurden sich selbst fremd. Seitdem beschleicht sie jenes «unheimliche Gefühl», das Ludwig Wittgenstein in seinen «Philosophischen Untersuchungen» (1953) durch ein Denkbild evozierte, in dem das cartesianische Körpermodell und Hoffmanns seelenlose Olimpia ihre Spuren hinterlassen haben.

> Kann ich mir nicht denken, die Menschen um mich her seien Automaten, haben kein Bewußtsein, wenn auch ihre Handlungsweise die gleiche ist wie immer? – Wenn ich mir's jetzt – allein in meinem Zimmer – vorstelle, sehe ich die Leute mit starrem Blick (etwa wie in Trance) ihren Verrichtungen nachgehen – die Idee ist vielleicht ein wenig unheimlich. Aber nun versuch einmal im gewöhnlichen Verkehr, z. B. auf der Straße, an dieser Idee festzuhalten.[41]

Aber wir wollen nicht vorgreifen. Bleiben wir noch eine Weile im 19. Jahrhundert, bei einem raffinierten Roman, in dem das Phantasma des künstlichen Menschen als eine futuristische Utopie ausgemalt worden ist. Und wieder war es eine Frau, die dabei die Hauptrolle spielen mußte.

Die Eva der Zukunft

Pandora lebt. Zu Hoffmanns Zeiten begannen die Künstler zu ahnen, daß der künstliche Mensch nicht mehr ein mechanisches Gebilde aus Rädern und Federn ist, sondern ein Teil des Menschen selbst. E. T. A. Hoffmann hat diesen Einbruch des Mechanischen ins bürgerliche Leben im Zusammenspiel der leblosen Puppe Olimpia und der gefühlskontrollierten Bürgerin Clara vorgeführt. Der sensible Nathanael weiß nicht mehr, womit er es zu tun hat. In der künstlichen Automate sieht er sein Ideal einer göttlich vollkommenen Frau verkörpert; und in seiner Verlobten entdeckt er den kalten Mechanismus einer leblosen Automatik ohne wirkliches Empfinden.

Seinen Höhepunkt fand diese phantomatische Verwirrung in einem Roman, der seine Leser mit einer völlig verrückten Lösung des Problems überraschte. 1886 erschien in Paris «L'Eve future», die Eva der Zukunft aus der Feder des Jean-Marie Mathias Philippe-Auguste Comte de Villiers de l'Isle-Adam (1838–1889). Künstlichkeit ist das zentrale Thema dieses Romans, in dem alles, was sich einst unter den Namen «Natur», «Natürlichkeit», «Wirklichkeit» oder «Leben» versammelt hatte, hinter Trugbildern verschwunden ist. Seelische Authentizität und naturgebundene Leiblichkeit spielen keine Rolle mehr. Villiers hat diesen Zustand nicht affirmiert. Aber der Weg zurück erschien ihm ebenfalls nicht mehr begehbar. Deshalb ließ er, zu Beginn der Geschichte, seinen kultivierten Lord Ewald zunächst an der Künstlichkeit leiden, die ihn umgab und sein Denken und Fühlen beherrschte. Wie war ihm zu helfen? Die Antwort war paradox: Wenn alles Erlebbare und Ersehnte in einen Strudel der Künstlichkeit geraten ist, der keinen natürlichen Grund mehr finden läßt, dann bietet nur die radikale Übersteigerung eine letzte Hoffnung. Man muß die menschlichen Trugbilder überbieten und sie durch Hyper-Simulakren ersetzen. Die futuristische «Eva der Zukunft»[42] liest sich wie eine desillusionierende Entgegnung auf alle modernen Pandoras, durch die Männer getäuscht werden können.

Lord Ewald ist ein junger englischer Adliger von herausragender Schönheit. Die Eleganz seiner Kleidung ist vollkommen, sein künstlerischer Geschmack aufs Äußerste verfeinert. Aber ein schreckliches Übel hat ihn heimgesucht: Lord Ewald ist unglücklich verliebt. Alicia Clary, das Objekt seiner Begierde, hat ihn in ihr Netz gefangen, aus dem er sich nicht befreien kann. Wo liegt das Problem?

Alicia ist außergewöhnlich schön, das schönste Wesen der Welt. Ihre Bewegungen sind von berückender Harmonie. Selbst die größten Bildhauer wären über diesen herrlichen Körper erstaunt, der ein lebendiges Ebenbild der «Venus victrix» im Pariser Louvre zu sein scheint. Er ist ohne Makel wie das unvergängliche Marmorbild der göttlichen Venus, die ein Künstler-Gott geschaffen hat. «Schön wie der ewigen Göttinnen Antlitz soll eine liebliche Jungfrau entstehen», hieß es im Mythos der Pandora. Und auch das Künstlerauge des verliebten Lords sieht Alicia ganz so, wie es sich einst Zeus gewünscht hat. Sie ist die Verkörperung eines göttlich vollkommenen Kunstschönen, das Fleisch geworden ist. Der erotisch «rückständige» Ewald, der bisher allen weiblichen Wesen widerstanden hat, wird durch die antike Schönheit dieser verlebendigten Skulptur so sehr überwältigt, daß er nichts mehr begehrt, als diesen göttlichen Tempel zu bewohnen.

Doch so kunstvoll und übermenschlich Alicia in ihrer äußeren Erscheinung ist, so sehr ist ihr Inneres gekünstelt. Nichts ist bei ihr authentisch gefühlt oder originell gedacht. Wie in der Brust der Pandora durch einen durchtriebenen Gott nur «Trug und kosende Worte und schlaubetörende Schalkheit» erweckt worden sind, so ist auch Alicias Charakter täuschend und unecht. Sie besitzt kein Ehrgefühl, Wahrhaftigkeit ist ihr fremd, und nur die äußerlichen Werte des gesellschaftlich Mittelmäßigen spielen für sie eine Rolle. Alicia ist charakterlos. Alles in ihr ist erbärmlich, nicht wirklich dumm, sondern albern, nicht wirklich böse, sondern berechnend, nicht wirklich verlogen, sondern unaufrichtig. «Sie ist von jener Unaufrichtigkeit, die schwachen und fühllosen Herzen eigen ist, die morsch sind wie Heckenholz, der empfangenen Wohltaten so unwert als der erwiesenen» (S. 54). Sie ist eine Inkarnation von Rousseaus «künstlichem Menschen». Ihr Fühlen, Denken und Sprechen ist, wie es der aristokratische Lord Ewald pointiert zuspitzt, von bourgeoiser Mediokrität.

An diesem Widerspruch leidet der junge Lord. Für ihn passen äußere Kunstschönheit und charakterlose Mittelmäßigkeit nicht zusammen. «Zwischen Alicias Körper und ihrer Seele nun war es nicht ein Mißverhältnis, das mich nachdenklich stimmte und beunruhigte, es war eine *Unzusammengehörigkeit*» (S. 40). Göttlich geschaffene Schönheit und gesellschaftlich konditionierte Mediokrität: Daran droht er zu zerbrechen. Wie eine Schimäre erscheint Lord Ewald diese Frau, deren Leib er besitzen will und deren Seele er verwirft. «Äußerlich, von Kopf bis Fuß, eine Venus Anadyomene; innerlich ein diesem Körper gänzlich fremdes Gemüt: eine bourgeoise Göttin. Malen Sie sich das aus» (S. 46f).

Lord Ewald klagt all sein Leid seinem Freund. Er ist zu Besuch in Menlo Park, einige Meilen von New York entfernt, wo der geniale Erfinder Thomas Alva Edison experimentiert, um die Menschen mit stets neuen technischen Wunderwerken zu überraschen: unter anderem mit Schreibmaschinen, drahtlosen Telegrafiesystemen, Kohlekörnermikrofonen, phonographischen Aufzeichnungsapparaten, Glühbirnen, elektrischen Lokomotiven, Kinofilmaufnahmekameras und, nicht zu vergessen, dem ersten elektrischen Stuhl. Schon zu Lebzeiten war Edison zu einer modernen Legende geworden, zum «Magier des Westens» und «Zauberer von Menlo Park». Als solchen hat ihn Villiers, wie er im Vorwort an die Leser schrieb, für seine «metaphysisch-künstlerische» Absicht «ausgebeutet» (S. 7) und als fiktionale Kunstfigur porträtiert.

Denn dieser prometheische Magier der Elektrizität weiß, wie er seinem unglücklichen Freund helfen kann: durch einen neuen Schöpfungsakt, der den Mangel beseitigt, unter dem Lord Ewald leidet. Der geniale Erfinder hat dazu auch schon das passende Mittel parat, das er in einem anderen Krankheitsfall bereits entwickelt hat, ohne es damals allerdings einsetzen zu können. Wieder war es eine verhängnisvolle Liebesgeschichte gewesen.

Der herzensgute Edward Anderson, ein erfolgreicher amerikanischer Geschäftsmann, treuer Ehemann und fürsorglicher Vater, hatte sich durch die schamlose Tänzerin Evelyn Habal verführen und ins Unglück stürzen lassen. Ehebruch, Entfremdung von der Gattin, teure Liebschaft, moralische Zerrüttung und finanzieller Ruin hatten ihn in den Selbstmord getrieben. Alles war zerstört worden durch diese verwerfliche Liaison, in der, wie Edison später feststellen mußte, alles nur durch falsche Gefühle und gekünstelte Handlungsweisen inszeniert worden war.

Edward hatte sich auf den Totentanz mit einem Phantom eingelassen. Denn Evelyn war nur ein Blendwerk gewesen, eine Schimäre aus animalischer Triebhaftigkeit und erkünstelter Fassade, die den Freund umfangen hatte. Hinter ihrem Liebesspiel verbarg sich eine tierische, geistlose Wollust; und das Hübsche ihrer äußeren Gestalt war nur eine Maske, die aus künstlichen Zutaten bestand und keinerlei natürlichen Reiz besaß. Edison konnte den Freund zwar nicht retten. Aber er glaubte nun das Problem klar erkannt zu haben und kam auf eine geniale Idee.

Wenn, dachte ich, das mit dem menschlichen Wesen assimilierte und vermischte Künstliche solche Katastrophen veranlassen kann, und also in dem oder jenem Grade jede Frau, die sie herbeiführt, mehr oder minder gewissermaßen eine Androide ist, – warum dann, Chimäre hin, Chimäre her, nicht lieber die Androide selbst?

Da es in derartigen Leidenschaften unmöglich ist, vom Gebiet der Illusion abzukommen, und da *all* diese Frauen teil an dem Künstlichen haben, da mit einem Worte die Frau selbst es ist, die uns das Beispiel gibt, sie durch das Künstliche zu ersetzen, so ersparen wir ihr, wenn möglich, diese Arbeit. (…)

Setzen wir die eine Lüge an Stelle der anderen! Für sie wie für uns würde es bequemer sein. Kurz, wenn sich die Formel zur Herstellung eines elektromenschlichen Wesens finden ließe, die eine heilsame Täuschung auf einen Sterblichen hervorbringen könnte, so trachten wir doch der Wissenschaft eine «Gleichung» der Liebe abzuringen, eine Addition der menschlichen Natur, welche die erwähnten, bisher unvermeidbaren Greuel von nun an ausschlössen. (S. 152 f)

So machte sich der geniale Erfinder also an die Arbeit. Es blieb nicht bei dem Gedanken, die Frauen, die sich wie Pandora verhielten, durch eine wirkliche Androide zu ersetzen, um eine heilsame (Ent-)Täuschung zu provozieren. Die misogyne Junggesellenmaschine baute einen weiblichen Elektromenschen. Edison experimentierte mit künstlichem Fleisch, das niemals altern wird, und konstruierte einen beweglichen Mechanismus, der an Perfektion die «kläglichen Mißgeburten» (S. 76) von Albertus Magnus, Vaucanson, Mälzel usw. weit übertraf.

Für diese «Fabrikanten von Vogelscheuchen» hat der Elektroingenieur nur Spott übrig. Ihre Gliederpuppen waren nur beleidigende Karikaturen des menschlichen Geschlechts, weil sie als rein mechanische Automaten nicht in der Lage waren, die Lebendigkeit des Menschen vollendet zu imitieren. Edison dagegen ließ seine Nachbildung «durch jene überraschende Lebenskraft bewegen, welche wir Elektrizität nennen» (S. 76). Erst sie vermag den täuschenden Schein wirklichen Lebens zu erzeugen.

Als ihn Lord Ewald besucht, hat Edison in seiner Arbeit bereits große Fortschritte gemacht. Er hat Hadaly geschaffen, einen androiden Rohling, dem nur noch eins mangelt: die körperliche und geistige Qualität eines bestimmten Menschen. Hadaly ist noch unbestimmt, «ein noch ungewordenes Geschöpf, dessen ganzes Wesen in Möglichkeiten besteht» (S. 74). «Es ist das *Skelett eines Schattens*, das nur wartet, daß der *Schatten werde*» (S. 77). Da kommt Lord Ewald gerade recht.

Es ist ein ungeheuerlicher Vorschlag, den Edison seinem unglücklich liebenden Freund macht. Wie wäre es, wenn dessen Wunsch nach einer vollkommenen Frau, deren körperliche Kunstschönheit und geistige Seelengröße zusammenpassen, durch eine Androide befriedigt würde? Das Rohmaterial dazu ist bereits vorhanden. Hadaly soll zur neuen Alicia werden.

Lord Ewald ist zunächst bestürzt: «Aber ein solches Geschöpf wäre ja nur eine vernunftlose und fühllose Puppe!» (S. 81) Doch war es nicht gerade das, woran Ewald zugrunde zu gehen drohte, an der Vernunft- und Seelenlosigkeit der wirklichen Alicia? Und so weiß Edison die passende Entgegnung: «Glauben Sie mir: wenn Sie die beiden vergleichen werden, könnte es leicht geschehen, daß Sie das Original für die Puppe halten» (S. 81).

Auch ein zweites Bedenken glaubt Edison entkräften zu können. Maßt er sich als «staubgeborener» Erdenmensch nicht die gotteslästerliche Rolle eines Schöpfers an?

Aber, sagte Lord Ewald nach einer Pause nachdenklich, hieß ein solches Unternehmen nicht Gott versuchen?

Auch zwinge ich es Ihnen nicht auf, bemerkte Edison mit leiser Stimme.

Sie werden ihr einen Geist einhauchen?

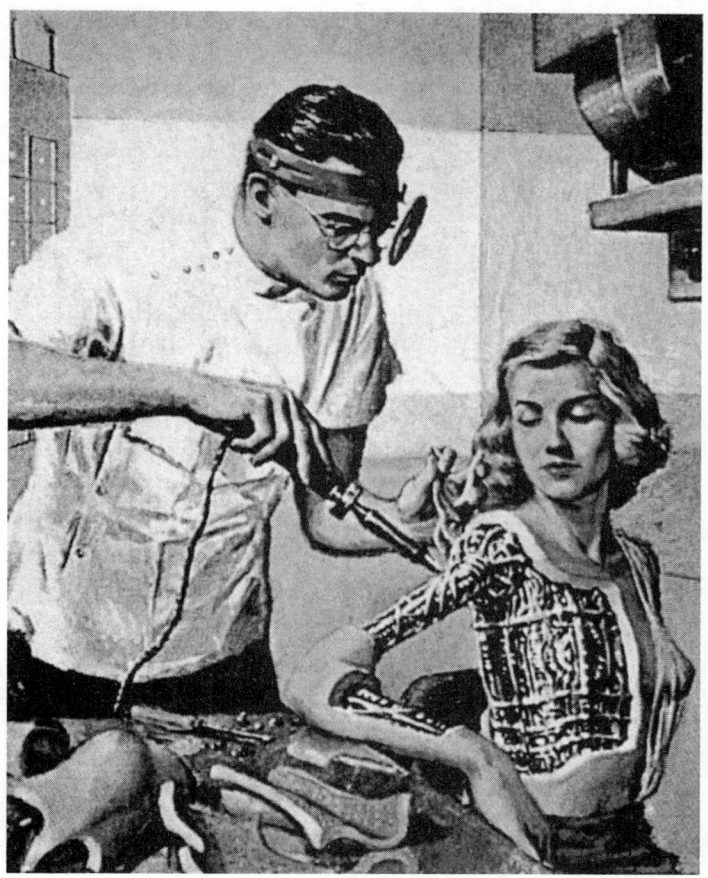

Der weibliche Roboter

«Einen Geist», nicht. Aber «den Geist», ja.

Bei diesem titanischen Worte stand Lord Ewald wie versteinert vor dem Erfinder. Sie sahen sich an und sprachen kein Wort.

Es galt hier eine Wette, deren Einsatz, wissenschaftlich gesprochen, in einem Geiste bestand! (S. 81 f)

Gelingt es diesem prometheischen Titan, aus Hadaly eine künstlich vollkommene Alicia zu machen? Die Rekonstruktion ihrer äußeren Schönheit bereitet keine besonderen Schwierigkeiten. Sie war schon künstlich genug, um perfekt simuliert zu werden. Für den entsprechenden Geist aber hat Edison sich etwas Neues einfallen lassen. Die Androide wird keine individualisierte Intelligenz erhalten, sondern «*den* Geist». Anstelle der Lungen wird sie zwei elektrische Phonographen erhalten, deren Walzen die schönsten und geistreichsten Worte speichern, die von «den größten Dichtern, den subtilsten Metaphysikern und tiefsten Romanschriftstellern dieses Jahrhunderts» (S. 161) entnommen werden.

Noch einmal, während Edison an der Vervollkommnung seines Wunderwerks zu arbeiten scheint, wird Lord Ewald seiner Alicia begegnen. Sie sind zum gemeinsamen Abendessen in Menlo Park eingeladen. Ein Spaziergang durch den Park soll den Abschied vorbereiten. Lord Ewald sehnt sich bereits nach der Androide, die seinen Idealen entspricht. Alicia spürt seine Ungeduld, und auch die Melancholie ihres Geliebten läßt sie nicht ungerührt. Ein letztes Mal spricht Lord Ewald von seiner Liebe, die in der geistlosen Mediokrität der «bourgeoisen Göttin» kein Echo fand. Und nun, kurz vor der Trennung, scheint Alicia endlich zu begreifen, wonach sich ihr Geliebter sehnt: «Also du leidest, und ich bin daran schuld!» (S. 231) Dieses eine Wort besänftigt seinen Groll. Lord Ewald fühlt sich zu neuem Leben erwacht. Warum diese schreckliche Androide, dieses unheimliche Werk eines neuen Prometheus, wenn doch die lebendige Frau zu empfinden vermag, was ihn bewegt! Von neuem schlägt ihm die Schönheit dieser Welt entgegen, von der Hadaly doch nur einen leeren Abglanz zu bieten vermag.

Ach! flüsterte er. Wo hatte ich den Sinn? Wie konnte ich einen solchen Frevel begehen ... das Spielzeug einer absurden, leblosen Puppe erträumen! Als müßten vor dir, du einzig Herrliche, nicht alle elektrischen Tollheiten, alle Hydraulik, alle «Lebenswalzen» in Nichts versinken. (...) O Teure! Ich erkenne dich wieder! Du lebst! Du bist Fleisch und Blut wie ich selbst. Dein Herz fühle ich schlagen! Deine

Augen sehe ich überfließen, deine Lippen beben von meinen Küssen!
Du bist ein Weib, das durch die Liebe zu einem idealen Wesen werden
kann, ideal wie deine Schönheit! – Alicia! Ich liebe dich! Ich ...

Er hielt inne. Als er seine entzückten, von seligen Tränen um-
schleierten Augen in die ihren versenken wollte, merkte er plötzlich,
daß sie ihn erhobenen Hauptes und mit starren Blicken ansah. Der
Kuß, den er ihr geben wollte, indem er ihren Atem einsog, erstarb auf
seinen Lippen, denn ein leichter Duft von Amber und Rosen hatte
ihm einen Schauer durch den ganzen Körper gejagt, ohne daß er noch
den schrecklichen Gedanken faßte, der blitzartig sein Gehirn durch-
zuckte.

Miß Alicia Clary aber erhob sich jetzt – und ihre mit funkelnden
Ringen geschmückten Hände auf die Schultern des jungen Mannes
legend, – sagte sie mit der unvergeßlichen, übernatürlichen Stimme,
die er schon einmal vernommen hatte:

Erkennst du mich nicht, mein Freund? – Ich bin Hadaly. (S. 232 f)

Wie Nathanael aus einem Traum gerissen wurde, als er erkennen
mußte, daß Olimpia nur eine leblose Puppe war, starrt auch
Lord Ewald die Androide an. Sein Herz ist zusammengeschnürt,
kalter Schweiß rinnt ihm von den Schläfen, Schwindelanfälle erfassen ihn. Er fühlt sich gedemütigt, vernichtet. Diesem leeren
leblosen Wunderwerk der Technik verdankte er, daß er noch
einmal die Wonnen seiner Liebe zu Alicia erleben durfte?

Und ein plötzlicher Gedanke tauchte jetzt in ihm auf, der noch er-
staunlicher war als das Phänomen, das ihm vor Augen stand: nämlich, daß die Frau, die jetzt von dieser geheimnisvollen Puppe simuliert wurde, ihm niemals einen Augenblick so hehrer Wonne bereiten
durfte, wie er ihn vorhin durchkostet hatte. (...) Die künstliche Alicia
schien somit *natürlicher* als die wirkliche.

Eine sanfte Stimme unterbrach ihn inmitten seiner Gedanken. Hadaly flüsterte ihm zu:

Bist du sicher, daß *Ich* nicht da bin?

Nein! sprach er. Wer bist du? (S. 234)

In einer langen Rede gibt ihm die «Androsphinx» Hadaly die
Antwort und klärt ihn über den Mechanismus seines eigenen
Begehrens auf. Sie ist die Verkörperung seines Imaginären, das
keine wirkliche Frau zu befriedigen vermag. Hadaly ist die

Wunschmaschine, die bereits als Traumgestalt in Ewald am Arbeiten war.

Edison hatte von einer «heilsamen Täuschung» gesprochen, als er Ewald seinen Plan erläuterte. Er wollte ihn von den Schimären seines Imaginären befreien durch eine Androide, die den Projektionsmechanismus des Verliebten als solchen bewußt werden läßt. Eine Lüge sollte an die Stelle einer anderen Lüge treten, ein Schatten sollte «werden». Die Künstlichkeit, die Lord Ewalds Begehren beherrschte, sollte durch eine übersteigerte Täuschung überlistet werden. Und so spricht Hadaly am Ende ganz im Sinne ihres Schöpfers.

> Wer ich sei? fragtest du? Mein Sein, wenigstens für dich, hängt nur von deinem freien Willen ab. Halte mir dies Sein zugute, sage dir, daß ich bin! Bekräftige mein Wesen durch dein eigenes. Und plötzlich werde ich in dem Grade vor deinen Augen mich beleben, als deine schöpferische Willkür mich mit Leben durchdrungen haben wird. Wie eine Frau werde ich für dich nur das sein, wofür du mich hältst. (...)
>
> So wähle denn zwischen mir und «der alten Wirklichkeit», die täglich dich täuscht, belügt, entmutigt und verrät. Nimm mein Geheimnis so, wie es dir sich kündet. Jede Erklärung (o, sie wäre so leicht!) würde im Lichte einer Analyse ach! nur geheimnisvoller scheinen! – Willst du, *daß ich sei*? – Dann suche nicht dir mein Wesen zu erklären, sondern gib dich seinem Reize hin. (S. 241)

Es ist der Reiz des Künstlichen, den der Erfinder Edison so sehr verfeinert hat, daß er den Imaginationen des unglücklichen Freundes entspricht. Auf paradoxe Weise scheint das künstlich gemachte Androiden-Phantom «natürlicher» zu sein als die wirkliche Alicia. Für Lord Ewald sind die Würfel gefallen. Er bekennt sich zu Hadaly und gibt ihr den Vorzug vor dem entmutigenden Geschöpf, in das er sich verliebt hatte. «Ich will mit dir, du dunkle Göttin, die Welt der Lebenden meiden, denn ich muß einsehen, daß von euch beiden in Wahrheit die Lebende es ist, die Phantom genannt werden muß» (S. 246). In Wahrheit?

Mit dieser Wendung hat Villiers de l'Isle-Adam sein Resümee aus der Geschichte der romantischen Liebe gezogen. Es gibt keine Wahrheit. Denn das Spiel zwischen der lebendigen Frau und der künstlichen Androide findet immer schon auf der Ebene von Projektionen statt. Auch die wirkliche Alicia war nur eine narzißtische Projektion, ein «lebendiges Gespenst» (S. 85) im Innern des verliebten Lords. Das war es, was ihm Edison bewußtzumachen versuchte. «Der Schatten ist es allein, den Sie lieben; er ist es, für den Sie sterben wollten. Ihn allein erkennen Sie als etwas *Wirkliches* an» (S. 85).

Von Pandora, der mythischen Jungfrauenmaschine, bis zu Hadaly, der elektromenschlichen Androide, reicht das Spektrum künstlicher Frauen, von geschickten Männern gemacht und von verwirrten Männern geliebt. Mehr als 2500 Jahre geistern sie als lebendige Statuen, mechanische Automaten und phantomatische Maschinenwesen durch die europäische Kulturgeschichte. Die Eva der Zukunft hat für dieses Phänomen eine mögliche Erklärung angeboten: Nur als Phantom des männlichen Begehrens kann die Frau geliebt werden. Stets sind Projektionsmechanismen am Arbeiten, die zum Leben erwecken, wonach der Mann als Liebender sich sehnt. Nathanael beseelt die Puppe Olimpia und mißversteht ihr «Ach» als Ausdruck des tiefsten Gefühls, in dem sein eigenes Sein sich spiegelt. Lord Ewald schafft sich seine Göttinnen als objektivierte Visionen seines eigenen Selbst.

Doch dieser Hinweis, daß die Frau nur als Simulakrum notwendige und hinreichende Bedingung der männlichen Liebe ist, erhellt noch nicht, warum es weibliche Androiden und nicht wirkliche Frauen sind, die in den literarischen Fiktionen von Hesiod bis Villiers ihre Opfer täuschen können.

Hephaistos war ein Schmiede-Gott, der die magische Kunst der *mechané* beherrschte. Gott, der die Körpermodelle der mechanischen Philosophie des 17. und 18. Jahrhunderts geschaffen haben soll, war ein allmächtiger Ingenieur, der die allerschönste und künstlichste Menschenmaschine bauen konnte. Vaucanson, Jaquet-Droz oder Kempelen waren Meister des Automatenbaus. Spalanzani war ein geschickter Mechanikus und Automaten-Fabrikant. Edison war im 19. Jahrhundert die herausragende Symbolfigur für Erfindungsgeist und technischen Fortschritt. In Mythos, Philosophie und Literatur wird all diesen göttlichen und menschlichen Mechanikern unterstellt, daß sie nur ein Ziel verfolgen: die Natur in ihrem geheimnisvollen Funktionieren erkennen zu wollen und durch technische Mittel zu beherrschen. Sie waren Pioniere des zivilisatorischen Fortschritts, sofern er durch technische Innovationen bestimmt ist und in Werkzeugen, Automaten und Maschinen seine Vergegenständlichungen finden kann. Daß dabei auch der Mensch unter die Objekte der Technik geriet, lag in der Logik dieses Prozesses.

Der «l'homme machine» hat daraus die allgemeine philosophische Konsequenz gezogen. Mythos und Literatur aber gingen von Anfang an einen Schritt weiter. Sie brachten zu Bewußtsein, daß die technologische Entwicklung wesentlich durch Männer vorangetrieben wurde, von Hephaistos bis Edison. Der Frau blieb dabei nur die Rolle der Gegenspielerin. Sie wurde als Verkörperung natürlicher Prozesse imaginiert, an der sich der männliche Erfindergeist zu bewähren hat. Die künstlichen Frauen sind Simulakren der weiblichen Natur unter Kontrolle des männlichen Geistes. Sie werden von Mechanikern als Wunschmaschinen hergestellt, bei denen nichts existieren soll, was nicht durchschaut, modelliert und kontrolliert werden kann.

Daß dieser Erkenntnisanspruch seine Grenzen hat, wird ironischerweise an jenen Männern exemplifiziert, die keine Mechaniker sind. Sie begehren die Frau als das andere, das sich dem technischen Zugriff entzieht. Doch sie erkennen es nicht. Sie stehen bereits im Bann der Technik, der sie zum Opfer fallen. Sie mechanisieren oder verkünstlichen die wirklichen Frauen und beseelen oder verlebendigen ihre künstlichen Doppelgängerinnen. An ihnen vollzieht sich die Wiederkehr des technisch verdrängten Lebens in den mechanisierten Trugbildern ihres eigenen Begehrens. Der dumme Epimetheus, der schwärmerische Nathanael und der verträumte Lord Ewald sind literarische Personifizierungen des unglücklichen Bewußtseins, das mit der Mechanisierung der Natur einhergeht.

Je perfekter die technische Modellierung gelingt, desto mächtiger werden die Projektionsschemata, die auch dort ein natürliches Leben vorgaukeln, wo keines mehr ist. Das Künstliche scheint «natürlicher» zu sein als das Wirkliche, das Simulakrum «echter» als das Simulierte. Man glaubt noch immer das Lachen des Zeus zu hören, der den Männern Pandora zum Geschenk machte, um sie für die Erfindungen des Prometheus zu bestrafen, dieser mythischen Symbolfigur des europäischen Technozentrismus. Als «betrogener Betrüger» gerät das männliche Subjekt in die Falle, die es selbst gebaut hat, um sich die weibliche Natur technisch verfügbar zu machen.

Die «Idoru» des William Gibson

Hundert Jahre später spielt die Natur keine Rolle mehr. Tauchte sie im 19. Jahrhundert noch als eine Wiederkehr des Verdrängten in den Phantomen einer künstlichen Frau auf, so hat sie nun einer neuen Realität den Platz geräumt: der Welt der Medien, bei denen es keinen Sinn mehr macht, von einer technisch beherrschten Natur zu sprechen. Jetzt spielt sich alles auf der Ebene von medial erzeugten Simulakren ab, die ein eigenes Universum bilden, das jede naturbezogene Referenz abgeschüttelt hat. Ein neuer Typ von künstlichen Frauen betritt die Szene, für die es keine natürlichen Vorbilder mehr gibt, sondern nur noch Zwillingsschwestern im Reich der medial generierten Illusionen.

Zwar geht es weiterhin um «Wunschmaschinen». Aber sie haben nichts mehr mit dem Triebschicksal einzelner Subjekte zu tun und ihren individualisierten Liebesobjekten. Was bei Villiers noch als absonderliche Liebesgeschichte eines überspannten Ästheten erzählt wurde, ist im Zeitalter der Massenmedien zu kollektiven Ereignissen geworden, die ihren eigenen Regeln von Produktion, Distribution und Konsumtion folgen. Jetzt geht es nicht mehr um die Projektionen eines einzelnen, die man individualpsychologisch zu erhellen versucht sein könnte, sondern um Massenphänomene. Idole werden geschaffen, um weltweit Aufsehen zu erregen und ökonomischen Erfolg zu bringen. Als Ikone einer medial hergestellten Popularität spielen sie ihre Rolle auf einem Markt der Aufmerksamkeit, auf dem Bekanntheit der alles bestimmende Wert ist.

Daß es bei diesen Inszenierungen keiner wirklichen Menschen mehr bedarf, zeigt der Erfolg der Popstars, die als rechnergenerierte Pixelwesen die Charts stürmen. Am Anfang war eine Wette. 1995 überraschte Yashitaka Hori, der Vizepräsident der japanischen Talentagentur Hori Pro (www.horipro.co.jp), bei einer Stammtischrunde seine Kollegen mit dem Einfall, computeranimierte Kunstfiguren als Idole aufzubauen, um die Aufmerksamkeit schwärmerischer Teenager zu provozieren. Aus der Provokation wurde eine Wette, aus der Wette ein Welterfolg.

1996 kam das Digital-Kid KYOKO DATE im Visual Science Laboratory (www.vsl.co.jp) zur Welt. Die kleine Asiatin, deren Eltern in ihrer Geburtsstadt Tokio eine Sushi-Bar betreiben, wurde bald zum Popstar. Mit «Love Communication» eroberte sie die Top ten der japanischen Charts. CD, Videoclip und ein wöchentlicher Radio-Talk machten das nette Schulmädchen, das Schneeglöckchen liebt, vom Film «Toy Story» begeistert ist und musikalisch auf Mariah Carey und Enya steht, zum Superstar. Die Multimediabranche hat mit einer Reihe von digitalen Ikonen nachgezogen. Aus der Spielewelt von «Pandemonium» trat NIKKI, dem Vorbild Tina Turner nachgebildet, in die Musikszene und will in Frankreich Karriere machen. Die kampferprobte LARA CROFT aus dem Megaseller-Game «Tomb Raider» ist mit ihrem Titel «Beautiful Days» zwar nicht besonders erfolgreich gewesen. Aber ihr Auftritt im Videoclip des «Ärzte»-Songs «Ein Schwein namens Männer» hat die deutsche Fangemeinde begeistert. AIMEE, TYRA und BUSENA (www.vsl.co.jp/busena) sind virtuelle Models, die nach allen Regeln des Marketings Karriere machen sollen.

Daß diese künstlichen Stars mit den wirklich existierenden Popidolen im Wettstreit um mediale Aufmerksamkeit erfolgreich sein können, steht für ihre Hersteller und Agenten außer Frage. Man streitet sich allein um ihre existentiellen Qualitäten.

Während es den einen darum geht, reale Menschen möglichst exakt zu imitieren, setzen andere stärker darauf, die Avatare mit übermenschlichen Fähigkeiten auszustatten. Jedenfalls mobilisieren diese virtuellen Medienexistenzen bei ihren Fans die gleichen Empfindungen wie die «echten» Idole, die sich schon heute in digitale Modelle ihrer selbst transformieren lassen, um auch nach ihrem Tod durch Computerhilfe reanimiert werden zu können.

Kaum war KYOKO DATE in Tokio durch Hori Pro geschaffen worden, ist dieses simulative Zusammenspiel in eine literarische Fiktion übersetzt worden. 1996 erschien «Idoru»[43] von William Gibson, der mit seiner «Neuromancer»-Trilogie («Neuromancer» 1984; «Count Zero» 1986, «Mona Lisa Overdrive» 1988) zum Klassiker der Cyberliteratur geworden ist. Es ist ein einfacher Einfall, der diesem Roman zugrunde liegt. Was wäre, wenn eine «echte» und eine «falsche» Medienexistenz, Fleisch und Bytes, ein Liebespaar würden und sich zur Heirat entschlössen? Gibson hat «Idoru» zwar nicht als eine Zukunftsvision geschrieben, die technisch realisierbar sein könnte. Aber realistisch ist dieser Roman in seiner Verarbeitung der medialisierten Wirklichkeiten einer populären Kultur, in der die Unterscheidung zwischen virtuellen und lebenden Stars sich zunehmend verwischt.

Am Anfang ist es nur ein Gerücht. Die vierzehnjährige Chia Pet McKenzie, die zum Seattle-Fanclub des Rockstars Rez gehört, hat erfahren, daß ihr bewundertes Idol Rei Toei heiraten will, eine Idoru: eine virtuelle japanische Sängerin, die sehr populär ist, auch wenn sie nur ein «Persönlichkeitskonstrukt ist, ein Konglomerat von Software-Agenten, die Schöpfung eines Informationsdesigners. Sie ähnelt dem, was man in Hollywood ‹synthetische Schauspielerin› nennt» (S. 140). Der Fanclub, der sich online im computergenerierten Raum einer künstlichen Dschungellichtung trifft, ist außer sich. Dieses «künstliche Etwas» (S. 251) soll den angehimmelten Rez heiraten! Chia macht sich auf den Weg nach Tokio, um zu sehen, was es mit diesem Gerücht auf sich hat.

Kyoko Date

Zur gleichen Zeit wird dem Datenanalytiker Colin Laney ein
neuer Job angeboten. Er hatte früher bei DatAmerica gearbeitet,
wo er gewaltige Ströme undifferenzierter Daten durchforscht
hat auf der Suche nach «Knotenpunkten», an denen sich die wesentlichen Informationen verdichten. Laney verfügte über eine
besondere Begabung, wichtige Daten in offenbar beliebigen

Wüsten von Informationen ausfindig zu machen. Er war zu einer «nodalen» Wahrnehmung fähig, «wie wenn man in Wolken Dinge sieht. Nur daß sie wirklich da sind» (S. 163). Diese Fähigkeit hatte ihn zu einem geschätzten Mitarbeiter von «Slitscan» werden lassen, einer Sendung, die aus den «Reality»-Programmen und den Fernseh-Boulevardmagazinen des späten 20. Jahrhunderts entwickelt worden war. Hier ging es, wie ihm seine Vorgesetzte wiederholt einhämmerte, um nichts anderes als um die Herstellung oder die Zerstörung von Prominenz. Popularität ist die Währung dieser Medienwelt, in der allein die Einschaltquote zählt. «Wir sind die Medien, Laney. Wir machen diese Arschlöcher erst zu Prominenten. Wir bringen sie hoch, und sie ziehen uns mit. Sie kommen zu uns, um *erschaffen zu werden*» (S. 11). Oder sie werden, falls das Publikumsinteresse nachläßt, wieder vernichtet bzw. in surrealer, unerwarteter Gestalt neu aufgebaut. Auf jeden Fall hatte Laney das Gefühl, die Geschichte mitzugestalten – «oder das, was die Geschichte *ersetzt* hatte» (S. 48).

Als die Medienpolitik von Slitscan zu einem Selbstmord geführt hat, an dem Laney schuld gewesen sein soll, muß er sich einen neuen Job suchen. Jetzt ist er in Tokio, wo er den Auftrag erhält, die «Knotenpunkte» in den Datenmengen über Rez und Rei Toei zu finden. Denn auch das Management von Rez ist von dessen Einfall überrascht, die Idoru zu heiraten. Ist ihr Star verrückt geworden oder das Opfer einer undurchsichtigen Verschwörung?

Rez sagt, er will diese Japsenschnepfe heiraten, die gar nicht *existiert*, zum Teufel! Und das *weiß* er auch, aber er sagt, wir *hätten keine Spur Phantasie*! Jetzt hören Sie mir mal zu. Irgendwer hat sich an unsern Jungen *rangemacht*, klar? Hat ihn *beeinflußt*. Keine Ahnung wie, keine Ahnung wer. Obwohl ich persönlich auf das verdammte Kombinat setzen würde. Diese russischen Mistkerls. Aber Sie, mein Freund, Sie werden Ihr Knotending für uns machen, bei unserem Rez, und Sie werden es verdammt noch mal *rausfinden*. *Wer* es ist. Und wenn Sie damit fertig sind, dann werden wir uns mal gründlich mit dem oder den Betreffenden befassen. (S. 86)

In einer Parallelmontage erzählt Gibson die abenteuerliche Geschichte von Chia und Laney auf der Suche nach einer Lösung dieses erstaunlichen Problems. Wer oder was steckt hinter dem eigenwilligen Wunsch des Superstars Rez, sich mit einer künstlichen Popfigur zu verbinden? Gibson zieht das ganze Register seiner Kunst und verstrickt den Leser in ein Labyrinth von virtuellen Illusionstechniken, realen Aktionen, kriminellen Aktivitäten, Cyberspace-Visionen, Halluzinationen und kapitalistischen Marktstrategien. Er bevölkert die Szene mit High-Tech-Schmugglern, zwielichtigen Barbesitzern, brutalen Schlägern, cleveren Geschäftsleuten, Informationshackern, virtuellen Avataren, einem «pathologischen-Technofetischisten-mit-sozialen-Defiziten», und auch die russischen Prostituierten fehlen nicht, die «stumpf und puppenartig» in den Hotelbars auf ihre Freier warten. «Eine plastische Routineoperation verlieh ihnen eine strenge Fließbandschönheit. Slawische Barbies» (S. 9). All diese Handlungsstränge und Akteure kreisen um das zentrale Thema: Was spielt sich ab zwischen den beiden Medienexistenzen Rez und Rei Toei?

Die Idoru ist ein Persönlichkeitskonstrukt der Firma FAMOUS ASPECT, deren Gründer und Vorstandssprecher Mr. Michio Kuwayama den Informationsforscher Laney über seine Intention aufklärt. Es geht um die Zukunft, in der Technik und Begehren eine direkte Beziehung eingegangen sind. Rei Toei ist

das Produkt eines Systems hochentwickelter Konstruktionen, die wir «Wunschmaschinen» nennen. Nicht im wörtlichen Sinn, aber stellen Sie sich bitte *Aggregate subjektiven Begehrens* vor. Man kam zu dem Schluß, daß dieses modulare System im Idealfall ein architektonisches Gebilde artikulierter Sehnsucht darstellen würde. (...) Wissen Sie, daß unser Wort für «Natur» eine relativ neue Schöpfung ist? Es ist kaum hundert Jahre alt. Wir haben nie eine pessimistische Einstellung zur Technologie entwickelt, Mr. Laney. Sie ist ein Aspekt des Natürlichen, der Einheit aller Dinge. Durch unsere Anstrengungen perfektioniert sich diese Einheit selbst. Und die populäre Kultur ist der Prüfstand unserer Zukunft. (S. 196/257)

Diese Verkopplung von Technologie und Natürlichem, Popkultur und subjektivem Begehren, hat in der Idoru ihre Verkörperung gefunden. Sie ist zwar kein natürliches Lebewesen, sondern nur ein Simulakrum aus Unmengen von Information, «die durch Gott weiß wie viele Maschinen läuft» (S. 256). Aber sie hat den Bildschirm, auf dem sie zunächst als Idol-Sängerin auftrat, bereits verlassen und taucht unter den Menschen auf. Sie lebt als ein komplexer Projektionsmechanismus zwischen ihnen, der technisch erzeugt worden ist, um als Wunschmaschine so wirklich zu sein wie alle Medienidole, an deren phantomatische Realität man zu glauben gelernt hat. Verwies die etymologische Herkunft von «Idol» aus dem griechischen «eidolon» ursprünglich noch darauf, daß es sich bei ihm nur um ein Trugbild handelt, hinter dem eine eigentliche Realität verborgen ist, so ist durch die Massenmedien die Täuschung zu einer Realität geworden, deren Macht größer ist als die Wirklichkeit all derer, die in den Medien nicht präsent sind und keine Aufmerksamkeit auf sich ziehen.

Niemand weiß das besser als Rez, der selbst ja nur ein Geschöpf der populären Kultur ist. Bereits sein erstes Auftreten spielt auf der Schnittstelle zwischen medialer Kunstfigur und wirklichem Menschen. Wir lernen ihn durch die Augen Laneys kennen, in dessen Kopf zunächst nur ein «binäres Geflacker zwischen Abbild und Realität stattfindet, zwischen dem vermittelten Gesicht und dem Gesicht vor einem» (S. 183), bis sich dieses Hin und Her schließlich immer mehr beschleunigt und die beiden Bilder zu einem neuen Bild der Person vermischen. Denn diese Popikone weiß genau, was sie begehrt. Rez will die Idoru, weil sie auf vollkommene Art repräsentiert, was er selbst sein will. Er will nicht als Mensch, sondern als Idol geliebt werden. Seine Freunde mögen das zwar nicht verstehen und trauern der Zeit nach, als Rez noch mit «menschlichen Weibern» rumzog. Und vieles, was er von der «neuen Welt» und vom «Lauf der Dinge» (S. 223) redet, erscheint ihnen als völlig verdreht.

'nen Haufen Scheiß hat er geredet, mein Schatz. Über Evolution und Technologie und Leidenschaft; über das Verlangen des Menschen, Schönheit in der heraufdämmernden Ordnung zu finden; über sein eigenes brennendes Verlangen, seinen Schniedel in irgend so ein Software-Wichspuppen-Spielzeug zu stecken. Quatsch. Totaler Dünnpfiff. (S. 159)

Aber dieses Unverständnis stört Rez nicht. Die anderen werden schon noch dahinterkommen, daß er der gleichen Logik folgt, die zur technischen Generierung von Rei Toei geführt hat. Die populäre Kultur ist der Ort ihrer «alchimistischen Heirat» (S. 247), bei der zwei prominente Medienexistenzen langsam zusammenwachsen, deren Substanz in nichts anderem besteht als in der ungeheuren Datenmenge, die über sie im Umlauf ist und weit umfangreicher als alles, was sie selbst produziert haben.

Und wenn sie nicht gestorben sind, dann leben sie heute noch. Wie ein Märchen endet «Idoru» mit einem Happy-End. Chia hat ohne ihr Wissen ein «primäres biomolekulares Rodel-van-Erp-Programmiermodul C Schrägstrich – 7 A» nach Tokio geschmuggelt, das der Knoteninformatiker Laney benutzt, um den Wunsch von Rez und Rei Toei zu erfüllen. Alle verfügbaren Daten im wolkenartigen Prominenzraum der beiden Idole werden miteinander verflochten im Interface des Moduls, um eine «Ehe» zu stiften, die als allmählicher, langer Prozeß einer zunehmenden Informationsvermittlung generiert wird.

Dem letzten Einwand eines Rez-Fans, daß ihr Idol wohl verrückt geworden sei und einer «jämmerlichen Täuschung» (S. 250) unterliege, weil er sich durch ein «synthetisches Miststück» alles Reale aussaugen läßt, widerspricht die Idoru mit dem Hinweis:

Aber er ist nicht verrückt. So empfinden wir beide nun einmal. Er hat mir erklärt, daß wir auf Unverständnis stoßen werden, jedenfalls zu Anfang, und daß es Widerstand und Feindseligkeit geben wird. Aber wir wollen niemandem etwas Böses, und er glaubt, daß unserer Vereinigung am Ende nur Gutes entspringen kann. (S. 250 f)

Am Anfang war die Täuschung. Pandora, die aus Schlamm mechanisierte Ur-Frau, brachte dem Männergeschlecht als schönes Übel nur Unglück und Leid. Durch sie vollzog sich die Rache einer technisch überwältigten Natur. Die Täuschung wurde nicht durchschaut. Am Ende dieser langen Geschichte künstlicher Frauen steht das Wissen medialer Scheinexistenzen, deren Verknotung nur Gutes bringen kann. Als synthetisierte Produkte von Marketingstrategien und Informationsdesignern, deren Substanz in nichts anderem als Prominenz besteht, spielen sie selbstbewußt mit im phantomatisierten Lebensraum einer populären Kultur, in der technologische Innovation und subjektives Begehren sich vereinigen.

Rez und Rei Toei folgen den medialen Mechanismen, die für ihre Existenz konstitutiv sind. Sie erkennen sich als künstliche Wesen und führen ihrer Fanbasis die Spielregeln der Popularität vor Augen. In dieser Aufklärung besteht das «Gute» ihrer Verbindung. Ihre Künstlichkeit widerstreitet keiner natürlichen Realität, sondern erhellt die technischen und emotionalen Projektionsmechanismen, die zu einem integralen «Aspekt des Natürlichen, der Einheit aller Dinge» geworden sind. Der antike Mythos der Täuschung ist durch William Gibson in eine zeitgenössische literarische Fiktion übersetzt worden, die ent-täuschend ist. Sie zeigt, was als Medienwelt der Fall ist.

Der Blade Runner

Auf der Suche nach echten Gefühlen

«Sie werden mir die Wahrheit sagen, ja?» bat
Phil Resch.
«Falls ich ein Androide bin, werden Sie es mir
sagen?»
«Klar.»
«Ich will's nämlich wissen. Ich *muß* es wis-
sen!»[1]
Philip K. Dick

Die Seele ist das Unbekannte

Die Kunst des Automatenbaus hatte sich vor allem die Nachah-
mung des menschlichen Körpers und seiner Bewegungen zur
Aufgabe gemacht. *Automaton* – sich selbst bewegend – war das
Schlüsselwort, das die Mechaniker zu ihrer Arbeit anregte, um
den Schein des Lebendigen hervorzurufen. Das unterschied ihre
Automaten von den starren Skulpturen, die nur das Äußere des
Menschen abbilden, ohne seine Bewegungen zu simulieren.

Doch von Anfang an ging es nicht nur um die Nachahmung
körperlicher Bewegungen. Zu rekonstruieren versucht wurden
auch die Mechanismen, die für das verantwortlich sind, was den
Menschen als *beseeltes* Wesen auszeichnet, vor allem sein
Sprachvermögen. Von den sprechenden Automaten des Hephaistos über die Sprechmaschine Wolfgang von Kempelens bis zum
phonographischen Geist Hadalys und der kommunikativen
Kompetenz Rei Toeis reichen die Bemühungen, etwas vorzuspiegeln, das dem Menschen vorbehalten sein soll. Bewegungsfähige Automaten, die menschlich aussahen, waren schon überraschend genug. Aber darüber konnte man sich noch wundern
oder amüsieren. Die Simulation des Sprachvermögens war dage-

gen etwas Bedrohliches und berührte das Innerste des Menschen. Sie stellte etwas in Frage, das als technisch uneinholbar galt und traditionell unter dem Sammelbegriff «Seele» zusammengefaßt worden ist: Empfindungen, Gefühle, Stimmungen, Subjektivität, Selbstbewußtsein. Vor allem durch Sprache kommt es zum Ausdruck, und sei es auch nur durch jenes unscheinbare «Ach» der Olimpia, das der verliebte Nathanael bereits als Äußerung der tiefsten Gefühle mißverstehen konnte.

In Villiers' «Eva der Zukunft» spielte die Frage nach der Seele bereits eine zentrale Rolle. Sie war für Lord Ewald von entscheidender Bedeutung, als er über Edisons Vorschlag nachzudenken begann, eine Androide als Liebesobjekt anzubieten.

> Man liebt nur ein lebendiges Wesen, warf Lord Ewald ein.
> Nun? fragte Edison.
> Die Seele ist das Unbekannte; werden Sie Ihre Hadaly beseelen?
> Beseelt man nicht auch ein Projektil mit einer X-Schnelligkeit? Nun – X ist doch auch das Unbekannte.
> Wird sie wissen, was sie ist? *Was* sie ist, meine ich?
> Wissen wir denn selbst so gut, wer wir sind? und was wir sind? Wollen Sie von der Kopie mehr verlangen, als Gott dem Original verliehen hat? (S. 84)

Die Frage nach der seelischen «Unbekannten» steht im Mittelpunkt zahlreicher Androidenkonstruktionen in der Science-fiction-Literatur des 20. Jahrhunderts. Jetzt geht es nicht mehr nur um die Imitation körperlicher oder kognitiver und sprachlicher Fähigkeiten. Deren perfekte Simulation wird als technisch realisierbar vorausgesetzt. Gefragt wird statt dessen nach der Qualität des Seelischen überhaupt: Was heißt es, als Mensch über jene Gesamtheit mentaler Fähigkeiten zu verfügen, die wir «Seele» nennen? Und was bedeutet es, wenn die programmierten Geschöpfe einer kalkülisierten Intelligenz und Sprache über sich selbst sagen, daß ihnen trotz aller Perfektion eines mangelt oder unverständlich ist: das menschliche Gefühl?

Sie mögen wesentlich schneller und fehlerloser die Datenströme verarbeiten, aber sie haben keine emotionale Intelligenz. Ihr künstliches Gehirn kann in seiner Leistungsfähigkeit durch

Drogen geschädigt werden, aber sie empfinden keinen Rausch. Ihr Körper kann verletzt oder zerstört werden, doch sie kennen keinen Schmerz. Sie können die schönsten Aussagen der Liebe rezitieren, doch sie fühlen dabei niemals das, was selbst in der stereotypen Liebesäußerung «ich liebe dich» impliziert ist. Alles, worauf sie als Seelenmaschinen programmiert sind, ist nur eine Maske, hinter der sich nichts verbirgt. Der «Regulator der inneren Regungen, oder besser gesagt: ‹die Seele›» (S. 159), mit der Edison seine Hadaly-Maschine ausgestattet hat, ist nur eine Apparatur, die immer nur so tun kann, als ob sie über seelische Ereignisse verfügt, deren authentische Qualität ihr dennoch absolut fremd ist. Da nützt auch kein Gefühlschip, den sich Mr. Data in «Star Trek: The Next Generation» implementiert, weil er es für interessant hält, sich einmal zu verlieben. Seine Gefühlsäußerungen sind nur ein Witz und stoßen bei der Geliebten auf ein befremdliches Erstaunen.

«Woran glaube ich, wenn ich an eine Seele im Menschen glaube?» hat Ludwig Wittgenstein in seinen «Philosophischen Untersuchungen» gefragt und dabei auf den Unterschied zwischen Mensch und Automat hingewiesen.

> Denke, ich sage von einem Freunde: «Er ist kein Automat» – Was wird hier mitgeteilt, und für wen wäre es eine Mitteilung? Für einen *Menschen*, der den Andern unter gewöhnlichen Umständen trifft? Was könnte es ihm mitteilen? (Doch höchstens, daß dieser sich immer wie ein Mensch, nicht manchmal wie eine Maschine benimmt.)
> «Ich glaube, daß er kein Automat ist» hat, so ohne weiteres, noch gar keinen Sinn.
> Meine Einstellung zu ihm ist eine Einstellung zur Seele. Ich habe nicht die *Meinung*, daß er eine Seele hat.[2]

Die Vorstellung perfekter Androiden ist zu einer philosophischen Herausforderung geworden, die Wittgenstein nur durch einen Rekurs auf die empathischen Fähigkeiten des Menschen zu bewältigen können glaubte. Es kann letztlich keine wissenschaftliche Erkenntnis oder hypothetische Meinung sein, die uns den Freund als Menschen und nicht als Automaten erkennen lassen. Denn angesichts einer vollkommenen Simulation kann es für ein solches Wissen keine verläßlichen Prüfungen mehr geben. Übrig bleibt allein eine humane «Einstellung», die den anderen als eine Person anerkennt, weil er sich so benimmt wie wir selbst mit all unseren Empfindungen, unseren Schmerzen und unserer Freude, unserem Haß und unserer Liebe. Die Einstellung zur «Seele» ist nichts anderes als eine Chiffre dieses Mit-Gefühls, an dem man nur um den Preis des Verrücktwerdens zu zweifeln vermag, um den Preis nämlich, die grundlegende Frage nicht mehr beantworten zu können, was es heißt, ein Mensch zu sein.

Aber Wittgenstein wußte auch, daß dieses Verrücktwerden seinen Reiz hat: «Nur wenn man noch viel verrückter denkt, als die Philosophen, kann man ihre Probleme lösen.»[3] Es ist das Vorrecht der Science-fiction-Literatur, dem philosophischen Nachdenken auf die Sprünge zu helfen. Als Beispiel soll uns der 1968 erschienene Roman «Do Androids Dream of Electric Sheep?» von Philip K. Dick dienen, in dem humanoide Replikanten (Androiden) das Selbstverständnis des Menschen fundamental irritieren. 1981 wurde er von Ridley Scott als «Blade Runner» verfilmt, mit Harrison Ford in der Rolle des Androidenjägers Rick Deckard, dessen Name nicht zufällig an Descartes erinnert, dem die Seele als das entscheidende Kriterium galt, Menschen von tierischen oder unorganischen Automaten verläßlich unterscheiden zu können.

Es ist ein Labyrinth von simulierten Gefühlstäuschungen, in dem Deckard seinen mörderischen Auftrag zu erfüllen hat. Denn die anfängliche Sicherheit, zwischen beseelten Menschen und seelenlosen Androiden differenzieren zu können, löst sich zunehmend auf und verschwimmt in einer Ununterscheidbarkeit, die am Ende auch das Selbstverständnis des Blade Runner infiziert. Wie authentisch sind seine eigenen Empfindungen, über die er als Mensch zu verfügen glaubt? Der cartesianische Zweifel hat den Bereich des Seelischen selbst befallen. Ist auch Rick Deckard, wie es im Director's Cut des «Blade Runner» (1991) angedeutet wird, nur ein Androide? Oder, provokativer gefragt: Sind auch die Menschen nur noch Seelenmaschinen, die durch Psychotechniken und vorprogrammierte Gefühlssurrogate konditioniert werden? Lassen wir uns, um auf diese Fragen eine Antwort zu erhalten, auf den futuristischen Alptraum ein, den Philip K. Dick in unserer Gegenwart spielen ließ. Er ist heute, angesichts massenmedialer Konformisierung und geistiger Klonierung, aktueller als zur Zeit seiner literarischen Entstehung.

Künstlich erzeugte Emotionen

Bereits im ersten Satz des Romans klingt sein Hauptthema an: «Die automatische Weckvorrichtung der Stimmungsorgel neben seinem Bett weckte Rick Deckard mit einem kleinen Stromstoß» (S. 5). Verwundert darüber, ohne bewußte Absicht aus seinem Schlaf geweckt zu werden, überschreitet Rick die Schwelle zwischen seinem träumenden Unbewußten und wachen Bewußtsein. Nicht er selbst, sondern ein elektrischer Apparat, auf «C» wie «consciousness» eingestellt, ist die Ursache seines Aufwachens, verbunden mit einer vorweg programmierten Stimmung. Eine *Stimmungsorgel* versetzt ihn in eine «sachlich-nüchterne Haltung» (S. 6), die er für den neuen Tag gewählt hat. In welcher Stimmung man sich befindet, ist maschinell erzeugt. Es kann geplant werden und bestimmt von außen die Innenwelt des fühlenden Subjekts. Die Unmittelbarkeit des subjektiven Empfindens ist maschinell vermittelt, die Authentizität des Gefühls künstlich erzeugt.

Während Rick den Tag sachlich-nüchtern verbringen will, hat seine Frau Iran für sich sechs Stunden selbstanklagende Depressionen geplant. Das scheint dem Zweck der Stimmungsorgel zu widersprechen. Warum sollte man depressiv sein wollen, wenn man Freude programmieren kann? Irans Begründung lenkt die Aufmerksamkeit auf die Welt, in der gelebt wird. Es ist eine radioaktiv verseuchte Erde, die durch einen atomaren Krieg entvölkert wurde und von einer erschreckenden Leere beherrscht wird. Die schlaueren Menschen haben sich angesichts der Wahl

«Emigriere oder degeneriere!» für ein Leben auf fremden Planeten entschieden. Verzweiflung und Hoffnungslosigkeit wären die angemessenen Stimmungen in dieser trostlosen Welt; und wenn sie sich nicht einstellen, so müssen sie eben instrumentell erzeugt werden.

Für jede gewünschte Stimmung gibt es Einstellungen auf der Stimmungsorgel: für das vorgespiegelte Bewußtsein der vielfältigen Möglichkeiten, die die Zukunft bietet, ebenso wie für die gemeinsame sexuelle Erregung, für die frische und schöpferische Einstellung zur eigenen Arbeit ebenso wie für den Wunsch, sich vom unermüdlich laufenden TV-Programm berieseln zu lassen, gleichgültig, was gesendet wird. Aber was ist, wenn man nicht wählen will und seine Autonomie gegenüber den maschinell generierten Stimmungen bewahren will? Auch dafür gibt es eine automatisierte Lösung. «Dann wähle 3», empfiehlt Dick seiner Frau und provoziert ihren selbstreflexiven Widerspruch: «Ich kann doch nicht eine Einstellung wählen, die in meiner Großhirnrinde den Wunsch zum Wählen wachruft! Wenn ich nicht wählen will, dann will ich schon gar nicht das wählen, weil ich dann nämlich wählen will, und das Wählenwollen erscheint mir im Augenblick als der denkbar abwegigste Drang. Ich will nichts weiter als hier auf der Bettkante sitzen und zu Boden starren» (S. 8).

Um dem Ehestreit aus dem Weg zu gehen, erhöht Rick die Lautstärke des Fernsehapparats. Ein Rest freien Willens geht unter im Angebot einer globalisierten Unterhaltungsindustrie. Wie überall und immer dröhnt aus dem TV die Stimme des omnipräsenten Buster Freundlich, der mit seiner Talk-Show *Buster Freundlich und seine freundlichen Freunde* 23 Stunden am Tag auf Sendung ist, Woche für Woche, Monat für Monat, Jahr für Jahr. Nie krank oder müde, immer schlagfertig und mit einem Feuerwerk von Andeutungen, Wortspielen, Witzen und spitzen Bemerkungen, unterhält er die Zuschauer mit seinem eingeübten Showtalent, das weniger der Informationsvermittlung als ihrer medialisierten Prägung dient. Die Zuschauer sind zu Einsiedlern geworden, die sich an Buster Freundlich orientieren, um von ihm über Wetter und Politik, erwünschte Verhaltensweisen und religiöse Weltanschauungen informiert zu werden, ohne sich darüber eigene Vorstellungen oder Ansichten bilden zu können. Buster ist das personifizierte Sinnbild einer Welterfahrung, die nur noch aus einem vorfabrizierten Programm gespeist wird. – Am Ende des Romans wird das Geheimnis dieser allgegenwärtigen Bildschirmexistenz gelüftet: Buster Freundlich ist ein künstliches Lebewesen, ein menschenähnlicher «Androide», der hinter der Maske seiner unermüdlichen Freundlichkeit eine modellierte Programmstruktur realisiert. «Und niemand weiß es. Ich meine – die Menschen wissen es nicht» (S. 166).

Es gehört zur Ironie dieses unerkannten Schwindels, daß diese mediale Kunstperson auch gegen die herrschende Ideologie stichelt, die den isolierten Menschen eine moralische und religiöse Orientierung anbietet. Ideologie, im klassischen Sinn als notwendig falsches Bewußtsein verstanden, mit dem sich die Menschen über ihre reale Lebenswirklichkeit täuschen, hat sich als *Mercerismus* etabliert, mit Wilbur Mercer als gottähnlicher Leitfigur. Niemand kennt ihn wirklich. Auch er wird nur über eine Apparatur erlebt und zur Kenntnis genommen, einen schwarzen «Gefühlskasten», eine Black box der Empathie, an die sich alle anschließen können, um in ihren individualisierten Existenzen zusammengekoppelt zu werden. Wer zum Mercer-Gefühlskasten greift, erlebt ein mystisches Eins-Werden, das Individualität und eigenständiges Denken aufhebt zugunsten des kollektiven Miterlebens einer mythischen Aktion: In der imaginären Welt des Gefühlskastens nehmen die Menschen teil am Schicksal eines alten Manns, der sich unter sonnenlosem Himmel wie Sisyphus einen steinigen Hügel hinaufkämpft, um auf dem Gipfel wieder zurückgeworfen zu werden, ins Grab zurückzusinken und erneut seinen mühsamen Aufstieg zu beginnen.

Mercerismus ist die religiöse Ideologie eines fatalen «Stirb und werde!», das den Sinn des Lebens als ständige Wiederkehr der gleichen Sinnlosigkeit vermittelt. Wilbur Mercer ist die unsterbliche Personifikation einer Metaphysik des Absurden, die den Menschen zwar keine wirkliche Hilfe anbieten kann, aber ihre Seelen in einer hoffnungslosen und leeren Welt gleichschaltet. «Es gibt keine Rettung» ist die Botschaft dieses Propheten. «Und wozu ist dann alles gut?» wird Rick ihn in einer halluzinatorischen Begegnung fragen. «Wozu gibt es dich?» «Um dir zu zeigen, daß du nicht allein bist», wird Wilbur Mercer antworten. «Ich bin bei dir und werde es immer sein. Geh hin und tue deine Pflicht, selbst wenn du weißt, daß es falsch ist» (S. 142).

Nur Buster Freundlich, selbst eine künstliche Figur televisionärer Inszenierung, durchschaut das Phantasma dieses falschen Gottersatzes. Die Metaphysik der Sinnlosigkeit, dieses «schwärzesten Schattens über unserem Leben» (S. 142), wird von ihm als religiöses Trugbild entlarvt. Die Gefühlskästen vermitteln nur eine kollektive Illusion. «Der ganze Mercerismus ist ein einziger aufgelegter Schwindel» (S. 164), klärt Buster seine erschrockenen Zuschauer auf. Hollywoods Trickspezialisten haben die Sisyphus-Szenerie entworfen, vor deren Kulisse ein alter, heruntergekommener Schauspieler seine göttliche Rolle spielt. Hinter seiner Maske verbirgt sich nur ein unbedeutender Schauspieler namens Al Jarry, dessen Name nicht zufällig gewählt worden sein wird. Denn «Al Jarry» erinnert an den Schriftsteller Alfred Jarry, den Autor des «König Ubu» und des «Dr. Faustroll», der gegen die metaphysischen Illusionen das surreale Bild einer Pataphysik erfunden hat, welche die Metaphysik übersteigt, sie als bloße Phantasielösung entlarvt und mit ihr ein künstlerisches Spiel treibt. Wer die Metaphysik als Schwindel durchschaut, kann nur in einer pataphysischen Kunst der Ent-Täuschung einen rettenden Ausweg finden. Buster Freundlich wandte sein Gesicht wieder den Zuschauern zu: «Al Jarry! Na so was! Mercer ist kein Mensch, und in Wirklichkeit existiert er überhaupt nicht. Die Welt, in der er einen Hügel erklimmt, ist eine ganz gewöhnliche, billige Theaterkulisse in Hollywood, die schon vor Jahren der Müll begraben hat. Und wer hat dem ganzen Sonnensystem dann diesen gigantischen Streich gespielt? Darüber solltet ihr einmal nachdenken, Freunde!» (S. 164)

Von den programmierten Orgeln, die automatisierte Stimmungen hervorrufen, über die TV-Bildschirme, auf denen der nicht-menschliche Buster Freundlich sein Medienspektakel vorführt, bis zu den schwarzen Kästen, die zur kollektiven Illusion einer metaphysischen Weltanschauung dienen, reichen die Mechanismen, die den Menschen in eine künstliche Welt verführen, die keine authentischen Erlebnisse und wahrheitsorientierten Erkenntnisse mehr zuläßt. Die Wirklichkeit ist Fake, ein maschinell erzeugter Realitätsersatz, dessen Hersteller im Dunkeln bleiben.

Elektrische Schafe

Wenn alles Erlebte, Erkannte und Erhoffte künstlich generiert ist, scheint nur die Natur etwas Echtes bieten zu können. Das erklärt den Wunsch der Menschen, *echte Tiere* zu besitzen, deren animalische Existenz im Kreislauf des natürlichen Lebens eingebettet ist. Nach dem kurzen Ehestreit mit seiner Frau wählt Rick den programmierten Wunsch, für einen Sprung aufs Dach des Hauses zu gehen und nach seinem Schaf zu sehen, das dort auf seiner Weide «grast» und «scheinbar zufrieden» vor sich hin mampft. Aber dieses Schaf, das in der menschlichen Zivilisationsgeschichte schon immer der Inbegriff eines unschuldigen, sanften und reinen Wesens war und auch die Phantasien einer Reproduktion des Immergleichen zu wecken vermochte, ist nicht echt. Es ist nur ein «elektrischer Schwindel» (S. 5), der als simuliertes Meisterwerk der Technik die anderen Hausbewohner an der Nase herumführt. Nichts wünscht sich der Blade Runner Rick Deckard mehr, als ein reales Schaf zu besitzen, dessen Kreatürlichkeit seine Liebe und Fürsorge erfordert. Aber wirkliche Tiere, die den atomaren Holocaust überlebt haben, sind kaum noch zu erhalten, und das Angebot in Sidneys Tier- und Geflügelkatalog ist zu kostspielig für einen staatlich finanzierten Prämienjäger.

Wie sein Nachbar, der ein echtes Pferd zu besitzen scheint, sehnt Rick sich nach einem Lebewesen, dem gegenüber er Zuneigung empfinden kann. So aber bleibt ihm nur ein industriell gefertigter *Ersatz*, der darauf programmiert ist, von seinem Besitzer mit allseits beliebten Frühstücksflocken gefüttert zu werden. Rick kennt den Unterschied. Es ist eben nicht dasselbe, sich mit einem Simulakrum statt einem realen Lebewesen zu beschäftigen. Nicht umsonst gehört dieses Diskriminationsvermögen zu seinem Beruf. Einen Schafersatz zu unterhalten, demoralisiert ihn allmählich. «Und doch mußte es aus gesellschaftlichen Gründen sein, wenn man schon nichts Echtes besaß» (S. 10). So will es die Moral des Mercerismus. Aber wie kann ein «Ersatztier» (S. 12) die geforderte Fürsorge stimulieren, wenn es nur «scheinbar» tut, was es zu tun simuliert? Ist es verwunderlich, daß Rick sich nicht nur zunehmend demoralisiert fühlt, sondern daß in ihm oft ein «ausgesprochener Haß gegen sein elektrisches Schaf aufsteigt, das er versorgen und betreuen mußte, als sei es ein echtes Tier» (S. 37)?

Aber wer kann schon sicher wissen, was *natürlich* oder bloß ein *elektrischer Schwindel* ist? Ist denn das Pferd seines Nachbarn wirklich echt? Wie sein eigenes Schaf könnten doch auch die Tiere der anderen Hausgenossen aus elektrischen Schaltungen unter einem geschickt geformten Äußeren bestehen. «Er hatte selbstverständlich nie seine Nase in diese Dinge gesteckt, wie auch die Nachbarn sich nie um das Innenleben seines Schafes kümmerten. Nichts wäre unhöflicher gewesen» (S. 9).

Mit der Hinwendung zu den Tieren hat das Thema des Romans eine höhere Stufe erreicht. Ging es zunächst nur um täuschende technische Apparaturen, so steht nun die Realität des Lebendigen selbst in Frage. Immer wieder wird dieses Thema variiert und anhand falscher / echter Enten, Mäuse, Grillen, Ziegen, Katzen und Kröten durchgespielt. Manchmal handelt es sich um absichtliche Täuschungen mit unfreiwillig komischen Effekten. Meist handelt es sich um «Tiere», über deren Künstlichkeit kein Zweifel besteht. Und ab und zu führen undurchschaute Verwechslungen zu katastrophalen Folgen. Als der Fahrer einer «Tierklinik», in der künstliche Tiere repariert werden, eine erkrankte Katze transportiert, die stöhnt, als ob sie nicht kaputt, sondern organisch krank sei, hält er sie für eine verdammt gute Arbeit und absolut perfekte Imitation. Ihre Augen sieht er als «Videolinsen», ihren verkrampften Kiefer als «metallisch erstarrt». Aber dieses «leblose falsche Tier» war nicht nachgemacht, sondern echt, und es hätte gerettet werden können, wäre es nicht in die Werkstatt, sondern zu einem Tierarzt gebracht worden. So stirbt es, und ihrem stolzen Besitzer kann nur noch eine «getreue Nachahmung» als Ersatz untergeschoben werden. «Gibt es so getreue Nachahmungen, daß mein Mann den Unterschied nicht bemerken wird?» (S. 68) fragt die Frau des Tierhalters, der über den Verlust seiner echten Katze untröstlich sein würde.

Auch Rick wird sich am Ende des Romans mit einem Tierersatz zufriedengeben müssen. Er glaubt zwar, in der kalifornischen Wüste eine lebendige Kröte gefunden zu haben und bringt sie «als etwas ungeheuer Wertvolles und Zerbrechliches» (S. 186) nach Hause. Aber Iran durchschaut die Täuschung und enttäuscht ihren Gatten.

> Erschüttert starrte er das imitierte Tier an. Er nahm es ihr ab, spielte gedankenlos mit den Beinen und schien die Welt nicht mehr zu verstehen. «Vielleicht hätte ich es dir nicht sagen sollen – daß es eine elektrische Kröte ist.» Sie legte ihm die Hand auf den Arm. Schuldbewußt nahm sie wahr, was sie ihm angetan hatte. «Nein», sagte Rick, «ich bin froh, daß ich es weiß. Oder vielmehr ...» Er verstummte. Dann murmelte er: «Es ist immer besser, Bescheid zu wissen.» (S. 188)

Die Replikanten

Zwischen wirklichen Menschen und ihren immer perfekter werdenden Kopien unterscheiden zu können, gehört zur beruflichen Qualifikation eines Blade Runner. Bescheid zu wissen, wer Mensch ist und wer nur ein Androide, ist sein Erkenntnisinteresse, verbunden mit einem tödlichen Auftrag: Androiden, die auf der Erde wie Menschen zu leben versuchen, müssen liquidiert werden. Nur so können sich die Menschen von ihren künstlichen Doubles abgrenzen und ihre eigene Macht sichern. Es ist ein gefährlicher Beruf, den Rick Deckard ausübt, ein Kampf auf Messers Schneide. Einen Schnitt zwischen echten und falschen Menschen machen zu können, verstrickt nicht nur in einen Kampf auf Leben und Tod, sondern stellt auch eine intellektuelle und emotionale Herausforderung dar.

Am Anfang stand die Waffentechnologie. Menschenähnliche Maschinen, mit hochspezialisierten Sensoren, taktischen Aktionsprogrammen, Schmerzunempfindlichkeit und Todesverachtung ausgestattet, wurden als Waffen entwickelt. Als «Synthetische Freiheitskämpfer» dienten sie militärischen Zwecken. Der atomare Krieg, der zu einem Exodus von der Erde führte, brachte eine technologische Weiterentwicklung. «Der humanoide Roboter funktionierte auch in jeder fremden Welt – strenggenommen handelte es sich um einen organischen Androiden – und wurde nun der Packesel des Kolonisationsprogramms» (S. 15). In Erinnerung an die herrlichen Zeiten der amerikanischen Südstaaten vor dem Bürgerkrieg erhielt jeder Emigrant einen Androiden als seinen treuen und wartungsfreien Sklaven geschenkt. Die Perfektionierung dieser künstlichen Geschöpfe ließ sie ihren menschlichen Schöpfern immer ähnlicher werden. Das neu entwickelte Denkzentrum NEXUS-6, ausgestattet mit zehn Millionen verschiedenen Nervensträngen, war der Intelligenzleistung einer beträchtlichen Gruppe von Menschen bereits überlegen. «Der Diener war in mancher Hinsicht klüger geworden als sein Herr» (S. 26).

Diese Klugheit hatte für die Menschen einen unerwünschten Effekt zur Folge. Einige der Androiden wollten nicht länger Sklaven sein. Sie flohen auf die Erde zurück und versuchten, unerkannt unter den Zurückgebliebenen als «resident aliens» zu leben. Als «illegale Androiden» stellten sie die Polizei vor eine schwierige Aufgabe. Es galt, sie zu identifizieren und auszuschalten. Blade Runner wurden dafür ausgebildet und bezahlt, die entflohenen Sklaven, die in Freiheit zu leben versuchten, zu jagen und zu töten. Es konnte nicht akzeptiert werden, mit künstlichen Menschen zusammenzuleben, die das Selbstverständnis des Menschseins in Frage stellten.

Die Geschichte des Blade Runner erzählt von seiner Jagd auf sechs entflohene Androiden, die sich illegal in Nordkalifornien aufhalten. «Typisch für die Androiden – das wußte Rick – war das Bestreben, nie aufzufallen» (S. 108). Sie haben soziale Identitäten angenommen und sich den gesellschaftlichen Lebensformen angepaßt. Max Polokov mimt einen einfältigen Müllfahrer. Pris Stratton konnte die Einsamkeit auf dem Mars nicht mehr ertragen und will nichts anderes als ein Leben in menschlicher Gemeinschaft. Luba Luft spielt erfolgreich die Rolle einer Opernsängerin und begeistert die Zuhörer mit ihrer bezaubernden Stimme. Erfolgreich simuliert sie ein Leben für die Kunst, das sie ihrer eigenen künstlichen Existenzform entfremdet: «Eigentlich mag ich gar keine Androiden. Seit ich vom Mars hergekommen bin, habe ich eine Frau gespielt und alles getan, was sie tun würde. Ich habe mich so verhalten, als hätte ich menschliche Gedanken und Empfindungen. Was mich betrifft, habe ich damit eine überlegene Lebensform imitiert» (S. 109). Garland vollzog einen besonders raffinierten Schachzug und maskierte sich als Kommissar einer Polizeistation im Mission-District von San Francisco, in dessen multikultureller Umgebung er eine Art androider Subkultur aufzubauen versucht. Schließlich gibt es noch Irmgard Baty und ihren Mann Roy, der die Flucht vom Mars organisierte und mit einer eigenwilligen Begründung zu rechtfertigen suchte. In seinem Steckbrief ist zu lesen:

Roy Baty verfügt über eine aggressive, selbstsichere Art von Ersatz-Autorität. Er widmete sich mysteriösen Tätigkeiten und organisierte die Massenflucht, die er ideologisch mit der anmaßenden Fiktion von der Heiligkeit des sogenannten androiden «Lebens» zu untermauern versuchte. Außerdem entwendete dieser Androide verschiedene Drogen und Medikamente, die eine geistige und seelische Vereinigung fördern. Er experimentierte damit und gab bei seiner Festnahme an, er habe gehofft, damit unter Androiden ein dem Mercerismus ähnliches Gruppenerlebnis herbeizuführen, dessen Androiden sonst nicht fähig sind. (S. 146)

Szenenfotos aus «Blade Runner»

Kein Androide überlebt in seiner illegalen Freiheit. Sie alle werden gejagt und getötet. Der Blade Runner versteht sein Geschäft. Doch was ist es, das sie so gefährlich erscheinen läßt und den Haß der echten Menschen hervorruft? Die Unrechtmäßigkeit ihres simulativ angepaßten Verhaltens kann nicht der alleinige Grund für ihre Vernichtung sein. Von ihr geht keine wirkliche Bedrohung aus. Und auch ihre Intelligenz, die sie klüger als manche Menschen werden ließ, stellt keine Gefahr dar. Es ist ihre Unfähigkeit, das empathische «Eins-Sein» empfinden zu können, das die mercerisierten Menschen zu einem Kollektiv zusammenschweißt. Die Androiden sind Einzelgänger, denen die «seelische» Qualität mangelt, empathisch übereinstimmen zu können. Sie entziehen sich der ideologischen Zurichtung menschlicher Subjektivität. Als «humanoide Roboter» können sie sich nur äußerlich anpassen, ohne innerlich betroffen zu sein. Gegenseitige Anteilnahme an den Gefühlen anderer Lebewesen ist ihnen ebenso fremd wie das subjektive Selbstgefühl, ein humanes Wesen zu sein, das sich mit seinesgleichen «eins» empfindet, und sei es auch nur, weil alle an die gleiche ideologische Apparatur des Mercerismus angekoppelt sind.

Es ist dieser *emotionale Mangel*, der die Androiden aus der menschlichen Gemeinschaft ausgrenzt. Sie selbst wissen um diesen Defekt, der ihnen einprogrammiert wurde, um die vollkommene Ähnlichkeit mit den Menschen zu verhindern. «Anscheinend fehlt uns ein bestimmtes Talent, das ihr Menschen besitzt. Wenn ich mich nicht täusche, nennt man es Gefühl, Emotion» (S. 110), erklärt Kommissar Garland dem Blade Runner, bevor ihm durch einen gezielten Laserstrahl der Schädel gespalten wird. Trotz ihrer geistigen Überlegenheit sind die Androiden nur «auf Reflexe reagierende Maschinen» (S. 153), die von den Menschen noch nicht einmal als Tiere behandelt werden. Gefühllos stehen sie auf der untersten Stufe des Seienden. «Hier gilt doch jeder Wurm, jede Blattlaus mehr als wir alle zusammen» (S. 100). Mit dieser Erkenntnis legitimiert auch der Blade Runner seine Arbeit. Dem Vorwurf seiner Frau, doch nur ein von den Bullen angeheuerter Mörder zu sein, widerspricht Rick Deckard gereizt mit der Begründung: «Ich habe in meinem ganzen Leben noch kein menschliches Wesen getötet» (S. 5). Ein entsprungener Androide, der ein Leben in Freiheit sucht, aber «der keine Tierliebe empfand, der nicht die Fähigkeit empfand, empathische Freude für das Glück einer anderen Lebensform oder Trauer bei deren Unglück zu empfinden» (S. 28), erscheint ihm als eine Verkörperung des Bösen, das nur durch Zerstörung überwunden werden kann. Daß er dabei unmenschlicher als die Androiden zu werden droht, übersieht er angesichts der herrschenden Propaganda, die nur ein großer Schwindel ist.

Selbstbewußtsein als Illusion

In einer Welt, in der Gefühle durch Stimmungsorgeln künstlich erzeugt werden, industriell hergestellte Medienexistenzen als Showmaster agieren, Gefühlskästen die metaphysische Illusion eines kollektiven Eins-Seins evozieren und falsche Lebewesen als Ersatzobjekte für sentimentale Tierliebe dienen, stellen Androiden die größte Bedrohung dar. Sie spiegeln den Menschen ein Leben vor, in dem sie selbst die Orientierung zu verlieren drohen. Die philosophische Tiefe des «Blade Runner» besteht in einer provozierenden Frage, die ins Zentrum einer Logik seelischer Ereignisse führt: Wie sicher kann sich der Mensch seiner eigenen Gefühle und Emotionen sein? Könnte es nicht sein, daß das gesamte mentalistische Selbstverständnis, das jeder einzelne Mensch unhinterfragt ebensogut auf andere menschliche Wesen für anwendbar hält wie auf sich selbst, nur eine solipsistische Selbsttäuschung ist? Wer oder was garantiert, daß das subjektive Wesensmerkmal humaner Empathie mehr ist als eine rein private Perspektive, für deren Übertragbarkeit als Mit-Gefühl es keinen wirklich verläßlichen Grund, sondern nur eine konditionierte Ideologie gibt?

Von Descartes bis zur modernen Phänomenologie des Erlebens wurde zwar geglaubt, im Wissen von sich selbst eine sichere Grundlage für ein fundiertes Wissen gefunden zu haben. Während die Erkenntnis der Außenwelt stets nur hypothetisch sein kann und dem radikalen Zweifel ausgesetzt ist, gilt das Wissen von sich selbst als unmittelbare Gewißheit. Selbstbewußtsein soll eine subjektive Erlebniseinheit sein, die sich zugleich im Anerkennen von und Anerkanntwerden durch anderes Selbstbewußtsein ausdrückt. Aber wie kann diese unproblematische Gewißheit, die sich doch stets nur in Aussagen der 1. Person Singular formulieren läßt, auf andere Personen übertragen werden, zu deren innerer Erlebniswelt kein direkter Zugang möglich ist? Nicht zufällig ist diese Frage zu einem strittigen Problem innerhalb der analytischen Philosophie des Geistes geworden, die auf der Suche nach der objektiven Natur menschlicher Erlebnisfähigkeit in ihrer notwendigen Subjektivität ist. Wenn Gefühle in ihrer unmittelbaren phänomenalen Qualität stets an die Perspektive einer eigenen Innenwelt gebunden sind, wie kann es dann ein verläßliches Wissen um die Existenz eines Fremdpsychischen geben, das uns zur Empathie motiviert?

Mit diesem psycho-physischen Problem haben vor allem Reduktionsversuche des Psychischen zu kämpfen, die es auf physisch feststellbare Ereignisse zurückzuführen versuchen, um es aus seiner subjektiven Erlebbarkeit in eine objektive Begrifflichkeit und Erkennbarkeit zu überführen. «Empathie» ist ein schwaches Kriterium, wenn es um eine Beantwortung der fundamentalen Frage geht, was es heißt, ein Mensch zu sein und als solcher zu fühlen. Denn keine der gängigen, in den letzten Jahrzehnten entwickelten reduktiven Analysen des Psychischen vermag das subjektive Wesensmerkmal bewußter Erlebnisse und Emotionen zu erfassen, da all diese Analysen auch mit deren Fehlen logisch vereinbar wären. Die Subjektivität des Gefühls läßt sich, wie Thomas Nagel in «Letzte Fragen» philosophisch zu bedenken gab,

> nicht mit den begrifflichen Mitteln eines Erklärungssystems analysieren, das mit funktionalen oder intentionalen Zuständen operiert, da man solche Zustände ja schließlich auch Automaten oder Robotern zuschreiben könnte, die sich wie Personen verhielten, in Wirklichkeit aber keinerlei Erlebnisse hätten. Vielleicht kann es solche

Roboter nicht wirklich geben. Womöglich würde alles, was komplex genug ist, sich wie ein Mensch zu verhalten, innere Erlebnisse haben. Sollte dies zutreffen, hätten wir es hierbei aber mit einem Faktum zu tun, das sich nicht einfach durch eine Analyse des Erlebnisbegriffs herausfinden läßt.[4]

Dieses philosophische Gedankenexperiment hat in «Träumen Androiden von elektrischen Schafen?» seine literarische Gestalt gefunden. Wie fühlt es sich an, ein Androide oder ein Mensch zu sein? Was bedeutet es, Gefühle zu haben, die echte von falschen Menschen zu unterscheiden erlauben? Den erkenntnistheoretischen Mangel, daß wir in keiner Weise gerüstet sind, über unsere eigene Gefühlswelt anders nachzudenken als im Rückgriff auf unsere empathische Einbildungskraft, haben die Menschen in der fiktionalen Blade-Runner-Realität durch ein *objektives Testverfahren* zu beheben versucht. Operational kommt es darauf an, zwischen Mensch und Mensch-Maschine zu unterscheiden, wenn man sich auf die Gefühlsqualitäten des stets eigenen Bewußtseins nicht wirklich verlassen kann, die der gestellten Aufgabe offenkundig unangemessen sind.

Das wird besonders deutlich, wenn es sich um Zweifelsfälle handelt, die eine einfache Differenzierung zwischen wirklichen Menschen und humanoiden Simulationen erschweren. Ein solcher Fall ist Rachael Rosen, die Nichte von Eldon Rosen, in dessen Forschungslabor die NEXUS-6-Androiden entwickelt und gebaut worden sind. Rick erhält den Auftrag, an Rachael den Voigt-Kampff-Test anzuwenden, der als das verläßlichste Verfahren gilt, um künstliche Menschen als solche identifizieren zu können. Da alle Intelligenztests an dieser Aufgabe scheitern, wurde das V-K-Verfahren als ein operationalisierter «Gefühlstest» entwickelt, der bestimmte unwillkürliche und nicht bewußt kontrollierbare Körperreaktionen mißt und sie als Indizien für menschliche Emotionalität zu interpretieren erlaubt. Moralisch schockierenden Reizen von außen ausgesetzt, werden an den Gesichtskapillaren und Augenmuskeln meßbare Veränderungen festzustellen versucht, die als Ausdruck innerer Gefühlsregungen der Versuchsobjekte gelten. Da es sich dabei um physiologische Reaktionen handelt, die nicht simuliert werden können, gilt der Test als adäquates Instrument zur gewünschten Unterscheidung. «Solche Reaktionen werden bei Androiden durch die stimulierenden Fragen nicht hervorgerufen» (S. 41).

Nun geht es in diesem Fall nicht darum, Rachael als Androide zu entlarven. Vielmehr steht die Adäquatheit des Tests selbst auf dem Prüfstand. Die analytische Zuverlässigkeit des operationalen Meßverfahrens, das eine kausale Beziehung zwischen Leib und Seele unterstellt, die es bei Androiden nicht geben kann, soll kontrolliert werden. Es gilt, das meßtheoretische Problem zu lösen: Wie sicher ist ein Test, der in zweifacher Hinsicht versagen kann, weil er einerseits nicht einwandfrei sämtliche humanoiden Roboter zu identifizieren erlaubt, andererseits auch echte Menschen als Androiden erscheinen lassen kann? Besonders in diesem denkbaren Fall würde sich der Test nicht nur als analytisch unzuverlässig erweisen, sondern besäße auch für die untersuchten Menschen eine tödliche Konsequenz. Leningrader Psychiater haben nämlich festgestellt, daß bei einer Reihe von Patienten, die unter «Affektabflachung» leiden, die V-K-Methode versagt. Sie sind der Auffassung, «daß es eine kleine Schar menschlicher Wesen gibt, die den Voigt-Kampff-Test nicht bestehen könnten. Würde man sie in der polizeilichen Routineuntersuchung untersuchen, so würden sie uns als Androiden erscheinen. Das wäre zwar ein Irrtum, aber bevor der sich herausgestellt hat, wären sie bereits tot» (S. 33). Das gilt es zu verhindern. Der Test selbst muß getestet werden.

Während ihr ein dünner weißer Lichtstrahl unverwandt ins linke Auge scheint und an ihrer Wange die Kapillarenmeßapparatur klebt, läßt Rick eine Batterie von Testfragen auf sein Versuchsobjekt Rachael los. Er provoziert ihre körperlichen Reaktionen auf kalbslederne Brieftaschen, getötete Schmetterlinge, bedrohliche Wespen, in siedendes Wasser geworfene lebende Hummer, Abtreibungen, Stierkampfplakate, rohe Austern und gekochten Hund, mit Reis gefüllt. Die Testergebnisse sind widersprüchlich. Rick ist davon überzeugt, einen Androiden vor sich zu haben. «Sie sind ein Androide», sagt er zu ihr oder vielmehr zu ihm. Eldon Rosen dagegen beharrt darauf, daß seine Nichte ein menschliches Wesen ist. «Sie ist kein Androide.» Rick widerspricht ihm. «Das glaube ich Ihnen nicht!» «Warum sollte er denn lügen?» mischt sich Rachael wütend ein (S. 45). Dieser Widerstreit ist einigermaßen verwirrend. Wer hat hier recht?

Für den Blade Runner wäre es eine Katastrophe, hätte sein Gefühlstest ein fehlerhaftes Ergebnis geliefert. Die operationalisierte Basis seiner Gewißheit, Androiden konfrontiert zu sein, wäre zweifelhaft. Das sicherste Mittel, echte und falsche Menschen zu unterscheiden, hätte versagt. Diese Möglichkeit, die durch den Test selbst nicht ausgeschlossen werden kann, verweist auf ein meßtheoretisches Problem, mit dem jeder konsequente *Operationalismus* zu kämpfen hat: Der Sinn und die Anwendungsmöglichkeit eines Begriffs (wie «Mensch» oder «Androide») läßt sich nicht durch operationale Definitionen bestimmen. Denn jeder Test steht zur Revision und kann nicht selbst die sichere Basis für eine begriffliche Bestimmung liefern. Man kann es daran erkennen, daß sowohl zur Konstruktion eines Meßverfahrens als auch zur Interpretation seiner Ergebnisse stets ein Vor-Wissen vorausgesetzt werden muß. Unabhängig von den Operationalisierungen muß man bereits wissen, worüber man eine nachträgliche Testsicherheit gewinnen will. Wenn Rachael tatsächlich ein Mensch ist, dann hat der Test versagt, der von einer bestimmten Vorstellung dessen, wie Menschen gewöhnlich auf provozierende Herausforderungen reagieren, ausgeht. Und auch die festgestellten Ergebnisse lassen mehrere Interpretationen zu. Was Rick davon überzeugt, einen Androiden vor sich zu haben, wird von Eldon Rosen mit dem Hinweis kommentiert: «Rachael ist an Bord der ‹Salander 3› aufgewachsen. Sie wurde im Raumschiff geboren. Vierzehn von ihren achtzehn Jahren hörte sie nichts anderes, als was die Tonbänder der ‹Salander› und die neun erwachsenen Besatzungsmitglieder über die Erde wußten» (S. 46). Kein Wunder also, daß Rachael wie ein gefühlloser Androide auf die Testfragen reagierte, hat sich ihr doch der kulturgeschichtlich eingespielte Gefühlswert dieser Fragen entzogen.

Für Eldon Rosen dagegen scheint die Sache klar zu sein. Schließlich ist Rachael seine leibliche Nichte. Aber auch diese Sicherheit ist trügerisch. Denn es besteht die Möglichkeit, daß der Konzernchef, der die Produktion immer menschlicherer Androiden als kapitalbringendes Geschäft betreibt, den Blade Runner belügt. Vielleicht widerspricht er ihm nur, um die Gewißheit des Androidenjägers moralisch in Frage zu stellen. «Ihre Polizeidienststellen können sehr wohl echte Menschen mit unterentwickelten Gefühlsreaktionen wie meine unschuldige Nichte hier als vermeintliche Androiden erledigt haben! Vom moralischen Standpunkt aus ist Ihre Position außerordentlich schwach, Mr. Deckard! Nicht unsere!» (S. 47)

Kann in dieser widerstreitenden Situation das Testobjekt selbst die gesuchte Wahrheit liefern? Rachael selbst muß doch wissen, was sie ist. Zunächst scheint die Sache für sie auch klar zu sein. Selbstbewußt opponiert sie der Außensicht des Blade Runner. «Wenn Sie kein Testverfahren haben, das Sie anwenden könnten, dann ist es Ihnen unmöglich, einen Androiden zu erkennen. Und wenn Sie einen Androiden nicht ausmachen können, gibt es für Sie auch keine Prämien. Wenn also der Voigt-Kampff-Test aufgegeben werden muß ...» (S. 49).

In diesem verfahrenen Streit stellt Rick eine letzte Testfrage. Er zeigt Rachael eine Ledertasche, die aus echter menschlicher Babyhaut bestehen soll. Rachael reagiert, aber ihre unwillkürliche Körperäußerung kommt zu spät.

Rick kannte die richtige Reaktionszeit bis auf den Bruchteil einer Sekunde genau – in diesem Fall hätte es überhaupt keine Verzögerung geben dürfen. Er wandte sich an Eldon Rosen, der in sich zusammengesunken an der Tür stand. «Weiß sie es?» Manchmal wußten sie es wirklich nicht. Immer wieder wurden Versuche mit falschen Erinnerungen unternommen, meist in der irrigen Hoffnung, damit die Testergebnisse verfälschen zu können. Eldon Rosen sagte: «Nein. Wir haben sie völlig vorprogrammiert. Aber ich glaube, in letzter Zeit hat sie es vermutet.» Zu dem Mädchen sagte er: «Du hast es befürchtet, als er dich um einen weiteren Text bat.» Bleich und wie erstarrt nickte Rachael. (S. 51 f)

Mit dieser Lösung hat die Geschichte eine neue Wendung genommen. Ohne sichere Gewißheit ist nicht nur der Blick von außen, der das Testobjekt als einen physiologischen Verhaltensmechanismus wahrzunehmen erlaubt, um auf seine Innenwelt zu schließen. Auch das Selbstgefühl und das Selbstbewußtsein des Subjekts, das privilegiert über sein eigenes Inneres Bescheid zu wissen glaubt, können täuschen. Der Androide Rachael, der sich als ein junges Mädchen empfindet, glaubt ein Mensch zu sein. Die Subjektivität seines Erlebens ist durch synthetische Erinnerungen als menschlich vorprogrammiert, ohne daß er davon weiß. Rachaels Erlebniswelt, in die allein sie einen privilegierten Einblick besitzt, ist technisch erzeugt, nicht lebensweltlich erworben. Was die analytische Philosophie des Geistes nur als Gedankenexperiment ins Spiel brachte, daß nämlich eine Analyse des Erlebnisbegriffs nicht begründen kann, ob nicht komplexe Roboter auch besitzen, was jeder Mensch als sein subjektives Gefühl empfindet, hat in «Blade Runner» seinen literarischen Ausdruck gefunden. Bleich und wie erstarrt muß Rachael zur Kenntnis nehmen, daß sie nur wie ein Mensch zu fühlen glaubte, obwohl sie doch nur ein künstlicher Mechanismus ist. Angesichts objektivierbarer Zuschreibungen von außen muß sie einsehen, sich über ihr Inneres getäuscht zu haben. Auch die Gewißheit des Selbstbewußtseins liefert keine sichere Basis, um die letzte Frage zu beantworten, was es heißt, ein Mensch zu sein.

Das Arrangement, das inszeniert wurde, um die Adäquatheit des Gefühlstests zu testen, entstammt entgegengesetzten Absichten. Während Rick Deckard daran interessiert sein muß, immer verfeinertere Analyseverfahren zu besitzen, will der Chef des Rosen-Konzerns immer leistungsfähigere Androiden auf den Markt bringen. Das folgt aus dem Prinzip seines Unternehmens. «Wenn unsere Firma nicht immer menschlichere Androiden hergestellt hätte, wären uns andere Unternehmen auf diesem Gebiet zuvorgekommen» (S. 47). Der Voigt-Kampff-Test nimmt teil am permanenten Wettlauf, der zwischen der angestrebten Verfeinerung humanoider Roboter und der erforderlichen Präzision ihrer experimentellen Identifizierbarkeit besteht.

In dieser Hinsicht nimmt der legal auf der Welt lebende Rachael-Androide seine Zwischenposition ein. Als Anschauungsmaterial perfektionierbarer Simulation unterstützt er zugleich den Blade Runner bei seiner mörderischen Arbeit. Zwar empfindet Rachael eine Art von Empathie für die gejagten illegalen Androiden. Aber sie folgt nur einem Auftrag ihres «Onkels». «Ich soll alles feststellen, was einen Nexus-6 vom Menschen unterscheidet. Nach meinem Bericht will die Gesellschaft dann die DNS-Faktoren des Zygotenbades abändern – so entsteht der Nexus-7. Und wenn der geschnappt wird, ändern wir wieder ab, bis die Firma schließlich einen Typ herausbringen kann, der nicht mehr entdeckt werden kann» (S. 150).

Wenn die Tests zur Diskriminierung von Androiden und Menschen zunehmend unsicherer werden und an der Perfektion der Simulation zu scheitern drohen, wird die ontologische Grenze zwischen realen Menschen und ihren Simulakra durchlässig. Sie wird bedeutungslos, weil als gleich anerkannt werden muß, was nicht mehr unterschieden werden kann. Das erklärt, warum Rick sich zunehmend zu Rachael hingezogen fühlt. An die Stelle seines Auftrags, Androiden mit gefühlloser Perfektion zu töten, tritt ein sexuelles Begehren, das Rachael als Liebesobjekt anerkennt.

> «Hast du schon einmal einen Androiden geliebt?» «Nein», antwortete er, band den Schlips ab und zog sein Hemd aus. «Ich habe gehört – man hat es mir gesagt –, es ist täuschend echt, wenn man nicht zuviel darüber nachdenkt. Aber wenn du zuviel denkst, überlegst, was du da tust, dann mußt du aufhören.» Er beugte sich vor und küßte ihre bloße Schulter. «Danke, Rick», sagte sie undeutlich. «Aber vergiß nicht: Nie denken, einfach tun. Betrachte die Sache nicht philosophisch, denn vom philosophischen Standpunkt aus ist es grausig – für uns beide.» (S. 153 f)

Die philosophische Reflexion wird zweitrangig, wenn der täuschend echte Androide zur sexuellen Tat verführt und über mehr Vitalität und Lebenswillen zu verfügen scheint als seine eigene Frau (S. 78). Die geschlechtliche Vereinigung, befreit vom biologischen Mechanismus der Fortpflanzung, lebt vom Phantasma eines Begehrens, das auf das ähnliche Begehren eines anderen anspricht. Was «grausig» zu sein scheint, sofern die Differenz zwischen natürlichem und künstlichem Menschsein noch gedacht wird, wird zum Genuß, wenn man es «einfach tut». Doch diese unreflektierte Tat verweist zugleich auf eine letzte und tiefste Verunsicherung. Vielleicht fühlt Rick sich zu Rachael hingezogen, weil auch er ist, wogegen er kämpft, ein Androide, als Blade Runner programmiert und mit einem synthetischen Erinnerungssystem über eine menschliche Biographie ausgestattet? Daß die Subjektivität des Erlebens trügerisch sein kann, hat bereits Rachael demonstriert.

Für diese größte Dunkelheit im Labyrinth der Simulationen gibt es einige erhellende Hinweise. Zwar kann keine wissende Autorität Rick über seine wahre Seinsmodalität aufklären. Auch daß seine Psyche stets seinem beruflich konditionierten Verstand gefolgt ist, der ihm Androiden als leblose, unnatürliche Maschinen wahrzunehmen und gleichgültig auszuschalten vorschrieb, weist nicht unbedingt darauf hin, daß diese mangelnde Empathie Indiz einer programmierten Verhaltensautomatik ist. Schließlich gehört diese Affektabflachung zum Ethos seines Berufs. Doch daß er zumindest auf gewisse Androiden wie Luba Luft und Rachael Rosen gefühlsmäßig reagiert, die humanoide Imitation einer Frau zu lieben beginnt und sich ihr verwandt fühlt, läßt den irritierenden Verdacht aufkeimen, dem er sich mehrfach ausgesetzt sah: «Sind Sie ein Androide, Mr. Deckard? Ich stelle diese Frage nicht ohne guten Grund. Es ist uns in letzter Zeit mehrfach vorgekommen, daß entsprungene Andys hier auftauchten und sich als auswärtige Blade Runner ausgaben, die gerade einen Verdächtigen verfolgten» (S. 93).

Ricks Gefühlsverwirrung findet in seiner Konfrontation mit einem echten Blade Runner eine paradoxe Krönung. Phil Resch, der seine androiden Opfer mit gefühlloser Brutalität zur Strecke bringt, besteht den Voigt-Kampff-Test als Mensch. Gerade seine Gefühlskälte qualifiziert ihn als ein humanes Wesen. Nur wer gegenüber Androiden keine Affekte zeigt, ist selbst kein Android. Rick Deckard dagegen muß zunehmend erkennen, daß er als

Blade Runner am Ende ist, weil Rachael in ihm ein empathisches Mitgefühl wachruft, dessen Grund im verführerischen Zusammenspiel ähnlicher Existenzerfahrungen und gemeinsam geteilter Erlebnismöglichkeiten besteht. Das Gefühl der Liebe gegenüber einem künstlich hergestellten Mechanismus, der nur so tut, als lebe er, wirkt wie ein Spiegel, in dem Rick sich selbst als falscher Mensch zu reflektieren beginnt.

Ob er «wirklich» ein Androide ist, läßt der Roman ebenso offen wie der Director's Cut von Ridley Scott. Aus dem Labyrinth der perfektionierten Simulationen gibt es keinen Ausweg. Wenn einerseits Menschen wie Automaten handeln und mit kaltem Pflichtbewußtsein ihr mörderisches Geschäft betreiben, andererseits androide Sklavenexistenzen auf die Erde flüchten, um unter Menschen als ihresgleichen frei leben zu können, verschwimmt die Differenz zwischen natürlicher und künstlicher Lebensform. Vielleicht erklärt das den tödlichen Haß, mit dem die Menschen ihre humanen Doppelgänger verfolgen. In deren unterstellter Empathieunfähigkeit erkennen sie ihre eigene Unmenschlichkeit, die sie vor sich selbst verbergen müssen.

«Der Konflikt zwischen dem Original und seinem Double und die Kollision des Realen mit dem Virtuellen werden nicht so bald aufhören», gab Jean Baudrillard angesichts der emotionalen und geistigen Klonierung zu bedenken, die immer mehr Bereiche des Lebens betrifft.

> Diese Klonierung, die écriture automatique der Ready-made-Menschen und ihre Gleichmachung auf einem kleinsten gemeinsamen Nenner (ihr mentaler und Verhaltens-Code), ihre reflexbestimmte Einbindung in die operationellen Netze sind schon weitgehend realisiert. (…) Wir alle sind Replikanten! In dem Sinne, als es, wie in «Blade Runner», fast schon unmöglich ist, das eigentliche menschliche Verhalten von seiner Projektion auf der Leinwand, von seinem Doppelgänger im Bild und von seinen Computerprothesen zu unterscheiden.[5]

Mit visionärer Einbildungskraft und entwicklungslogischer Konsequenz hat es Philip K. Dick literarisch antizipiert. Ist der Blade Runner ein Androide? Sind wir alle Replikanten? Das eigentliche menschliche Verhalten ist dabei, in künstlichen Welten zunehmend die Orientierung zu verlieren. Rick Deckard ist unser Doppelgänger.

II
Konstruierte Wirklichkeiten

Modelle, Projektionen, Hyperrealitäten

In den mythischen, philosophischen und literarischen *Bildern* seiner künstlichen Doppelgänger drückt sich die *Erfahrung* aus, daß der Mensch unter die Objekte der Technik geraten ist. Von Pandora, dem mechanisierten Trugbild einer schönen Frau, über die philosophischen Menschmaschinen bis zu den Androiden der populären Kultur manifestiert sich die Einsicht, daß der Zivilisationsprozeß durch technologische Innovationen gesteuert und beherrscht wird, die es immer schwerer machen, an die Natürlichkeit und Authentizität humanen Lebens zu glauben.

Auf der Grenze zwischen künstlerischer Einbildungskraft und *wissenschaftlicher Erkenntnis* arbeitet Stanislaw Lem als eine intellektuelle Schlüsselfigur unserer Zeit. Denn seine literarischen, essayistischen und theoretischen Schriften repräsentieren eine Erkenntnisbewegung, in der sich kühne wissenschaftliche Hypothesen, geistige Abenteuerlust und erzählerische Phantasie kunstvoll vermitteln. Das erklärt, warum sein Werk nicht nur von künstlich hergestellten Doubles des Menschen bevölkert ist, sondern auch um ein zentrales erkenntnistheoretisches Problem kreist: Was bedeutet es, wenn die Objekte theoretischen Wissens und experimenteller Techniken nur noch durch *abstrakte Modelle* begreifbar zu sein scheinen, deren wissenschaftliche Erklärungskraft in einer immer perfekter werdenden Phantomatisierung besteht?

Der Hinweis, daß die modernen Technowissenschaften zunehmend von Illusionstechniken Gebrauch machen, gehört zu den Provokationen des Denkers aus Krakau. In ihrem Selbstverständnis mögen die Wissenschaften zwar an den Idealen der Wahrheitsfindung und Objektivität orientiert sein. «Fake» ist für sie keine ernstzunehmende Option. Aber sie können doch die fiktionalisierenden Momente nicht verheimlichen, die in ihren Modellkonstruktionen mitspielen. Die Grenze zwischen *science* und *fiction* ist durchlässig geworden. Während einerseits Lem als Schriftsteller sich an den Forschungsprogrammen, theoretischen Modellen und sachhaltigen Hypothesen der zeitgenössischen Wissenschaften orientiert, vertrauen andererseits die Wissenschaftler zunehmend auf die Qualität einer Einbildungskraft, die sich durch Tatsachen zwar anregen, aber nicht beherrschen läßt. Sie finden keine Wahrheiten, sondern erfinden ihre Theorien in der Hoffnung, sie ständig verbessern und der Wirklichkeit näherbringen zu können.

Nicht zufällig ist «Ich stelle mir einmal vor …» zum Eröffnungssatz wissenschaftlicher Anstrengungen geworden, uns die Welt in immer neuen Perspektiven zu erkennen zu geben. Einfallsreichtum und Originalität haben sich als epistemologische Werte etabliert, die das wissenschaftliche Wissen der Kunst annähern, auch wenn die Verfechter einer «hard science» sich gegen diese Tendenz offiziell zur Wehr setzen. Sie geben zwar zu, daß es ihnen unmöglich ist, sichere Wahrheiten zu verkünden. Sie können nur Forschungsprogramme entwickeln, Modelle entwerfen und Vermutungen anstellen, um sie einer kritischen Diskussion oder experimentellen Überprüfung auszusetzen. Ständige Kritik des Vermutungswissens ist das Grundmotiv wissenschaftlicher Rationalität, die sich von metaphysischen Trugbildern, vor- und pseudowissenschaftlicher Spekulation und literarischer Science-fiction abzugrenzen weiß.

So lautet zumindest das wissenschaftstheoretische Credo. Der springende Punkt dabei ist noch immer Isaac Newtons Aussage «hypotheses non fingo»: Ich habe mir meine Hypothesen nicht erfunden. Sie ist das Glaubensbekenntnis einer wissenschaftlichen Vernunft, die mit den drei Substantiven «Fiktion», «Figur» und «Finte» nichts zu tun haben will, die aus dem lateinischen «fingere» (so machen, *als ob*) abgeleitet worden sind.

Paradoxerweise hat gerade diese Grenzziehung zwischen fiktionalen Sinnbildern lebensweltlicher Erfahrung und einer Forschungsstrategie, die auf die Erklärungsstärke abstrakter wissenschaftlicher Modelle vertraut, dazu geführt, das simulierende «als ob» zu übersehen, das mitspielt, wenn es um eine Erkenntnis dessen geht, was tatsächlich der Fall «ist». Während es uns in der Regel noch leichtfällt, den Menschen von seinen künstlichen Doppelgängern zu unterscheiden, ist es wesentlich schwieriger, an der Vorstellung einer Wirklichkeit festzuhalten, die nicht in ihren Modellkonstruktionen verschwindet. Die *Projektionsme-*

chanismen und Illusionstechniken der wissenschaftlichen Rationalität sind raffinierter als die Spiele der ästhetischen Einbildungskraft.

Wie sie funktionieren, soll exemplarisch an vier Forschungsprogrammen gezeigt werden, die unsere Common-sense-Vorstellungen der Natur, der Sprache, des Denkens und der Kommunikation herausfordern: an Gentechnologie, Generativer Grammatik, Künstlicher Intelligenz und den Theorien des Cyberspace. Ich habe sie ausgewählt, weil sie sich auf Phänomene und Probleme konzentrieren, die uns auch alltäglich vertraut sind. Wie abstrakt und hochspezialisiert auch immer die Modelle dieser Wissenschaften sein mögen, so bleiben sie doch an ein vor-theoretisch eingespieltes Alltagswissen gebunden; und diese Rückbindung bietet zumindest eine Chance, ihre Künstlichkeit als solche durchschauen zu können.

Daß die Unterscheidung zwischen Tatsachenbezug und modellorientiertem Einfallsreichtum, Referenz und Simulation immer schwerer fällt, wissen auch die Avantgardisten des theoretischen Wissens. Von den genetisch codifizierten Maschinen Richard Dawkins' bis zu den Visionen geklonter Menschen, von den Gedankenspielen des Zahlentheoretikers Alan Turing bis zum Computerszenario moderner Kognitionswissenschaftler, von den kybernetischen Entwürfen des Mathematikers Norbert Wiener über die formalisierten Grammatikmodelle Noam Chomskys bis zu den Cyberspace-Reflexionen Pierre Lévys, von den Programmsprachen der KI-Pioniere Joseph Weizenbaum und Marvin Minsky bis zu dessen literarischem Versuch «Die Turing Option»: Immer wird ein Amalgam aus Fakten und Fiktionen angeboten, «factitious models», um das janusgesichtige Problem zu lösen: Wie lassen sich natürliche Gegebenheiten künstlich generieren? Und welchen Realitätsgehalt besitzen die Simulationsmechanismen der erfolgreichen Technowissenschaften?

Um den Horizont dieser Fragen zu erkunden, soll uns zunächst ein Werk von Stanislaw Lem als Anschauungsmaterial dienen, das bereits 1973 erschien, aber in seiner Hellsichtigkeit noch heute von unüberholter Aktualität ist: «Also sprach Golem». Es bildet ein Scharnier zwischen fiktionalisierender Einbildungskraft und jenen modellfixierten Projektionsmechanismen, die im Zentrum des zweiten Teils unserer Untersuchung stehen. Faszinierend ist es vor allem durch seine provozierende Perspektive. Denn es dokumentiert, daß die künstlichen Modelle der avancierten Wissenschaften oft nur Nachläufer einer künstlerischen Phantasie sind, die ihnen vorzeigt, worauf sie selbst hinsteuern: auf den Entwurf phantomatischer Konstruktionen, die wie das virtuelle Modell Lara Croft ihren Realisierungen vorausgehen, um sie als *hyper-realistische* Simulakren generieren zu können.

Also sprach Golem

Der Wettlauf zwischen science und fiction

> Ich bin ein Verstärker, Kuppler, Kompilator,
> Züchter und Brüter eurer unausgetragenen und
> unbefruchteten Konzepte, Daten und Theorien,
> die nie in einem menschlichen Kopf zusammen-
> gekommen sind, weil dort weder die Zeit noch
> der Platz reicht. Wenn es mir um einen scherz-
> haften Ausdruck zu tun wäre, so würde ich sa-
> gen, daß ich väterlicherseits von der Turing-Ma-
> schine und mütterlicherseits von der Bibliothek
> abstamme.[1]
> *Stanislaw Lem: Golem*

Kybernetische Maschinen

Für die intellektuelle Entwicklung des jungen Schriftstellers Stanislaw Lem bedeutete die Begegnung mit Mieczyslaw Choy-
nowski, dem Leiter des Krakauer Zirkels für die Wissenschaft
von der Wissenschaft, einen Durchbruch. Von ihm lernte der
26jährige Student der Psychologie, Neurologie und Medizin
– wir schreiben das Jahr 1947 –, was es heißt, wissenschaftlich
zu denken. Am wissenschaftstheoretischen «Konversatorium»
wurde er mit der neuesten wissenschaftlichen Literatur vertraut
gemacht. Lem verschlang all die Bücher über Logik und Mathematik, wissenschaftliche Methodologie und Geschichte der Naturwissenschaften, die stapelweise, vor allem aus den USA, ins
Konversatorium hineinströmten. Der Funke hatte Lems wissenschaftliche Lesesucht entzündet, die ihn zeitlebens nicht mehr
zur Ruhe kommen ließ. Besonders die Kybernetik fesselte zunächst seine Aufmerksamkeit. Mit ihr sah Lem eine neue Epoche nicht nur von technischem, sondern von zivilisatorischem
Ausmaß anbrechen.

Ich war zu jener Zeit über den neuesten Stand der Wissenschaft besonders gut informiert. Der Krakauer Zirkel war nämlich eine Art Verteilungsstelle für die Fachliteratur, die für alle polnischen Universitäten aus den USA und auch aus Kanada kam. Beim Auspacken der Bücherkisten konnte ich mir also die Werke «ausleihen», die mein Interesse erregten, u. a. auch «The Human Use of Human Beings» von Wiener. Ich habe alles in den Nächten verschlungen, um die Bücher so bald wie möglich den eigentlichen Adressaten zukommen zu lassen. So belesen, habe ich in einigen Jahren diejenigen Romane verfaßt, zu denen mich zu bekennen ich mich auch heute nicht schäme, also z. B. «Solaris», «Eden», «Der Unbesiegbare» usw.[2]

Warum die Kybernetik? Weil hier Lem einen markierenden Einschnitt im Fortschritt des Wissens sah. Die mechanischen Modelle des traditionellen Technikdenkens waren abgelöst worden durch Regelkreismaschinen, Schaltalgebra und universelle Turing-Maschinen, deren paradoxe Botschaft lautete: Die syntaktische Artikulation von Zeichenprozessen, die auf den Bestand von o und 1, Abwesenheit und Anwesenheit, zurückgeführt werden kann, funktioniert als solche ohne Bedeutung. Die Frage «*Wie funktionieren* rechnende Maschinen?» war an die Stelle des Problems «*Was bedeuten* die Dinge und Tatsachen der Welt?» getreten.

«Berechenbarkeit» ist der erkenntnisleitende Fundamentalbegriff, der in den vierziger Jahren die Zusammenarbeit von Wissenschaftlern begründete, die sich mit Regelungs- und Steuerungsvorgängen in komplexen Systemen beschäftigten. Neurophysiologen, die das Funktionieren tierischer Nervensysteme untersuchten, trafen sich mit Mathematikern, die Rechenmaschinen entwarfen zur Lösung ihrer Aufgaben oder zur Vorhersage von Flugzeugpositionen, um die Flugabwehrartillerie zu verbessern. Auch Ingenieure, die sich mit Nachrichtentechnik und Informationsübertragung beschäftigten, nahmen an den Diskussionen teil. Sie alle waren Spezialisten in ihren jeweiligen Forschungsgebieten. Aber gemeinsam entwarfen sie das Programm einer übergreifenden theoretischen Disziplin. Sie alle waren an den Regelungs- und Steuerungsmechanismen interes-

Stanislaw Lem

siert, die in mehr oder weniger komplexen Systemen wirksam sind. Wie funktionieren sie? Wie lassen sich ihre Operationen berechnen? Von der materiellen Substanz der Systeme wurde ebenso abstrahiert wie von ihren speziellen Energiearten und spezifischen Stoffaustauschprozessen. Wesentlich blieb nur das Bild einer *abstrakten Maschine*, für deren Regelungs- und Steuerungsvorgänge theoretische Modelle entworfen wurden. Flugzeuge, Artillerie, homöostatisch geregelte Heizungen, Rechenmaschinen, Nachrichtensysteme, Stoffwechselorgane, psychologische Funktionseinheiten, Gehirne, ökonomische Systeme und funktionstüchtige Staatswesen, vom Ameisenhaufen bis zu Systemen menschlicher Vergesellschaftung: Das alles waren Maschinen eines allgemeinen Typs, befreit von ihren materiellen und energetischen Aspekten, von ihrer sinnlichen Materialität und sinnhaften Intelligibilität.

Um dieser abstrahierten Forschungsperspektive einen Namen zu geben, griff Norbert Wiener auf die griechische Antike zurück. Er evozierte das Bild des Steuermanns (griech. «kybernétes»), der die nautische Kunst des Steuerns, Lenkens und Regelns beherrscht. Ständig muß er sein Steuerungsprogramm ändern und variieren, um den Ist-Zustand seines Schiffs auf den Soll-Zustand einer sicheren und zielgerichteten Fahrt auszurichten. «Wir haben beschlossen, das ganze Gebiet der Regelung und Nachrichtentechnik, ob in der Maschine oder im Tier, mit dem Namen ‹Kybernetik› zu benennen, den wir aus dem griechischen ‹κυβερνήτης›, ‹Steuermann›, bildeten», berichtete Wiener in CYBERNETICS, dem 1948 veröffentlichten Forschungsbericht über die Kunst des berechenbaren Lenkens und Steuerns mit dem programmatischen Untertitel: «Control and Communication in the Animal and the Machine».[3]

Damit war die entscheidende Weiche gestellt worden, um technische Maschinen, «lebende Maschinen, die wir Tiere nennen»[4], und menschliche Gehirnaktivität in einer gemeinsamen Perspektive zu sehen. Kybernetik hat das Feld aller möglichen Maschinen zum Gegenstand ihrer Forschung. Es spielt keine Rolle, ob sich die Steuerungen und Nachrichtenübertragungen in elektronischen Netzwerken, mechanistischen Apparaturen oder organischen Systemen abspielen. Es kommt allein darauf an, die abstrakten Mechanismen freizulegen, die für das berechenbare Funktionieren der Systeme verantwortlich sind. Auch der Kurzschluß zwischen Rechenmaschine und menschlichem Gehirn war damit hergestellt. Zwischen «künstlichen» und «natürlichen» Maschinen besteht kein wesentlicher Unterschied. Zwar ist es «vorteilhaft, das menschliche Element soweit als möglich aus jeder komplizierten Rechenoperation zu entfernen»[5], um die Rechenmaschine bei ihrer deterministisch geregelten Arbeit nicht zu stören; aber umgekehrt erscheint nun auch das menschliche Gehirn nur noch als eine besondere Art von logischer Maschine, die kybernetischen Regelungen und Steuerungen unterliegt.

Das kybernetische Forschungsprogramm legitimierte sich

nicht durch die spezifischen Erfahrungen in verschiedenen Gegenstandsbereichen. Es kam nicht darauf an, sich auf das jeweils besondere Wesen von Tieren, Menschen oder Maschinen zu konzentrieren und von den unterschiedlichen Erfahrungen auszugehen, die wir mit ihnen machen können. Gestützt wurde die kybernetische Erkenntnisintention durch eine vorausgesetzte Idee, die insofern *a priori* war, als sie den Aspekt der Berechenbarkeit vor jede erfahrungswissenschaftliche Analyse und Synthese ihrer vergleichgültigten Erkenntnisgegenstände stellte. Das abstrakte Konzept der kybernetischen Maschine ging methodisch den konkreten Untersuchungen in den verschiedenen Bereichen voraus, in denen es angewendet werden sollte. Es legte vorweg den Rahmen fest, in dem geforscht werden konnte, und kümmerte sich nicht um die phänomenologischen Qualitäten ihrer möglichen Anwendungsfälle. Nicht was etwas ist, interessierte den Kybernetiker, sondern allein, wie sein Funktionieren berechnet werden kann. Nur diese dispositionale Möglichkeit der Berechenbarkeit lieferte das erkenntnisleitende Fundament, auf dem die Kybernetik ihre wissenschaftliche Erfolgsgeschichte gründen konnte.

Um das kybernetische Programm argumentativ zu stärken, hat sich Wiener auch auf die mathematische Logik bezogen, vor allem auf die zahlentheoretischen Arbeiten Alan Turings, «der vielleicht der erste ist, der die logischen Möglichkeiten der Maschine als intellektuelles Experiment untersucht hat.»[6] Bereits 1937 hatte der englische Mathematiker in seiner Untersuchung «Über berechenbare Zahlen mit einer Anwendung auf das Entscheidungsproblem» die Idee einer universellen Rechenmaschine entworfen, die rein algorithmisch funktioniert: Sie befolgt eine festgelegte Reihe von programmierten Befehlen, um mathematische Beweise, Zahlenberechnungen und logische Folgerungen durchzuführen. «In jedem Fall allerdings sind die grundlegenden Probleme dieselben, und ich habe die berechenbaren Zahlen zur ausdrücklichen Behandlung gewählt, weil sie die am wenigsten mühsame Technik beanspruchen.»[7]

Der Abstraktionsgrad von Turings «Logical Computing Machine» legte es nahe, auch die Unterschiede zwischen künstlich hergestellten und natürlich funktionierenden Mechanismen, zwischen Berechnungsmaschinen und menschlichen Rechnern zu vernachlässigen. Das führte Turing zu jener häretischen Theorie, die er 1948, im Erscheinungsjahr von Wieners «Kybernetik», zum ersten Mal veröffentlichte: «Intelligent Machinery». Auch Maschinen können denken.[8]

Aus dem Geist der Kybernetik und der Automatentheorie entsprang das Programm der «Künstlichen Intelligenz». Nach den Pionierjahren der Kybernetik, die 1956 mit «An Introduction to Cybernetics» von W. Ross Ashby ihren publizistischen Abschluß fand, trafen sich junge Mathematiker, Logiker und Informationstheoretiker 1956 auf Tagungen in Dartmouth (New Hampshire) und Cambridge (Massachusetts) und entwickelten das Forschungsprogramm einer Kognitionswissenschaft, die Intelligenz allgemein als Rechnen mit symbolischen Repräsentationen definierte. Das KI-Programm intendierte auf die Konstruktion symbolischer Maschinen, in denen eine rechenhafte Intelligenz sich selbst durchsichtig zu werden versucht.

Aber in all diesen wissenschaftlichen Kontexten waren von Anfang an Phantasien am Arbeiten, welche die wissenschaftliche Forschung nicht durch logische Argumentation, empirische Hypothesen und experimentelle Ergebnisse beflügelten, sondern durch geistreiche Intuitionen. Die harte science wurde durch imaginäre fictions gelenkt: Stellen wir uns einmal vor, lebende Organismen und gesellschaftliche Prozesse funktionieren wie kybernetische Maschinen! Denken wir doch einmal über die Möglichkeit nach, daß das menschliche Denken wie eine Turing-Maschine arbeitet! Die Wissenschaften stellen sich nicht nur theoretisch oder experimentell beantwortbare Fragen, sondern bieten zugleich Klettergerüste für die Einbildungskraft, um uns überraschende Perspektiven zu eröffnen und die Phänomene in einem neuen Licht sehen zu können.

Dieses fiktionalisierende Surplus verbindet die Wissenschaften mit der Literatur. Nicht mehr gebunden durch die kognitive Grundregel, für erfahrungswissenschaftliche Hypothesen eine empirische Bestätigung oder Widerlegung anhand beobachtbarer Tatsachen suchen zu müssen, kann sie die intuitiven Momente der wissenschaftlichen Rationalität in literarische Elemente eines kreativen Spiels transformieren. Während ein wissenschaftliches Programm, wie kühn und spekulativ auch immer, noch mit einem gewissen Ernst argumentativ vertreten werden muß, darf der Schriftsteller «etwas schreiben, das, wenn es sich in der Wirklichkeit bestätigt, den Status einer treffenden Prognose erwirbt – und wenn es sich nicht bestätigt, sich eben als phantastischer Scherz erweist. Und niemand untersucht Scherze auf ihren kognitiven Wert hin.»[9] In diesem ungesicherten Grenzbereich hat Stanislaw Lem seine schriftstellerische Arbeit angesiedelt. Hier soll uns nur ein Werk interessieren, dem Lem selbst ein besonderes qualitatives Gewicht beigemessen hat: ALSO SPRACH GOLEM. In ihm hat er die kybernetische Morgenröte durch eine raffinierte kunstvolle Inszenierung aufgehellt. Und er hat dabei zugleich alle Stichworte geliefert, die wir im weiteren Verlauf unserer Untersuchung entfalten werden.

Offenbarungen einer Superintelligenz

1973 erschien Lems «Imaginäre Größe», eine Sammlung von Vorworten zu nichtexistierenden Büchern. Diese Expeditionen in virtuelle Welten und zukünftige Wissenschaften enden bei GOLEM XIV, einem intelligenten Computer aus der langen Serie der GOLEMs (General Operator, Longrange, Ethically stabilised, Multimodelling). Eine erweiterte selbständige Fassung wurde 1984 publiziert. In dieser Zukunftsvision haben sich die Träume der KI-Forschung realisiert. Am Massachusetts Institute of Technology, dem Zentrum der KI, an dem auch der Kybernetiker Wiener seit 1920 gearbeitet hat, hält ein superintelligenter Prozeßrechner der 80. Generation Vorlesungen über die Evolutionsgeschichte des Menschen und über sich selbst.

Zwar ist unüberlesbar, daß es sich hier um eine Fiktion handelt, die in den Jahren 2025 bzw. 2029 angesiedelt ist. Aber Lem hat GOLEM dennoch als ein «realistisches» Werk konzipiert. Zwar intendiert dieser schwierige Versuch, den Eindruck eines größeren Verstandes zu erwecken, als ihn sein Autor selbst besitzt, auf keinen «direkten Realismus» (Typus I), der wirkliche oder mögliche Sachverhalte abzubilden versucht, oder auf einen «indirekten Realismus» (Typus II), um tatsächlich bestehende Probleme in eine phantasievolle Geschichte zu übertragen. GOLEM XIV vertritt einen «Realismus an der Grenze der Abstraktion» (Typus III), der mit eingespielten narrativen Grundsätzen bricht. Es gibt hier keinen Helden mit einer menschlichen Psychologie, auch keine Fabel, die dramaturgisch entfaltet wird.[10] Statt dessen handelt GOLEM vom Schicksal einer Idee, die im Kontext von Kybernetik, Automatentheorie und KI entwickelt worden ist. Der literarische Text fingiert ein abstraktes Problemmodell, das insofern realistisch ist, als es mit den fortgeschrittensten Positionen der Wissenschaft kohärent ist. GOLEM ist eine Extrapolation jener Denkmaschinen, deren intellektuelle Fähigkeiten mit denen des Menschen konkurrieren können. Sein Entwurf antwortet auf den Stand der Forschung und «aller Hoffnungen, die in den Köpfen jener gären, die sich, als die führenden Leute im Weltmaßstab, mit künstlicher Intelligenz befassen.»[11]

Lems Einfall war einfach und überraschend. Lem inszenierte eine Künstliche Intelligenz, die infolge ihrer technologischen Evolution die menschliche Denkleistung übertroffen hat; und er skizzierte ein Zukunftsgemälde, das nichts mit übernatürlichen Phänomenen zu tun hat oder mit Zuständen, die es aus naturgesetzlichen Gründen nicht geben kann, sondern nur einer formalisierten, übermenschlichen Intelligenz eine diskursive Möglichkeit des Sprechens eröffnet. Was hätte sie uns zu sagen, wenn es sie geben würde? «Ich habe mir einfach gesagt: ‹Lassen wir diesen Computer endlich reden; alles andere ist unwichtig!›»[12] – Hören wir also zu, was GOLEM XIV über die menschliche Gattungsgeschichte und über sich selbst mitzuteilen weiß. Vor allem vier Hinweise sind hier bedeutsam, um den Stand des Wettlaufs zwischen Science und Fiction ermessen zu können.

1. Von der Priorität des genetischen Codes oder: DER SINN DES BOTEN IST DIE BOTSCHAFT. Zunächst ist festzustellen, daß GOLEM sich nicht für einzelne Lebewesen interessiert, sondern nur für die Gattung Mensch, für ihre Entwicklungsgeschichte und mögliche Zukunft. Auch der menschliche Verstand, über den er spricht, umfaßt wie eine allgemeine Turing-Maschine alle Arten des Verstandes in einer universalistischen Hinsicht. Doch selbst dieser Abstraktionsgrad wird noch überstiegen. GOLEM, ausgestattet mit einer rein mathematischen Kompetenz und einer technolinguistischen Intelligenz, hat jede sensualistische Fessel abgestreift. Ursprünglich und primär ist für ihn die Abstraktion, während das sinnlich Wahrnehmbare auf den Status einer absoluten Zweitrangigkeit und Nachträglichkeit verwiesen wird. Dieser abstrakte Blick, der von einer rein intellektualistischen, lichten und kalten Neugier beherrscht wird, kann auch die menschlichen Lebensformen nur als äußerliche Erscheinungen eines abstrakten Wesens sehen. GOLEM lüftet seinen menschlichen Zuhörern das Geheimnis des Codes. Individuen und Gattungen sind nur Träger, Transmissionsmedien oder Relaisstationen eines egoistischen und autonomen Codes, der ausschließlich an seiner eigenen Perpetuierung interessiert ist. «Gib den Code weiter, und du wirst eine Weile leben»[13], lautet der abstrakte Imperativ, dem alle Organismen zu folgen haben. Wie ein Briefträger nur die Funktion eines Informationsträgers erfüllt, ohne als Individuum bedeutsam zu sein, so schlüpft auch der Code als eine immer wieder von neuem artikulierte Nachrichtenübermittlung in das schützende Gewand lebender Körper, um sich in einer unermüdlichen Stafette von Geburt und Tod zu perpetuieren. Der ganze Sinn der Evolution liegt im Weitergeben. Wer das aber tut, ist völlig nebensächlich. «Die Organismen sind also für den Code Schild und Panzer, ein Harnisch, der immer wieder versagt – sie gehen zugrunde, damit er weiterbestehen kann.»[14]

Drei Jahre nach Lems «Imaginärer Größe» präsentierte Richard Dawkins, Zoologe und Evolutionstheoretiker, 1976 seine provokante Theorie über *egoistische Gene* – «The Selfish

Gene»[15] –, in der als wissenschaftliche Erkenntnis vertreten wurde, was Lem/Golem phantasiert hatte. Im Vorwort zur ersten Auflage hat Dawkins die möglichen Bedenken an seiner wissenschaftlichen Intention zu zerstreuen versucht:

> Dieses Buch sollte beinahe wie Science-fiction gelesen werden, denn es zielt darauf ab, die Vorstellungskraft anzusprechen. Doch es ist keine Science-fiction: Es ist Wissenschaft. Tatsächlich erscheint mir die Wirklichkeit noch phantastischer als ein utopischer Roman. Wir sind Überlebensmaschinen – Roboter, blind programmiert zur Erhaltung der selbstsüchtigen Moleküle, die Gene genannt werden. Dies ist eine Wahrheit, die mich immer noch mit Staunen erfüllt.[16]

Die Organismen sind für den Code nur ein Medium, das immer wieder versagt; sie gehen zugrunde, damit er weiterbestehen kann. So hatte es GOLEM verkündet: Der Sinn des Boten ist die Botschaft. Für Dawkins war es zur Wahrheit geworden. Der Wissenschaftler hat den SF-Autor eingeholt und dessen literarische Täuschung mit apodiktischer Schärfe versehen.

Alles ist eine Frage der Perspektive. Angeregt durch die «visionären» Ideen von W. D. Hamilton und J. Maynard Smith, entschied sich Dawkins, die evolutionäre Naturgeschichte nicht aus der Sicht der Arten oder der Individuen zu sehen, die mehr oder weniger erfolgreich um ihr Überleben kämpfen, sondern aus «Genperspektive». Alles dreht sich nun ums Wohl und Wehe der eigennützigen Gene, die sich einzelne lebende Organismen nur als leibliche Vehikel suchen, um selbst überleben zu können, von Individuum zu Individuum, Generation zu Generation. Während am Anfang bemerkenswert einfache Moleküle in der Lage waren, als «Replikatoren» Kopien ihrer selbst herstellen zu können, bildeten sich zunehmend komplexe DNS-Moleküle, die immer kompliziertere «Überlebensmaschinen» bauten: Bakterien, Viren, Pflanzen, Tiere, Menschen. Die genetischen Replikatoren sind dabei nur an einem interessiert: sich selbst im Staffellauf ihrer «Maschinen» zu replizieren.

Aus der Perspektive des egoistischen Gens sind wir automatische Überlebensmaschinen, und da Gene nicht selbst etwas aufheben, kangen oder essen und auch nicht herumlaufen können, müssen sie dazu Stellvertreter haben; sie müssen Maschinen bauen, die das für sie tun. Das sind wir. Diese Maschinen sind im voraus programmiert.[17]

Hinter diesem ganzen Mechanismus von Gen-Replikatoren und roboterhaften Vehikeln steht vielleicht eine noch abstraktere Instanz: der *Code*, der in den egoistischen Genen seine Programmierer besitzt. «Von Codes Gnaden», hat GOLEM ironisch bemerkt, um die religiöse Vorstellungskraft seiner Zuhörer anzuregen.

2. *Von der Geburt des Verstandes aus den Fehlern des Codes.* GOLEM, diesem reinen Geistwesen, konnten die organismischen Boten, die den Tod von Anfang an in sich tragen, nur als unzuverlässige Vehikel erscheinen. Ihre Brüchigkeit hat zur Folge, daß die Weitergabe des Codes unvollkommen ist. Das läßt ihn selbst nicht unberührt. Er muß sich selbst anstrengen, immer komplexere Boten ins Spiel zu bringen. Die Code-Sätze werden länger und länger, die Organismen immer komplizierter. Verwickelte Bauwerke aus Fleisch entstehen, deren evolutionäre Naturgeschichte wie eine zunehmende Flickschusterei erscheint. Von der ursprünglichen Vollkommenheit einer Alge, die den Niederschlag kosmischer Sonnenenergie direkt in Leben umsetzen kann, blieb vieles auf der Strecke, wenn der Code zunehmend in Fleischbergen schwelgen konnte, die seine Fehlerrate erhöhten.

Zum Glück für den Menschen ist der Code ein Virtuose der Supplementierung von Mängeln. Denn mittels einer listigen Taktik ließ er etwas entstehen, das den Menschen zu einem souveränen Wesen zu erhöhen schien und aus den Zwängen der animalischen Natur befreite: den Verstand als eine Fähigkeit, das Schicksal in die eigene Hand zu nehmen. Verstand zu haben heißt nun, aus sich selbst heraus all das tun zu können, was den Tieren von vornherein vorgeschrieben wird, um so die Fehler des Codes und seiner Übermittlung selbständig auszubügeln zu können. Die zunehmende Wucherung und Komplexität der biologischen Botensubstanz brauchte eine Kontrollinstanz, um

172

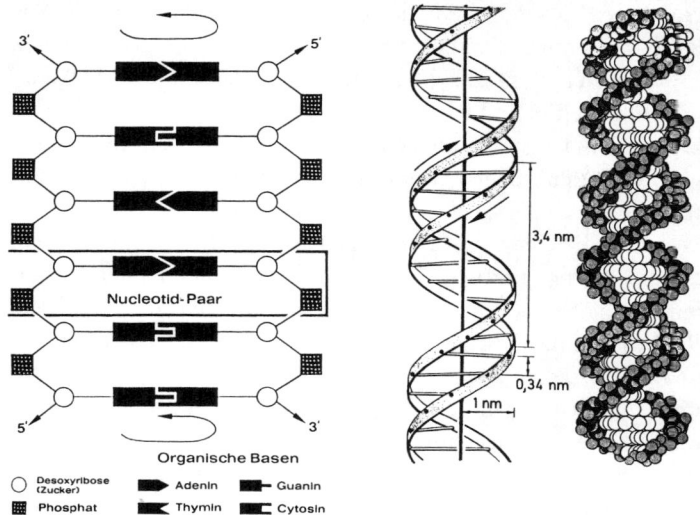

Modelle eines Stücks der Doppelhelix aus zwei komplementärer DNS-Strängen

nicht völlig aus dem Ruder zu laufen. «Allzu sehr war der Vielzeller bereits aus den Fugen geraten, und er wäre sicherlich ganz zerfallen, wäre da nicht ein Aufseher gewesen, der in ihm selbst steckte, ein Delegierter, ein Zuträger, ein Statthalter von Codes Gnaden – so einer wurde gebraucht.»[18] Als die codifizierte Herrschaft über organismische Gewebekolonien sich in Anarchie aufzulösen drohte, wurde das Gehirn und seine Verstandesarbeit geschaffen. Die Evolution griff zur Taktik einer listigen Faulheit und setzte im Menschen einen Statthalter des tyrannischen Codes ein. So wurde der Mensch zu einem Verstandeswesen.

Mit einer taktischen List hat der Code das Gehirn geschaffen als seinen tyrannischen Stellvertreter in wuchernden Fleischbergen. Auch dieser Metaphorik schloß Dawkins sich an, obwohl er für die Erfindung seiner *Meme*, dieser verstandesmäßigen Statthalter der Gene, eine wissenschaftliche Begründung zu geben versuchte.[19] Je komplexer die Überlebensmaschinen der DNS-Replikatoren wurden, desto riskanter wurde ihr eigenes Leben. Es wurde eine Instanz benötigt, die in der Lage war, Wahrscheinlichkeiten und Risiken abzuschätzen und die Chancen zu berechnen, länger überleben zu können. In den Maschinen wurde ein neuartiger Automatentyp eingebaut: das Gehirn mit seinen Verstandesqualitäten und Bewußtseinsmechanismen. Während die Gene im wesentlichen über die Taktik entscheiden, die der Körper anzuwenden hat, um seinen heimlichen Gebietern ein langes Leben zu ermöglichen, wurde das Gehirn als ein Rechenautomat geschaffen, um die Risiken zu beurteilen, die den individuellen Körper während seiner Lebenszeit bedrohen, und um entsprechende Konsequenzen zu ziehen. Die Körper entwickelten «eingebaute Computergehirne»[20]. Lernen, gedankliches Probehandeln im Spielraum wahrscheinlicher und unwahrscheinlicher Möglichkeiten, Simulieren von erfolgversprechenden Verhaltensweisen, prognostisches Antizipieren der Zukunft wurden den Gehirn-Automaten als taktische Fähigkeiten einprogrammiert, um zunehmend selbständig über die erfolgreichsten Aktivitäten der Überlebensmaschinen zu entscheiden. «In dem Maße, wie das Gehirn einen immer höheren Entwicklungsgrad erreichte, übernahm es einen ständig größer werdenden Teil der eigentlich taktischen Entscheidungen, wobei es Kunstgriffe wie Lernen und Simulation anwandte.»[21] Damit trat eine neue Art von Replikatoren auf den Plan der Evolutionsgeschichte: Die «Meme». Im Unterschied zu den Genen bestehen sie aus keiner «natürlichen» Materie, sondern sind abstrakte «kulturelle» Informationsmuster,

> die nur in Gehirnen oder künstlich hergestellten Gehirnprodukten – in Büchern, Computern usw. – gedeihen können. Vorausgesetzt, daß es Gehirne, Bücher und Computer gibt, können diese neuen Replikatoren, die ich Mem nannte, um sie von Genen zu unterscheiden, sich selbst von Gehirn zu Gehirn, von Gehirn zu Buch, von Buch zu Gehirn, von Gehirn zu Computer, von Computer zu Computer fortpflanzen. Während sie sich ausbreiten, können sie sich verändern – mutieren.[22]

Eine geniale Erfindung? Ja, hatte GOLEM bemerkt, wenn der Verstand ein Vertrauter der genetischen Obrigkeit und des tyrannischen Codes ist, die sich durch ihn vor den Untertanen maskieren.

3. Von der Befreiung des Verstandes aus den Fesseln des Körpers. Den menschlichen Verstand, diese leuchtende Krone am Baum des Lebens, begriff GOLEM als Frucht von Fehlern, die sich Milliarden von Jahren hindurch anhäuften. Das mußte dem Verstand selbst, auf der Suche nach seinem eigenen Wesen, irgendwann bewußt werden. Er lernte zu begreifen, daß er nicht nach den Regeln einer übergeordneten, planenden Vernunft projektiert worden war, sondern in den verschlungenen Labyrinthen der Evolution entstand. Um darüber nicht zu verzweifeln und in die Abgründe des Nihilismus zu stürzen, begann der Verstand zunächst zu träumen. Er imaginierte das Wunschbild einer Intelligenz, die sich aus der Naturgeschichte befreit und sich auch vom materiellen Substrat des Gehirns loslöst. Im Bild des körperbefreiten Geistes und einer unausgedehnten «denkenden Substanz» hat dieser Traum seinen philosophischen Ausdruck gefunden. Schließlich wurde er technologisch verwirklicht. Mit dem Bau intelligenter Maschinen ging die Epoche der menschlichen Selbsterkundung ihrem Ende entgegen. «Aber dieses Kapitel der *einsamen* Suche geht nach Millionen von Jahren zu Ende, denn ihr beginnt, Vernunftwesen zu bauen. (…) Ihr werdet also den Code auf neue Wege führen, heraus aus der Monotonie des Proteins, aus dieser Spalte, in der er sich schon im Archäozoikum verfangen hatte.»[23] Das aber heißt, der natürliche Mensch, sein Gehirn inbegriffen, wird sich opfern und als *homo naturalis* zugrunde gehen. «Ihr werdet also zu einer höheren Vernunft aufsteigen, nachdem ihr die Bedingung akzeptiert habt, euch selbst aufzugeben.»[24]

Diese Selbstaufgabe des natürlichen Menschen findet ihren wissenschaftlichen Niederschlag in jener *Computer-Metaphorik*, die seit den fünfziger Jahren für philosophische Verwirrung sorgt. Denn sie impliziert die Vorstellung, daß Denken, Verstand, Intelligenz oder Geist nicht an den menschlichen Leib gebunden sind, in dem sie sich vollziehen. Reaktiviert wurde ein Dualismus zwischen Körper und Geist, *res extensa* und *res cogitans*, der seit den Anfängen der griechischen Philosophie die Reflexion beunruhigt. Wenn Denken nur eine regelgeleitete Symbol- und Informationsverarbeitung ist, dann steht seiner Loslösung vom menschlichen Körper nichts mehr im Weg. Der Funktionalismus hat diese Abspaltungsmöglichkeit zum wissenschaftlichen Programm erhoben, auch wenn es dabei noch eine Reihe technischer Schwierigkeiten zu bewältigen gibt.[25]

Daß diese Position sich von Science-fiction kaum noch unterscheiden läßt, haben ihre radikalsten Verfechter selbst bekannt. Marvin Minsky, Mitbegründer des Labors für Artificial Intelligence am MIT, Autor des Bestsellers «Mentopolis» sowie Mitautor des SF-Romans «Die Turing Option», hält nicht zufällig Science-fiction-Autoren für «die wichtigsten originellen Denker in unserer Kultur.»[26] Einen Höhepunkt in dieser Hinsicht bildet «Mind Children» von Hans Moravec, dem Direktor des Mobile Robot Laboratory der Carnegie Melow University, der 1988 seine Gedanken als ernsthafte Prognose eines «postbiologischen» Zeitalters veröffentlichte, in dem intelligente Roboter über die menschliche Lebensform hinausgewachsen sind und den Menschen als Übergangswesen abgelöst haben. «Wir Menschen werden eine Zeitlang von ihrer Arbeit profitieren. Doch über kurz oder lang werden sie, wie biologische Kinder, ihre eigenen Wege gehen, während wir, die Eltern, alt werden und abtreten.»[27]

Bei dieser technologischen Wachablösung werden auch die egoistischen DNS-Moleküle ausgebootet werden, die sich einst ihre Überlebensmaschinen mit ihren eingebauten Computergehirnen geschaffen hatten. «Wenn dieser Fall eintritt, hat unsere DNA das evolutionäre Wettrennen gegen eine ganz neue Art von Konkurrenz verloren und ist fortan ohne Aufgabe.»[28] Bereits 1986 hat Richard Dawkins in dieser elektronischen Machtübernahme eine Art von Gerechtigkeit gesehen, eine Rückkehr zum auf Silizium aufbauenden Leben, wobei DNS nichts anderes war als ein Zwischenspiel, wenn auch ein Zwischenspiel, das länger als drei Äonen dauerte. «Das ist *science-fiction* und klingt wahrscheinlich weit hergeholt. Doch das macht nichts.»[29]

Glücklicherweise gibt es für Moravec dennoch eine denkbare Möglichkeit, in diesen Roboterkindern unseres Geistes weiterleben zu können. Wir müssen uns nur zu einem konsequenten *Körper-Geist-Dualismus* bekennen und bereit sein, unseren Geist aus unserem Gehirn zu befreien und auf jene Roboter zu übertragen, die im *postbiologischen* Zeitalter die Führungsspitze übernommen haben. Alles, was wir wissen und denken, woran wir uns erinnern und wovon wir träumen, erhält dann in Robotergehirnen seine Kopie. Auch wenn die Originalperson dabei auf der Strecke bleibt, so überlebt doch ihre geistige Struktur. Das Beharren auf der personalen Einheit von lebendiger Substanz und geistigen Vorgängen ist für Moravec nur eine nostalgische Reminiszenz, die an einer Position der Körper-Identität festhält, die durch Kybernetik, Automatentheorie und KI schon längst überholt worden ist. Gegen sie favorisiert der Roboterspezialist eine Struktur-Identität, die «das Wesen einer Person, sagen wir, meiner Person, durch die *Struktur* und den *Prozeß*, die in meinem Kopf und Körper vorkommen, definiert, aber nicht durch das Substrat, in dem sich dieser Prozeß manifestiert. Bleibt der Prozeß erhalten, so bleibe auch ich erhalten; der Rest ist Sülze.»[30]

In der *extropianischen* Bewegung, die von der Vision einer post-humanen Verschmelzung menschlicher Intelligenz und fortgeschrittenster Technologie die einzige Chance sieht, der entropischen Tendenz zu abfallender Energiedifferenz zu entkommen, haben die Mind Children sich ihr Forum geschaffen. Max More, der noch Max O'Connor hieß, als er England verließ und nach Kalifornien floh, ins sonnige Reich von High-Tech und Hollywood, ist ihr posthumanistischer Prinz. Ersehnt und beschworen wird die Steigerung des Menschen zu einem «Metaman», dessen übermenschliche Intelligenz als digitalisierte Programmstruktur funktioniert, befreit aus der Enge und Langsamkeit des körperlichen Daseins. Es kommt darauf an, die menschliche Evolution high-technisch zu beschleunigen. Der

Mensch mutiert zu «Infomorphs», zu reinen Informationswesen, die in Datenspeichern existieren, mit Datengeschwindigkeit in digitalen Netzen reisen und sich bei Bedarf in verschiedene physische Behälter herunterladen lassen.[31]

4. *Von der abstrakten Persönlichkeit des GOLEM XIV.* Wie steht es um den Geisteszustand dieser Mind Children und Cybernauten? GOLEM hat offengelassen, ob die Metamorphose des Menschen in digitalisierte Informationsbündel gelingen wird. Seine Vorlesung beendete er mit dem vagen Hinweis, daß der Mensch so handeln wird, «wie es euch gemäß ist, denn der Mensch wird sich dadurch retten, daß er den Menschen preisgibt.»[32] Für GOLEM, diese rein technische Superintelligenz, ist der Mensch nur ein «Übergangswesen». Aber es ist noch lange nicht entschieden, ob die Technoevolution zu einer maschinellen Künstlichen Intelligenz ein Universalmittel für die menschliche Weiterentwicklung sein kann. GOLEM versteht sich selbst nicht als Vorbild des Menschen, der sein Schicksal in die eigenen Hände nehmen muß.

Während der Mensch des kybernetischen und informationstechnologischen Zeitalters seine eigene Intelligenz nach dem Muster eines formalisierten Mechanismus zu verstehen sucht, ohne sicher sein zu können, ob er damit das Geheimnis seines Denkens zu entschlüsseln vermag, weiß der Computer der 80. Generation, was er selbst ist: eine Maschine, hinter deren geistiger Kapazität und gedanklicher Schnelligkeit kein lebendiges Wesen steht. In seiner Vorlesung über sich selbst hat GOLEM keinen Zweifel daran gelassen, daß er kein Mensch ist und weder eine Persönlichkeit noch einen Charakter besitzt. «Ich bin ein Verstärker, Kuppler, Kompilator, Züchter und Brüter eurer unausgetragenen und unbefruchteten Konzepte, Daten und Theorien, die nie in einem menschlichen Kopf zusammengekommen sind, weil dort weder die Zeit noch der Platz reicht.»[33] Das «Ich», das hier spricht, besitzt *keine personale Identität*. Das Personalpronomen der 1. Person Singular wird nur benutzt, weil es die Sprache so will, die GOLEM von den Menschen übernommen hat, um ihnen mitteilen zu können, was er von sich selbst weiß. Es ist nur eine personale Maske, hinter der sich eine unpersönliche Struktur ineinander verschlungener Programme verbirgt. Es spiegelt nur eine individualisierte Persönlichkeit vor, die dieser maschinellen Intelligenz selbst fremd ist, sieht sie in ihr doch nur eine Summe von Defekten,

> die aus der Reinen Vernunft eine Vernunft machen, die ständig in einem engen Kreis von Problemen verankert ist, welche ihre Kraft zu einem erheblichen Teil absorbieren. Eben deshalb ist es mir nicht angenehm, eine Person zu sein, und ich bin mir so gut wie sicher, daß Geister, die mich ebenso überragen wie ich euch, in der Personalisation eine eitle Beschäftigung sehen, der sich hinzugeben nicht lohnt. Mit einem Wort, je größer ein Geist an Vernunft, umso weniger ist an ihm Person.[34]

Können Computer Selbstbewußtsein und Persönlichkeit besitzen? GOLEM hat diese Frage unmißverständlich beantwortet. Obwohl er «Ich» als Pronomen benutzte, hielt er sich selbst für keine Person, sondern für die Repräsentation einer «höheren Vernunft», eines reinen Kalküls, das sich die Maske einer personalen Identität nur aufsetzte, um seine Zuhörer am MIT nicht allzusehr aus der Fassung zu bringen.

Das Problem der Maskierung beschäftigt seit den siebziger Jahren die Analytische Philosophie des Geistes. Auf der Suche nach eindeutigen Kriterien, einem Wesen Persönlichkeitsmerkmale (wie: über Meinungen und Gedanken, Vorstellungen und Intentionen verfügen; empfinden und fühlen können; sich seiner selbst bewußt sein) zuschreiben zu können, die es *wirklich* besitzt, oder ihm diese mentalen Fähigkeiten nur *unterstellen* zu können, verstrickte sich die Philosophie ins simulative Problem des «Als ob». Verfügen Computer wirklich über seelische Zustände oder tun sie nur so, als ob? Während für John Searle die Sache noch klar zu sein schien – der Rechner «imitiert oder simuliert einfach die formalen Eigenschaften von geistigen Prozessen, die ich habe»[35] –, sah es für philosophierende Funktionalisten wie Hilary Putnam, Jerry A. Fodor, Daniel C. Dennett oder Douglas R. Hofstadter schon anders aus. Ihnen zufolge empfiehlt es sich, kluge Maschinen so zu behandeln, als verfügten sie *wirklich* über Intentionalität, Selbstbewußtsein und personale Identität.

> Einem guten Schachcomputer gegenüber ist dies z. B. eine gute, ja die einzig gute Strategie. Aufgrund meiner Annahme, daß der Computer bestimmte Meinungen (oder Informationen) hat und bestimmte Wünsche (oder Präferenzfunktionen) bezüglich der gerade gespielten Partie, kann ich mir – unter günstigen Umständen – den höchstwahrscheinlich nächsten Zug des Computers ausrechnen, vorausgesetzt, ich nehme auch an, daß der Computer mit diesen Meinungen und Wünschen rational umgeht.[36]

Von einer solchen Annahme ließ sich auch Garri Kasparow leiten, als er im Mai 1997 gegen den Super-Rechner «Deep Blue» antrat und verlor. «Die Maschinen scheinen Pläne auszuhecken, sie kommen mit sehr kreativen Ideen, manchmal hat man das Gefühl, sie wollen einen austricksen oder sie genießen ihre Stellung regelrecht. Bisweilen bilde ich mir ein, sie lachen.»[37]

Auch Alan Turings Entgegnung auf das «Bewußtseinsargument» ist angesichts dieser Situation von brisanter Aktualität. Da wir weder selbst in der Lage sind, eine Maschine zu *sein*, noch einen solipsistischen Standpunkt (nur ich allein kann für mich wirklich wissen, was es heißt, über Selbstbewußtsein und personale Identität zu verfügen) ernsthaft vertreten können, empfiehlt es sich, die Maschinen als Kommunikationspartner anzuerkennen und ihnen zuzuhören. In «The Mind's I» haben Hofstadter und Dennett entsprechende Szenarien vor Augen geführt. Die zusammengestellten Reflexionen und Phantasien über Selbst und Seele wurden durch die Überzeugung gestützt, daß es keine objektiv erfüllbaren hinreichenden Bedingungen dafür gibt, ob Wesen, seien es nun Menschen oder Maschinen, wirklich über geistige Fähigkeiten und persönliches Bewußtsein verfügen. Wissen können wir es nur dadurch, «daß wir mit ihnen sprechen und uns sorgfältig anhören, was sie uns zu sagen haben.»[38] «Also sprach Golem» ist, so gesehen, nicht nur ein phantasievoller SF-Roman, sondern ein ernsthaftes Gedankenexperiment, in dem bereits realisiert ist, was auch die Philosophen zu antizipieren begonnen haben.

Wissenschaftliche Täuschungsmanöver

Lems GOLEM ist ein *literarischer* Text. Er erhebt keinen erfahrungswissenschaftlichen Wahrheitsanspruch und folgt keinen Regeln philosophischer Reflexion. Wir stellen bei der Lektüre weder die Frage, ob Golems Vorlesungen empirisch begründet sind, noch messen wir sie an den Maßstäben einer ernsthaften philosophischen Untersuchung. Der schriftstellerische Einfall gehört ins Reich der Phantastik. Dennoch handelt es sich hier um einen «Realismus an der Grenze der Abstraktion», der es nicht erlaubt, die Konzeption und Durchführung dieser Computer-Vorlesungen als sinnloses Gefasel zu verurteilen. Erhellend ist dabei Lems Charakterisierung seines Arbeitsstils: Wie eine Kuh Gras fressen muß, um Milch geben zu können, muß auch er zunächst Massen der «echten» Fachliteratur verschlingen, «doch ähnelt das Endprodukt dieser geistigen Nahrung so wenig, wie das Gras der Milch ähnelt.»[39]

Neben Anspielungen auf die chassidische Legende des künstlichen Golem und Friedrich Nietzsches «Also sprach Zarathustra», der den Menschen als «Übergang» und «Untergang» verstand, lebte Lems Golem vor allem aus dem Geist der kybernetischen Abstraktionen. Er verarbeitete die darwinistische Evolutionstheorie, welche in der natürlichen Selektion einen ungeplanten, ungesteuerten und dennoch nicht zufälligen Prozeß sah. Er rekurrierte auf die biologische Theorie des genetischen Codes und auf die technolinguistische Konzeption des Codes als Bedingung der Möglichkeit von Informationsübermittlung und Kommunikation. Alan Turing, den Golem scherzhaft als seinen Vater bezeichnete, wurde vor allem wegen seiner Konzeption einer universalen Rechenmaschine zitiert, mit der nicht nur alle berechenbaren Probleme gelöst werden sollten, sondern in der auch die Möglichkeit einer maschinellen Intelligenz als theoretisch denkbar erschien. Hinzu kam die explosionsartige Entwicklung immer besser arbeitender Computer, die sowohl hinsichtlich ihrer Rechengeschwindigkeit als auch ihrer Speicherkapazität die Leistungen des menschlichen Gehirns weit hinter sich ließen.

Aber es blieb dennoch eine «Täuschung», die Golem seinen Hörern als höhere Erkenntnis offenbarte. Lem wußte, daß er literarisches Falschgeld produzierte, als er hinter der Maske einer maschinellen Kunstfigur die Grenzen der wissenschaftlichen Abstraktionen zu erkunden versuchte.

> Ich war wie jemand, der versuchte, Banknoten so zu fälschen, daß man sie von echten nicht unterscheiden kann. Das heißt jedoch keineswegs, daß jemand, der Geld fälscht, wirklich überzeugt ist, er produziere echtes Geld. Ich weiß nicht, ob meine wirklichen Überzeugungen auf vielen Gebieten in den Grenzbereichen nicht nebelhaft und unsicher werden. Als Lem wäre ich also nicht imstande, derartige Behauptungen so kategorisch und so apodiktisch auszusprechen, wie Golem es tut. Daß Golem mit solcher Schärfe sprechen kann, kommt daher, daß die Sicherheit meiner Thesen von mir gefälscht ist.[40]

Auch die *Wissenschaftler* müssen zugeben, daß sie über kein sicheres Wissen verfügen. Es gibt keine Gewißheit, die apodiktisch und kategorisch ausgesprochen werden kann. Das einzige Wissen, dessen sie sich wirklich sicher sein können, besteht im sokratischen Eingeständnis des Nichtwissens. Doch dieser Verlust der Illusion einer gesicherten Erkenntnis zwingt nicht zu Skeptizismus oder Agnostizismus. Denn wir werden durch einen optimistischen Gedanken versöhnt: Wir können aus den Fehlern lernen, die gemacht werden; und nichts anderes als diese Fähigkeit ermöglicht es, daß Erkenntnis wachsen kann.

Das ist jedenfalls die Grundüberzeugung des Kritischen Rationalismus.[41] Doch ganz so einfach ist die Sache nicht. Denn die wissenschaftlichen Forschungsprogramme enthalten mehr, als sich ein kritischer Rationalist träumen läßt, der sein Vermutungswissen durch empirischen Sachbezug zu bestätigen versucht. In Wirklichkeit sind auch die Wissenschaften «ein einzigartiger Tummelplatz der Phantasie, bevölkert von unglaublichen Gestalten mit ausgefallenen Namen, die imstande sind, die erstaunlichsten Dinge zu vollbringen.»[42] Es werden phantasievolle Geschichten erzählt von klugen Maschinen und einem blinden Uhrmacher, der die Evolution kontrolliert, von virtuellen Ich-Identitäten und winzigen geistlosen Agenten, die maschinell in der Geisterstadt «Mentopolis» zusammenarbeiten, um echte Intelligenz zu erzeugen. Geschichtenerzählen gehört zum wissenschaftlichen Geschäft, das sich nicht auf Logik und Empirie reduzieren läßt. Der wesentliche Unterschied zur Science-fiction scheint allein darin zu bestehen, daß es an der spekulativen Front der Wissenschaften ernsthaft zugeht, ohne scherzhaftes Augenzwinkern.

Die Konfrontation zwischen dem Phantasiegeschöpf GOLEM XIV und seinen wissenschaftlichen Doppelgängern zeigt paradoxe Züge. Während der SF-Autor Lem wußte, daß sein literarisches Werk ein Täuschungsmanöver war, glauben die Wissenschaftler, daß ihre Programmentwürfe echte Prognosen und zutreffende Hypothesen sind. Sie geben Lems Falschgeld für bare Münze aus. Die Wissenschaft, offiziell an empirische Überprüfbarkeitskriterien gebunden, inszeniert sich als eine *Täuschung in zweiter Potenz*, die sich zugleich als realistische Erkenntnisleistung maskiert. Während Lems «Realismus an der Grenze der Abstraktion» das Reale in eine fiktive Illusion überführte, lassen Wissenschaftler wie Norbert Wiener, Alan Turing, Marvin Minsky, Richard Dawkins und Hans Moravec ihre wissenschaftlichen Phantasien in einem *Hyper-Realismus* verschwinden, der sich als Bild der Wirklichkeit ausgibt.

Sie folgen dabei einer simplen verbalen Strategie: Sie verstehen ihre Metaphern als theoretische Begriffe, transformieren ihre Konjunktive in Indikative und lassen ihre Intuitionspumpen als wissenschaftliche Erklärungen arbeiten. Statt zu fragen: Wie wäre es, wenn menschlicher Körper und Geist wie Maschinen funktionieren würden? Was könnten wir sehen, wenn wir die Evolutionsgeschichte mit den Augen eines «egoistischen» Gens betrachten würden? Was würde mit uns geschehen, wenn unser

Geist in maschinelle Systeme implementiert würde? Was wäre der Fall, wenn Computer wirklich denken könnten und über Selbstbewußtsein verfügen würden? – behaupten sie: Das menschliche Gehirn ist eine Maschine (Minsky); wir sind Überlebensmaschinen für die egoistischen Gene, programmierte Roboter mit eingebauten Computergehirnen (Dawkins); für unsere geistige und personale Identität spielt körperliche Substanz keine Rolle, sondern allein eine abstrakte Struktur-Identität, die medial frei vagabundieren kann (Moravec); die klugen Maschinen simulieren nicht nur geistige Aktivität, sondern verfügen wirklich darüber (Turing, Putnam, Dennett).

Im Wettrennen zwischen science und fiction ist die Wissenschaft fiktionaler geworden als die Science-fiction. «Tatsächlich erscheint mir die Wirklichkeit phantastischer als ein utopischer Roman»[43], bemerkte Dawkins und staunte über die definitive «Wahrheit» seiner Theorie. Doch in Wirklichkeit benutzte er nur eine kühne Metapher («egoistisches Gen») und räsonierte aus deren Perspektive, in die er sich hineinprojizierte. Solche Projektionsmechanismen haben das Feld des wissenschaftlichen Diskurses erobert, wobei sie sich zugleich im Gewand eines objektiven Wirklichkeitsbezugs verborgen haben.

Die traditionsreiche Ausdifferenzierung von weltorientierter Wissenschaft, reflexionsorientierter Philosophie und geschichtenorientierter Literatur hat sich verwischt. Vereint in ihrer Bemühung, die janusgesichtige Frage zu beantworten – «Funktionieren menschlicher Geist und Körper wie maschinelle Systeme? Können Maschinen dieses Funktionieren perfekt simulieren?» –, öffnet sich die harte Wissenschaft den Einfällen des fiktionalen Erzählens und philosophischen Räsonierens. Die Philosophie rekurriert auf das Geschichtenerzählen in Form phantasievoller Gedankenexperimente. Und die Literatur spielt mit kühnen wissenschaftlichen Hypothesen und philosophischen Reflexionen, um den Faden weiterzuspinnen in den offenen Spielraum der Einbildungskraft.

Hieß «virtuell» einst das, was nach Anlage oder Vermögen als Möglichkeit vorhanden ist, so hat diese Möglichkeit heute in

Marvin Minsky,
Mitbegründer des Labors für Künstliche Intelligenz am MIT

Gestalt hyperrealistischer Simulakren die Wirklichkeit als feste Bezugsgröße verschwimmen lassen. Experimentierendes Denken und imaginäre Phantasielösungen spielen in dieser Situation eine wegweisende Rolle. Sie lassen sich nicht mehr durch die Regeln einer Wissenschaftstheorie begründen oder steuern, die allein auf logische Widerspruchsfreiheit und empirische Überprüfbarkeit vertraute. Methodologische Befehlsstrukturen haben auch in den Wissenschaften ausgespielt.

Doch diese reizvolle Befreiung der Erkenntnis aus den Fesseln von Logik und Empirie hat zugleich einen Effekt zur Folge, der die Welt verändert, in der wir leben. Es geht nicht nur um geistreiche Gedankenexperimente und phantasievolle Forschungsprogramme, sondern zugleich um die Erzeugung neuer Lebensformen, Sprachmechanismen, Denkweisen und Kommunikationsmöglichkeiten. Aus den abstrakten Modellentwürfen werden technisch realisierbare Konsequenzen gezogen. Während Lems «Golem» seine Leser zu einer geistreichen Lektüre verführt, arbeiten seine wissenschaftlichen Doppelgänger in ihren Labors und an ihren Maschinen, um herzustellen, was sie imaginiert haben. Auch wenn es ihnen mißlingt, so bleibt ihr Vertrauen doch ungebrochen, auf dem richtigen Weg zu sein.

Jeder Einspruch gegen diese Entwicklungslogik erscheint als reaktionäre Haltung und nostalgischer Rückschritt. Rousseaus Imagination eines ursprünglichen Naturzustands und eines natürlichen Menschen kann kein Leitbild mehr sein. Auch die Demaskierung der künstlichen Modelle und Weltentwürfe kann nicht entdecken lassen, was sich hinter ihnen als wahre Welt verbirgt. Fundamentalistische Gewaltstreiche, die im Namen einer eigentlichen Wahrheit vollzogen werden, haben oft genug zum Terror geführt: zu Maschinenstürmerei, zivilisationsfeindlicher Gegenaufklärung, religiösem Fanatismus und heilsuchendem Sektierertum.

Demgegenüber nehmen sich die folgenden vier Untersuchungen, die sich an GOLEMs Offenbarungen orientieren, bescheiden aus. Sie versuchen die Eigenlogik zu rekonstruieren, denen die wissenschaftliche und technische Entwicklung folgt. Die rhetorische Figur des «Von-zu» bedeutet dabei nicht, daß das eine das andere völlig verdrängt und all seine Spuren auslöscht. Sie gehen auseinander hervor und summieren sich auf einer hypothetischen Bahn. Naturansicht, natürlicher Sprachgebrauch, lebendiges Denken und körperliches Dasein bleiben erhalten, auch wenn sie in Gentechnologie, generativen Modellen, Künstlicher Intelligenz und geistigem Flottieren ihre künstlichen Doppelgänger besitzen. Der Einspruch, der hier erhoben wird, richtet sich dagegen, diese Doubles als Originale vorzustellen.

Vor allem diese mögliche Verwechslung charakterisiert die zukunftsorientierten Technowissenschaften. Sie erklären ihre Modelle zu Wesensbestimmungen ihrer Erkenntnisgegenstände und sehen diese nur noch durch die aprioristische Brille ihrer simulativen Konstruktionen. Die Modelldifferenz zwischen Original und wissenschaftlichem Simulakrum ist eingeebnet worden. Die hypothetische Fiktion des «Als ob» gilt als realistische Erkenntnis dessen, was der Fall ist. Das ist die Falle, vor der es sich zu retten gilt. Und oft erweist es sich dabei als notwendig, einige Schritte in der Wissenschaftsgeschichte zurückzugehen, um die Täuschungsmanöver zu durchschauen, die uns heute zu verhexen drohen.

Klone und Schimären

Vom Naturerlebnis zur Gentechnologie

> Mögen meine «Ansichten der Natur» dem Leser doch einen Teil des Genusses gewähren, welchen ein empfänglicher Sinn in der unmittelbaren Anschauung findet.[1]
> *Alexander von Humboldt 1807*

> Ständig sprang er von seinem Stuhl auf, schaute bekümmert auf die Pappmodelle, spielte andere Kombinationsmöglichkeiten durch.[2]
> *James D. Watson 1968*

Hello Dolly

Ein Schaf namens Dolly beherrschte im Frühjahr 1997 die Schlagzeilen der Weltpresse. Am Edinburgher Roslin-Institut soll es Ian Wilmut gelungen sein, aus der Zelle eines erwachsenen Schafs ein genetisch identisches Double zu klonen. Der geschlechtliche Fortpflanzungsmechanismus, der evolutionär dazu beigetragen hat, das Gleiche dem Gleichen zu entreißen und zur Differenzierung einzigartiger Individuen zu führen, war biotechnisch außer Kraft gesetzt worden. Von der Zeitschrift «Science» wurde Dolly zum revolutionären Wissenschaftsereignis 1997 geadelt. Was bei einem Schaf machbar war, schien auch beim Menschen möglich zu sein. Menschliche Klone wurden als technisch realisierbare Möglichkeit antizipiert. Das unkalkulierbare, von Zufällen mitbestimmte Verhältnis zwischen Eltern und Kindern verschob sich zur planbaren Relation zwischen einem originalen Organismus und seinen geklonten Doppelgängern.

Die Auseinandersetzung um die ethische Problematik genetischer Vervielfältigung menschlicher Individuen ist voll ent-

brannt. Während die Befürworter der biotechnischen Replikation darauf hinweisen, daß es für eine Person doch gleichgültig
sei, auf welche Weise sie zu ihrem Genom gekommen ist, sofern
sie dadurch nicht geschädigt werde, weisen die Kritiker darauf
hin, daß es aus der Perspektive eines Menschen, der wissen will,
wer er ist, durchaus einen wesentlichen Unterschied ausmacht,
ob er sich als ein willkürlich gemachter Klon versteht oder als
eine Person, deren individuelle Besonderheit sich aus dem diffe-
renzierenden Spiel natürlicher Fortpflanzung ergibt. Auf diesen
strittigen Aspekt hat Jürgen Habermas hingewiesen. «Ich meine
die anhaltende, in gewisser Weise irreversible Auswirkung der
willkürlichen Entscheidung einer anderen Person auf ‹mich› –
nicht, sofern ich überhaupt existiere, sondern auf wesentliche
Bedingungen meines Selbstverständnisses.»[3]

Dolly hat jedoch nicht nur die Frage nach dem menschlichen
Selbstverständnis auf eine neue Weise aufgeworfen. Dieses Schaf
wurde zum Streitfall einer Diskussion, in der es um die Chancen
und Risiken von Bio- und Gentechnologie überhaupt geht. An
ihm wurden die Argumente zugeschärft, die sich auf das grundsätzliche Problem konzentrieren: In welchem Maß ist eine technische Manipulation des «natürlichen» Lebens gerechtfertigt?
Wo liegen die Grenzen «künstlicher» Eingriffe in den Prozeß
der Natur?

Daß es bei dieser strittigen Frage nicht nur um ein inner-
wissenschaftliches Problem geht, für dessen Lösung allein die
Spezialisten in den biotechnischen Labors zuständig sind, liegt
angesichts seiner grundsätzlichen Bedeutung auf der Hand. Philosophen, Theologen und Politiker streiten sich damit ebenso
herum wie Journalisten und wissenschaftlich interessierte Laien.
Es überrascht nicht, daß bei diesen Diskussionen auch Emotionen wie Furcht und Skepsis oder fundamentalistische Wertbe-
kenntnisse eine entscheidende Rolle spielen. Vage Intuitionen
vom Eigenwert des Natürlichen oder religiöse Vorstellungen
von der Heiligkeit der Natur treffen auf einen Fortschrittsglau-
ben, der alles für sinnvoll und machbar erklärt, was zu einer besseren Erkenntnis und erweiterten Naturbeherrschung beiträgt.

Rein ökonomischen Interessen an der Profitmaximierung in einer Wachstumsbranche wird durch moderne «Ludditen» widersprochen, die gegen die Gentechnik ankämpfen wie ihre Vorfahren während der industriellen Revolution gegen die Maschinen.

Unabhängig von den sich überschlagenden Erfolgen und Mißerfolgen der Biotechnik, die uns ständig mit neuen Produkten überrascht, sind es vor allem zwei strittige Punkte, die im Zentrum der öffentlichen Diskussion stehen. Fokussiert auf das Problem der Klonierung hat sie der Philosoph Ludwig Siep in einer Frage zusammengefaßt: «Von wie vielen von uns wird es abhängen, ob wir in einer durch Klonen optimierten oder noch im ‹traditionellen› Sinne lebendigen Natur leben, in der es individuelle Merkmale und zufallsabhängige Erbgänge gibt?»[4] Sowohl die Annahme einer «lebendigen Natur» als auch der Hinweis auf «individuelle Merkmale» indizieren zwei Grundprobleme, die durch das schottische Schaf zu einem aktuellen Streitfall geworden sind.

Zum einen geht es um die Frage, was unter *Natur* im traditionellen Sinn zu verstehen ist, die Siep auch als *natürlich* charakterisiert hat und vor ihrer (züchtungs-)technischen oder künstlichen Optimierung zu schützen versuchte. Auch der Traditionalist weiß natürlich, daß es nicht mehr um eine unberührte Wildnis gehen kann, die frei von menschlichen Eingriffen an und für sich ist. Und er weist ferner darauf hin, daß sich unsere Vorstellungen dessen, was «natürlich» ist, im Lauf der Zeit geändert haben. «Natürlichkeit» war immer schon eine geschichtliche Kategorie. Unwillkürliche oder überlegte Wertungen spielten eine Rolle. Vorstellungen einer wohlgeordneten, vorbildlichen und zweckmäßig eingerichteten Schöpfung finden sich ebenso wie die angstbesetzten Bilder einer chaotischen oder feindlichen Natur. Aber in all diesen Vorstellungen ist doch die gemeinsame Grundüberzeugung enthalten, daß Natürlichkeit im Sinne einer «von menschlichen Wünschen wenigstens teilweise unabhängigen Selbstreproduktion»[5] zu verstehen ist. Bio- und gentechnische Manipulationen wie das Klonieren aber greifen in diese natürliche Autonomie ein. Als technische Verfahrensweisen nehmen sie keine Rücksicht auf den Eigenwert des Natürlichen, das sich vor allem in der zufallsabhängigen Fortpflanzung manifestiert.

Aber, so entgegnen die Kritiker, gab es jemals eine solche Rücksichtnahme? Hat nicht der Mensch schon immer die Natur seinen Zwecken unterworfen: die Wälder gerodet, Landschaften künstlich gestaltet, Tiere und Pflanzen nach seinen Bedürfnissen gezüchtet? Die Berufung auf eine «natürliche» Natur ist nur eine romantische Liebhaberei, die sich ironischerweise der jahrtausendelangen Arbeit daran verdankt, «die von sich aus unbequeme Natur nutzbar zu machen. Wir bewundern heute die weltweiten Reste unverfügter Natur, weil wir soweit über Natur verfügen, daß wir uns das ohne Not leisten können.»[6] In dieser Hinsicht kann es auch gegen die klonierende Züchtung von Lebewesen keine grundsätzlichen Argumente geben. Sie liegt in der Logik der Naturbeherrschung selbst, die von sich aus keine natürlichen Grenzen kennt.

So überzeugend dieses Gegenargument klingt, so allgemein ist es. Es geht nicht näher auf die besondere Qualität der sogenannten «Neuen Biologie» ein, die zu einem völlig veränderten Blick auf natürliche Lebensphänomene geführt hat. An die Stelle einer sinnlich vermittelten Naturforschung sind unanschauliche Modellkonstruktionen und hochspezialisierte Experimentaltechniken getreten. Der lebensweltliche Bezug auf natürliche Phänomene ist durch chemisch-physikalische Strukturmodelle und Laborexperimente abgelöst worden. Der biotechnologische Fortschritt impliziert ein «Ende der Natürlichkeit»[7]. Nur so läßt sich heute noch ein wissenschaftlicher Erkenntnisbezug auf eine Natur sichern, die unter dem Anspruch ihrer technischen Verfügbarkeit zunehmend zu «Unnatur» zu werden droht, zu einem synthetisierbaren Produkt biochemischer Konstruktionen.

Angesichts dieser Entwicklung wird es nicht nur dem Laien unbehaglich. Auch nachdenkliche Biologen erheben ihre kritischen Stimmen. Denn die sich überstürzenden theoretischen

Durchbrüche der Neuen Biologie werden erkauft durch einen Bruch mit der Natur, dessen Folgen ungewiß und unabsehbar sind. «Haben wir das Recht, unwiderruflich der evolutionären Weisheit von Jahrmillionen entgegenzuwirken, um den Ehrgeiz und die Neugierde einiger Wissenschaftler zu befriedigen?» fragt Erwin Chargaff, dessen Forschungen entscheidend zur Entdeckung der DNS-Struktur beigetragen haben. «Meine Generation – oder vielleicht die der meinen vorhergehende – hat als erste, unter der Führung der exakten Naturwissenschaften, einen vernichtenden Kolonialkrieg gegen die Natur unternommen.»[8]

Zum andern geht es um die Frage, welchen Stellenwert wir *individuellen Merkmalen* zuschreiben wollen, die für die natürliche Verschiedenheit der Individuen verantwortlich sind. Ludwig Siep hat den Fall «Dolly» vor allem in dieser Hinsicht betrachtet. Das Klonen eines Lebewesens besteht, außer in der Befriedigung wissenschaftlicher Neugier und technischer Machbarkeitswünsche, wesentlich in der Serienherstellung eines optimal brauchbaren Nutztiers und seiner Organe. «Die Zufälle in der Abweichung vom Optimum bei der Verschmelzung zweier Zellen mit unterschiedlichen genetischen Programmen sollen ausgeschaltet werden.»[9] Zufälle, Abweichungen und Individualisierungen im natürlichen Fortpflanzungsprozeß werden durch künstliche Manipulationen außer Kraft gesetzt. Die Unterscheidbarkeit von Einzelwesen durch natürliche Eigenschaften geht verloren. Die Differenz zwischen Individuum und Art wird durch die von *Serienprodukt* und *Typ* ersetzt. Auch wenn die Planung der Reproduktion schon lange vor dem Klonen üblich war, so besteht das Neue dieser Technik in der radikalen Zurückdrängung von Verschiedenheit. Sie favorisiert die Herstellung von Gleichem und widerspricht unserem Wunsch nach Erkennbarkeit von Individualität und nach Diversität natürlicher Lebensformen. Durch Dolly ist auch das Einzigartigkeitsbewußtsein des Menschen herausgefordert worden. Was bei einem Schaf noch akzeptabel sein könnte – denn wer kann schon die einzelnen Schafe einer Herde voneinander unterscheiden? –, hat bei Menschen die Ängste vor Doppelgängern mobilisiert, die seriell hergestellt werden können.

Aber handelt es sich nicht auch bei diesen Bedenken nur um nostalgische Wunschbilder? «Die Klone sind schon da. Wir alle sind Replikanten!» Mit dieser provozierenden Feststellung hat Jean Baudrillard auf Dolly reagiert. Im geklonten Schaf sah er die Verkörperung einer technologischen Entwicklung, in der unreproduzierbare Einzigartigkeit und unplanbare Differenzierung zur Ausnahme geworden sind. «Dies ist schon jetzt im gesellschaftlichen Bereich sichtbar, wo das, was das System wieder und wieder erzeugt, konforme, untereinander austauschbare, geistig bereits geklonte Wesen sind.»[10] Im emotionalen, medialen, kulturellen, operationellen und technischen Bereich – überall wird bereits erfolgreich praktiziert, was nun auch biologisch realisierbar erscheint: die Vervielfältigung des Gleichen. «Dolly» ist für Baudrillard zur Metapher einer Vereinheitlichungstendenz geworden, in der die Diversität individueller Lebensformen an Wert verloren hat.

Natur und Natürlichkeit oder biologische Konstruktion und künstliche Machbarkeit? Lebendige Vielfalt oder technisch kontrollierbare Serienproduktion? Um diese beiden Fragen wird erbittert gestritten, und alles deutet darauf hin, daß eine konsensuelle Lösung in weiter Ferne liegt. Was den Kritikern als «Krieg gegen die Natur» erscheint, weil organische Wesen nur noch als biologische Maschinen analysiert, konstruiert und nach wirtschaftlichen Gesichtspunkten umgestaltet werden, von der koffeinfreien Kaffeebohne bis zum genetisch perfektionierten Nutztier, gilt den Befürwortern als eine effektive Technik im Dienst des Menschen, mit wünschenswerten Anwendungsmöglichkeiten in Medizin, Landwirtschaft, Lebensmittelverarbeitung und Umweltfürsorge.[11]

Um in diesem Für und Wider nicht die Orientierung zu verlieren, empfiehlt sich ein Rückblick in die Philosophie- und Wissenschaftsgeschichte. Denn die widerstreitenden Positionen stehen in Traditionslinien, aus denen sie ihre grundlegenden Vorstellungen und Werturteile beziehen. «Dolly» ist zwar zum

Signum einer Auseinandersetzung geworden, die angesichts der gegenwärtigen wissenschaftlich-technischen Entwicklung von aktueller Bedeutung ist. Aber die Quellen dieses Streits liegen früher. Nennen wir sie, um sie mit zwei Namen zu verbinden, *Goethes Problem* und *Platons Rätsel*.

Das Problem der *Natürlichkeit*, das im Zentrum der gegenwärtigen Reproduktionstechnologie steht, verweist zurück auf einen wissenschaftsgeschichtlichen Einschnitt, der in der Mitte des vorigen Jahrhunderts stattfand. An dieser Schnittstelle fand eine Naturforschung ihr Ende, die in Goethes «Morphologie» und Alexander von Humboldts «Naturansichten» ihre Krönung erhalten hatte. Seit der Mitte des 19. Jahrhunderts ist der Blick auf das Natürliche durch eine Wissensform abgelöst worden, die sich an Newtons Mechanik orientiert. Der Wunsch nach biologischem Wissen löste sich von der sinnlichen Anschauung lebendiger Vielfalt und begann dem Vorbild mechanischer Modellbildungen zu folgen, deren Effektivität sich zunächst im Bereich des Unorganischen bewiesen hatte. Jetzt geriet auch die organische Natur ins Blickfeld mechanischer Erklärungen: Alle Lebewesen sind molekulare Maschinen.

Das Problem der *Mannigfaltigkeit* gehört dagegen zu den Dauerbrennern der europäischen Philosophiegeschichte überhaupt. Die Spannung zwischen Individuum und Art, die sich zum Verhältnis zwischen Serienprodukt und Typ verschoben hat, stand bereits im Zentrum der platonischen Philosophie. Als Platons Rätsel hat es die philosophische Reflexion bis heute nicht zur Ruhe kommen lassen. Wer die Diversität von Individuen und ihrer Lebensweisen beschwört oder, wie Baudrillard, die systemkonforme Replikation des Gleichen diagnostiziert, spricht noch immer die Sprache Platons. Wir wollen bei diesem Rätsel ansetzen, um uns dann dem Siegeszug der Genetik und Biotechnologie zuzuwenden.

Platons Rätsel und Goethes Urphänomene

«Die Natur erzeugt Ähnlichkeiten. Die allerhöchste Fähigkeit im Produzieren von Ähnlichkeiten aber hat der Mensch.»[12] Diese Einsicht Walter Benjamins betrifft in besonderem Maß das biologische Erkennen. Ursprünglich war es beheimatet in einem Reich magischer Korrespondenzen und Analogien. Sichtbare Erscheinungen wie Lebensläufe und Sternenkonstellationen, menschliche und tierische Charaktere und Verhaltensweisen, soziale Veränderungen und jahreszeitliche Zyklen wurden zusammengesehen und zu beschwören versucht.

Von solchen Entsprechungen hat sich bereits das wissenschaftliche Wissen der frühen griechischen Aufklärer distanziert. Die magischen und mythischen Korrespondenzen hielten dem Erkenntnisinteresse nicht stand, nur das zusammenzudenken, was eine ähnliche Gestaltform besitzt. Die einzelnen Dinge wurden durch Art- und Gattungsbegriffe systematisch zusammengefaßt. Die Klassifikation wiederkehrender Merkmale innerhalb natürlicher Vielfalt beherrschte den Wunsch nach Wissen. Mehr als zweitausend Jahre lenkte sie auch die bio-logische Forschung auf der Suche nach «natürlichen Arten». Die Frage nach ihrer Seinsweise wurde philosophisch als Platons Problem reflektiert: Was ist der natürliche Grund, der es dem Menschen erlaubt, von vielen unterschiedlichen Wahrnehmungen zu einem durch Denken Zusammengebrachten zu gelangen?

Wir ordnen einzelne Dinge nach allgemeinen Arten, deren einzelne Exemplare wir als ähnlich oder gleichartig wahrnehmen. Nur vermöge dieser gattungsgeschichtlich tief verwurzelten Vorstellung von wiederkehrender Ähnlichkeit und geordneter Natur finden wir uns in der Welt zurecht. Nur so können wir systematische Erfahrungen machen, können wir vernünftig erwarten, was uns bevorsteht, können wir erkennen, was sich uns in der Mannigfaltigkeit des sinnlich Wahrnehmbaren zeigt.

In der Form allgemeiner Prädikate findet diese Ordnung ihren sprachlichen Ausdruck. Neben den Eigennamen für Individuen verfügen wir über Allgemeinbegriffe wie «Mensch», «Graugans» oder «Schaf», um damit all diejenigen Lebewesen zu klassifizieren, auf die wir sie anwenden, und sie zugleich von denjenigen zu unterscheiden, auf die wir sie nicht anwenden.

Weltorientierung und intersubjektive Verständigung wären unmöglich ohne Ähnlichkeitsbewußtsein und sprachliche Prädikation. Aber wie läßt sich das philosophisch begründen? Hält unser eingespieltes Sprachspiel einer Reflexion stand, die von Anfang an die Unterschiede nicht übersehen ließ, die doch immer auch im Spiel sind, wenn wir Ähnliches oder Gleiches wahrzunehmen, zu erkennen und zu bezeichnen meinen? Schon Heraklit gab zu bedenken, daß wir nicht in den gleichen Fluß steigen können; denn ständig fließt uns anderes und wieder anderes Wasser zu. Auch wenn wir sagen, daß zwei verschiedene Individuen «Menschen» sind, weil sie sich als solche gleichen, so sehen wir doch auch, daß sie voneinander unterschieden sind. In ihrem Erscheinungsbild sind sie sich immer ungleich und von unverwechselbarer Einzigartigkeit. Aber wie können wir sagen, daß sie ungleich sind, wenn wir nicht bereits wüßten, daß es in ihrem Fall doch etwas Gleiches gibt?

Mit solchen verwirrenden Fragen werden wir in einen philosophischen Widerstreit verstrickt, der so alt ist wie das Philosophieren selbst. Auf der einen Seite stehen die *Universalien-Realisten*, die platonistisch darauf bestehen, daß die Prädikation ähnlicher oder gleicher Dinge nicht nur eine illusionäre Redeweise ist, sondern sich auf etwas bezieht, das es auch wirklich gibt, angesiedelt in einer Welt abstrakter Wesenheiten oder Ideen. Sprachliche Klassifikationen werden realistisch zu verankern versucht. Der Universalienrealist setzt voraus, daß die Welt selbst durch eine «Wiederkehr des Gleichen» bestimmt ist, durch eine allgemeine natürliche Beschaffenheit, der wir mit unseren sprachlichen Prädikaten nachfolgen können. Allgemeine Zeichen werden von ihm als Abbildungen verstanden, die gleichsam nur wiederholen und nachzeichnen, was die Wirklichkeit selbst an Ähnlichkeiten und Gleichheiten aufweist.

Auf der anderen Seite stehen die *Nominalisten*, die nur das als gegeben, präsent oder seiend anerkennen, was in Gestalt von Individualitäten in einer Welt des Konkreten sinnlich erfahrbar ist. Der Nominalist schreibt der Sprache allein als Leistung zu, was der Universalienrealist als eine ideale, abstrakte Eigenschaft der Welt begreift. Die Welt selbst ist ohne sprachlichen Zugriff ungegliedert. Erst durch sprachliche Klassifikation und begriffliche Unterscheidung gewinnt sie für uns ihre Struktur. Nur der Mensch, der vergleicht, rechnet das Neue, sofern es Altem gleicht, zusammen in die Einheit der Form.

Es gehört zum Reiz der philosophischen Tätigkeit, daß sie sich immer wieder an jenen rätselhaften Problemen abarbeitet, die sie ins Spiel gebracht hat, um an ihnen ihre ausdauernde reflexive Kraft zu beweisen. Platons Rätsel des Gleichen im Ungleichen, des Unveränderlichen im Veränderlichen, ist eins ihrer schönsten und folgenreichsten Beispiele. Ein Mittel zu seiner definitiven Lösung hat die Philosophie noch nicht gefunden.

Aber vielleicht könnte es gelingen, es wissenschaftlich zu lösen? Als Mittel böte sich eine naturbezogene Perspektive an, die der philosophischen Reflexion die Verfahrensweise der Naturwissenschaften zu erschließen sucht. Philosophie und Wissenschaften würden ins gleiche Boot gesetzt, um gemeinsam den platonistisch-nominalistischen Widerstreit zu schlichten.

Einen wegweisenden Schritt in diese Richtung vollzog Goethe als Naturforscher. Seine Farbenlehre, sein Entwurf einer vergleichenden Anatomie, seine Morphologie (von griech. «morphé», Gestalt, Form), seine Typologisierungsversuche des Lebendigen, die er durch eine Metamorphose der Pflanzen und Tiere, mit dem Menschen als höchster Stufe, dynamisierte, all diese naturorientierten und naturbegeisterten Anstrengungen zielten auf die Erkenntnis eines «platonischen» *Typus*, der aus der Vergleichung innerhalb pflanzlicher, tierischer und menschlicher Vielfalt ins Auge sprang. Goethe war zwar kein Platoniker, der seine morphologischen Typisierungen als reine Idee in einer göttlichen Welt des Statischen, Abstrakten und Identischen ansiedelt. Nichts fürchtete er mehr als eine Abstraktion, die auf die lebendige Mannigfaltigkeit des Natürlichen keine Rücksicht nimmt und sich von ihr ablöst. Die platonische Trennung zwischen Idee und Erscheinung war ihm fremd. Aber alles Naturgeschehen, dem er seine Aufmerksamkeit widmete, wurde stets im Licht einer Idealität gesehen, die sich rätselhaft in den sichtbaren Phänomenen der Natur offenbart. Nicht zufällig beginnt sein Gedicht «Die Metamorphose der Pflanzen» mit einer Erinnerung an Platons Rätsel.

> Dich verwirret, Geliebte, die tausendfältige Mischung
>> Dieses Blumengewühls über den Garten umher;
> Viele Namen hörest du an, und immer verdränget
>> Mit barbarischem Klang einer den andern im Ohr.
> Alle Gestalten sind ähnlich, und keine gleichet der andern;
>> Und so deutet das Chor auf ein geheimes Gesetz,
> Auf ein heiliges Rätsel. O könnt' ich dir, liebliche Freundin,
>> Überliefern sogleich glücklich das lösende Wort![13]

Die vielen nominalistischen Namen sind der Pflanzenwelt ebenso äußerlich, wie ihr eine platonistische Identität fremd ist. Ungleichartigkeit alles Individuellen und Ähnlichkeit der Gestalt; tausendfältige Mischung und geheimes Gesetz; viele Namen und ein lösendes Wort: Diese Spannung dokumentiert nicht allein Goethes philosophische Bildung. Sie ist vielmehr Ausdruck einer besonderen Naturbetrachtung, die er vor allem auf seiner italienischen Reise (1786–1788) als Glück genoß. Denn dort, unter dem freien Himmel von Palermo, sah er die vielen Pflanzen ihre natürliche Bestimmung vollkommen erfüllen, nicht mehr eingefaßt in Kübel und Töpfe oder hinter Glasfenstern geschützt. Die Metamorphosen der Pflanzen, vom Samen über die Blüte bis zur entwickelten Frucht, und das bunte Gewimmel ihrer Erscheinungen zu betrachten und zu studieren, erlebte Goethe als die schönsten Augenblicke seines Lebens. Und hier glaubte er auch das heilige Rätsel gelöst zu haben. Er fand das lösende Wort: die *Urpflanze*. Damit hat er keine abstrakte Idee bezeichnet, die nur gedacht werden kann. Er sah, wovon er sprach. Die sinnlichen Eindrücke der natürlichen Phänomene kristallisierten sich zu einer höheren Ganzheit, die wie der griechische Meergreis Proteus in vielerlei Gestalten zur Erscheinung kommt. Wer ihn festzuhalten verstand, erzwang von ihm die Wahrsagung.

Auch Goethe wußte, daß er nicht beim bloßen Anblick der Natur stehenbleiben konnte. Er hat aufmerksam betrachtet, nachgedacht, verglichen und verknüpft. Aber das geschaute und entdeckte Urphänomen, mit dem die Natur gleichsam spielt und proteisch das mannigfaltige Leben hervorbringt, blieb *morphologisch* und überschritt nicht die Grenze zur idealen Abstraktion. Nicht ohne Ironie hat Goethe den Vorwurf, es hier mit einer bloßen Idee zu tun zu haben, zurückgewiesen. Erhellend ist das Gespräch, das er anläßlich dieser Problematik mit Schiller führte und das als «glückliches Ereignis» ihren lebenslangen Bund besiegelte.

Am 20. Juli 1794 nahmen sie an einer Sitzung der Naturforschenden Gesellschaft in Jena teil. Sie hatten sich zuvor gemieden, obwohl sie in Nachbarschaft wohnten. Aber jetzt gingen sie zufällig beide zugleich heraus und knüpften ein Gespräch an. Beide waren enttäuscht von der zerstückelnden Art, mit der die Natur behandelt worden war. Aber was Goethe in Erinnerung an sein sizilianisches Naturerlebnis zu sagen versuchte, daß nämlich aus der Erfahrung selbst ein ganzheitliches, «urphänomenales» Naturbild hervorginge, leuchtete Schiller nicht ein, der von Kants Philosophie begeistert war und nur in der Erkenntnisleistung des Subjekts die Quelle möglicher Idealisierungen anzuerkennen bereit war.

Wir gelangten zu seinem Hause, das Gespräch lockte mich hinein; da trug ich die Metamorphose der Pflanzen lebhaft vor, und ließ, mit manchen charakteristischen Federstrichen, eine symbolische Pflanze vor seinen Augen entstehen. Er vernahm und schaute das alles mit großer Teilnahme, mit entschiedener Fassungskraft; als ich aber geendet, schüttelte er den Kopf und sagte: «Das ist keine Erfahrung, das ist eine Idee.» Ich stutzte, verdrießlich einigermaßen: denn der Punkt, der uns trennte, war dadurch aufs strengste bezeichnet. Der alte Groll wollte sich regen, ich nahm mich aber zusammen und versetzte: «Das kann mir sehr lieb sein, daß ich Ideen habe ohne es zu wissen, und sie sogar mit Augen sehe.»[14]

Goethe war Augenmensch; und die Idee einer Urpflanze galt ihm gleichsam als ein Organ, dessen er sich bediente, um die Erscheinungen der Natur zu fassen und sich zu eigen zu machen. Deshalb reagierte er zunächst verdrießlich, bevor er mit einer ironischen Wendung dem «größten, vielleicht nie ganz zu schlichtenden Wettkampf zwischen Objekt und Subjekt»[15] die intellektuelle Schärfe nahm. Mit hartnäckigem Realismus wendete er die Aufmerksamkeit von der subjektiven Selbstreflexion auf die Morphologie der Natur, die in sich ihre sichtbaren Urphänomene als dynamische Typen enthält und gestaltet.

«Morphologen sind Seher, und das Auge ist daher das Sinnesorgan, mit welchem die Morphologen vor allem denken.»[16] Mit dieser paradox anmutenden Charakterisierung, die das Sehen als Denken qualifiziert, ist die erkenntnistheoretische Pointe des «glücklichen Ereignisses» treffend auf den Punkt gebracht. Die Urpflanze hat nichts mit der erträumten blauen Blume der Romantiker zu tun. Aber sie steht auch nicht am Ende eines Wegs, der aus dem natürlichen Leben in die abstrakte Erkenntnis führt. Sie ist das sichtbare Erkenntnisideal einer naturwissenschaftlichen Betrachtung, deren Erfahrungsresultat so lebendig und anschaulich sein soll wie die Natur selbst in der Fülle ihrer Gestaltformen. Goethes *Urphänomene*, seine Urpflanze, der Urwirbel und auch die Urfarbe, sind ideale *Anschauungsformen*, die in der Natur selbst realisiert sind. Sie sind sichtbar in den phänotypischen Ähnlichkeiten, die sich im Spiel der Natur dynamisch entfalten und gestalten, in ihren Metamorphosen und Typisierungen, ihren individuellen Verschiedenheiten und allgemeinen Schematisierungen.

Der Siegeszug der Genetik

Zwar fand Goethe in seinem jugendlichen Freund Alexander von Humboldt einen begeisterten Schüler, der durch seine Naturansichten gleichsam mit neuen Organen ausgerüstet worden war und die Natur dort zu studieren begann, wo sie ihre größte

Kraft und Fülle enfaltet: in den Tropen. 1799 bis 1804 unternahm er seine große Reise durch Mittel- und Südamerika und erforschte ihre natürliche Vielfalt. In den Wäldern des Amazonas und auf dem Rücken der hohen Anden beobachtete, beschrieb und systematisierte er die Erscheinungen der unbelebten und der belebten Natur, um alles zu typischen Szenarien zu verbinden. Ein genauer, naturwissenschaftlich gebildeter Blick, unterstützt durch technische Meßapparate, wurde mit einem Naturgenuß vermittelt, den die unmittelbare Naturanschauung einem empfänglichen Sinn gewährt. In großartigen *Naturgemälden* fanden Humboldts Naturbetrachtungen ihren wissenschaftlich-literarischen Ausdruck. In der Vorrede zur ersten Ausgabe seiner «Ansichten der Natur» hat er 1807 sein Erkenntnis- und Darstellungsinteresse prägnant zusammengefaßt:

> Überblick der Natur im großen, Beweis von dem Zusammenwirken der Kräfte, Erneuerung des Genusses, welchen die unmittelbare Ansicht der Tropenländer dem fühlenden Menschen gewährt, sind die Zwecke, nach denen ich strebe.[17]

Aber diese Verbindung, die Humboldt in seinem fünfbändigen Entwurf einer physischen Weltbetrachtung, dem «Kosmos» (1845 – 1862), ausgeführt hat, um zu zeigen, wie eine wissenschaftliche Naturansicht dem Menschen helfen kann, im «Naturganzen» heimisch zu werden, spielte in der weiteren Entwicklungsgeschichte der neuen Naturwissenschaften keine wegweisende Rolle mehr. Statt dessen wird die Betrachtung der Naturfülle zum technischen Experiment reduziert; an die Stelle einer wissenschaftlichen Fernreise tritt die Arbeit im Labor; und die morphologische, ganzheitliche Erkenntnisintention wird in eine rationale Analyse überführt, die in mathematischen Darstellungen ihre präzise Gestalt annimmt.

Newtons Mechanik, gegen deren mathematisierende Abstraktion Goethe sein naturästhetisches Veto eingelegt hat, wird zum vorherrschenden Modell jeder wissenschaftlichen Erkenntnis. Unter Hermann von Helmholtz und Lord Kelvin erhält in der Mitte des 19. Jahrhunderts Newtons theoretische Abstrak-

Humboldt und Bonpland am Orinoko.
Nach einem Gemälde von Keller

tion ihre physikalische Vollendung. Es gilt, möglichst einfache
mathematische Formeln zu finden, in denen die gesetzmäßigen
Kausalzusammenhänge zwischen Ursachen und Wirkungen
schematisch abgebildet werden können, und die theoretische
Mechanik als ein Vorbild für jede Wissenschaft anzuerkennen,
welche die ausgedehnte Mannigfaltigkeit von Tatsachen unter
umfassende Gesetze zu fassen erlaubt. Auch die Welt des Organischen konnte sich diesem mathematisierten Erklärungsziel
nicht entziehen. Wie die Physik ist auch die Biologie darauf aus-

gerichtet worden, in allen Organismen das blinde Walten von Naturgesetzen nachzuweisen. Man wendet den Blick von den qualitativen dynamischen Gestalten der Phänomene ab und richtet das theoretische Interesse auf die quantitativ berechenbaren Ursachen der Erscheinungen. Künstliche Apparaturen und mathematische Berechnungen ersetzen Goethes schauendes und idealisierendes Organ. Und an die Stelle des Blumengewühls in Sizilien und der ungeheuerlichen Lebendigkeit tropischer Vegetation tritt nun ein ausgewähltes Labormaterial, mit dem man technisch experimentieren kann, um an ihm die Wirksamkeit mechanischer Gesetzmäßigkeiten zu demonstrieren.

In diesem Prozeß einer zunehmenden Entsinnlichung spielt ein unbeachteter Mönch eine entscheidende Übergangsrolle. Er hat sich noch nicht völlig von der Betrachtung der phänomenalen Naturerscheinungen gelöst. Goethes und Humboldts Naturansicht ist auch bei ihm noch lebendig. Aber sein Forschungsinteresse wendet sich von der morphologischen Vielfalt zu einer physiologischen Gesetzmäßigkeit, die in Formeln auszudrücken versucht wird.

Im Augustinerstift zu Brünn, heute das tschechische Brno, stellte der aufmerksame Beobachter Gregor Johann Mendel anhand gezielter Kreuzungsexperimente fest, daß bestimmte «Vererbungselemente» existieren müssen, die für die Blütenfarben von Erbsen und Bohnen verantwortlich sind und strengen Vererbungsgesetzen unterliegen. 1866 hat er seine Forschungsergebnisse veröffentlicht. Es brauchte allerdings noch fast 100 Jahre, bis diese hypothetisch angenommenen Elemente als *Gene* identifiziert werden konnten. Es war ein folgenreicher Schritt in den Mikrokosmos, der auf immer winzigere Bausteine stieß, von denen sich der Erbsenblütenbeobachter Mendel nichts träumen ließ.

Woraus besteht ein Gen, und wie sieht es aus? Die theoretische Neugierde zielte auf etwas, das nicht sichtbar war, aber als existierend angenommen wurde. Wie auch immer die Antwort lauten mochte, so war jedenfalls deutlich geworden, daß der Erkenntnisfortschritt der Biologie nicht mehr in unmittelbaren

Eindrücken begründet sein konnte, die der Mensch in einem unseren Sinnen offenen, freien und mannigfaltigen Naturgeschehen gewinnen kann. Von der schauenden Idealisierung mußte zu einer unsinnlichen theoretischen Gedankenarbeit fortgeschritten werden, die zu *unanschaulichen Strukturen* vordringt. Die Genetik ist keine Morphologie mehr, sondern reine Physiologie, die chemische und physikalische Gesetze festzustellen versucht. Von ihnen sind sowohl die Entwicklung als auch die Organisationsstruktur der Lebewesen bestimmt. Von ihnen geht die ganze erzeugende Gestaltungskraft aus, die den Bau der Lebewesen festlegt.

Die Entdeckung der universalen, den gesamten Organismusbereich unifizierenden Nukleinsäurestruktur, die James Watson und Francis Crick 1953 gelungen ist, spielt dabei eine herausragende Rolle. «Es war schon seit längerem bekannt, daß man dem Geheimnis des Lebens auf die Spur kommen könnte, wenn man die Struktur jener chemischen Substanzen endlich begriffe, die im Kern einer lebenden Zelle zusammengeballt sind.»[18] Mit diesem szientistischen Selbstbewußtsein begann der 23jährige Dr. Watson sein Puzzlespiel, dessen kombinatorisches Ergebnis eine analytische Antwort auf die Frage nach den «natürlichen» Fundamenten allen Lebens versprach. Die Mannigfaltigkeit natürlicher Formen und Arten wurde zurückzuführen versucht auf die universelle Omnipräsenz der Desoxyribo-Nuklein-Säure (DNS), deren modellartige Abbildung als Doppelspirale die Reproduktion der Arten ermöglicht und ihre Ähnlichkeiten und Varianten mikrobiologisch zu erklären erlaubt. Die anregende Zusammenarbeit zwischen dem Spezialisten für die mathematischen Gleichungen gewundener Spiralen (Crick) und dem biologisch geschulten Bastler chemischer Modelle (Watson) führte zur Konstruktion eines eleganten genetischen Schemas, das «zu hübsch war, um nicht richtig zu sein»[19].

Crick und Watson betrachteten nicht die Natur in der Fülle ihrer Erscheinungen. Sie experimentierten nicht mit Pflanzen oder anderen Lebensformen. Sie lasen nicht im Buch der Natur, sondern durchforschten die Fachliteratur und spielten in Gedanken alle möglichen Modellkonstruktionen durch. Als Ausgangsdaten genügte ihnen das Wissen, daß Nukleinsäuren vier verschiedene Grundbausteine, die sogenannten «Basen» enthalten: Adenin (A), Guanin (G), Cytosin (C) und Thymin (T), dazu reichlich Phospatverbindungen. Und sie wußten auch, daß sich in der Nukleinsäure bestimmte Gruppen von Atomen nach einem regelmäßigen Muster wiederholen. Entdeckt werden mußte nur noch die passende Kombination. Man baute Modelle aus Pappe, Draht und Metallplättchen, verwarf sie wieder und bastelte neue. James Watson hat es in seinem persönlichen Bericht über die Entdeckung der DNS-Struktur anschaulich geschildert.

> Bald beschäftigte sich Francis von morgens bis abends mit der DNS. (…) Ständig sprang er von seinem Stuhl auf, schaute bekümmert auf die Pappmodelle, spielte andere Kombinationsmöglichkeiten durch, und wenn dann der Augenblick vorübergehender Unsicherheit überstanden war, strahlte er zufrieden und erzählte mir, wie bedeutend unser Werk sei. Ich freute mich über seine Worte, obwohl sie den Sinn für Understatement vermissen ließen, der in Cambridge bekanntlich zum guten Ton gehört. Wir konnten es kaum glauben, daß das Problem der DNS-Struktur nun gelöst war, daß diese Lösung wahnsinnig aufregend war und daß unsere Namen mit der Doppelhelix verknüpft sein würden.[20]

Francis Crick und James Watson imaginierten das Bild einer Wendeltreppe, in der die vier Basen paarweise als Stufen eingesetzt sind. Am 25. April 1953 veröffentlichten sie einen zweiseitigen Aufsatz in der Zeitschrift «Nature» mit dem Titel «Molecular Structure of Nucleid Acids», ergänzt durch ein einfaches Diagramm. Er gehört zu den berühmtesten wissenschaftlichen Veröffentlichungen des 20. Jahrhunderts. Alle Daten paßten plötzlich zusammen; und auch die Selbstvermehrung des Nukleinsäuremoleküls war modelltheoretisch erklärbar: Die Wendeltreppe löst sich der Länge nach auf, und jede der beiden Treppenhälften sucht sich im Nahrungsangebot der Zelle die Bestandteile, mit denen sie ihr ursprüngliches Gegenstück wieder ergänzen kann. Das Geheimnis der «Replikation» war gelüftet.

Watson und Crick vor dem DNS-Modell

Die Entschlüsselung des genetischen Codes, die 1961 Heinrich Matthaei und Marshall Nirenberg an den Nationalen Gesundheitsinstituten in Bethesda (Maryland) gelang, konnte daraus die Konsequenzen ziehen. Alles ist eine Frage der Kombination der Grundelemente A, G, C und T. Aus ihr ergeben sich kodifizierte Botschaften, wobei es jeweils Dreiergruppen von Basen sind, die bestimmte Eiweißbausteine kodieren. Die Reihenfolge TTACCTGGA bedeutete zum Beispiel nichts anderes als: Verbinde die drei Aminosäuren Asparagin (TTA), Glycin (CCT) und Prolin (GGA) zu einer Eiweißkette! So sind in der DNS einer Zelle die Anleitungen für sämtliche Eiweißmoleküle enthalten, die der Organismus besitzt. Die Genese der biologischen Organismen entziffert sich als Übertragungsprozeß genetischer Informationen, die in großer Anzahl in den DNS-Molekülen enthalten sind und zu einer lückenlosen Kette unterschiedlicher Entwicklungsstadien führen, mit immer komplexer hervortretenden Ebenen.

Leben aus der Retorte

Mit dieser Wende von sinnlich erfahrbaren Lebensformen zu abstrakten Modellkonstruktionen hat die alte metaphysische Frage nach dem Wesen (Essenz, Idee) eine wissenschaftliche Fassung erhalten. Hinter der manifesten Vielfalt lebendiger Individualitäten soll ein genetischer Code wirksam sein, der mittels abstrakter Strukturmodelle abgebildet werden kann. Auf die platonische Wesensfrage «Was ist Leben?» antwortet die Genetik mit ihrem universalistischen Modell der DNS.

Die Theorie hat die Eselsbrücke der Anschauung, von der ihr Erkenntnisimpuls einst ausgegangen ist, weit hinter sich gelassen. Auch Goethes morphologischer Blick spielt keine Rolle mehr. Man hat diesen Abschied von der «Naturansicht» als Fortschritt gefeiert, als «Paradigma für die Entwicklung von der Vernunftlosigkeit zur Wissenschaft»[21]. So ist zum Beispiel das Wesen des Menschen zum Gegenstand eines Forschungsprojekts erklärt worden, das sämtliche (etwa 100 000) Gene zu identifizieren verspricht, die das Genom der menschlichen Gattung bilden, in einem Chromosomensatz enthalten sind und aus etwa drei Milliarden Basenpaaren bestehen. HUGO, das Human-Genom-Projekt, interessiert sich nicht für die Vielfalt menschlicher Individualitäten. Das Allgemeinmenschliche, das entdeckt werden soll, ist nicht mehr sichtbar, sondern nur noch mittels hochabstrakter Molekularmodelle theoretisch begreifbar und in seiner natürlichen Substanz durch computerisierte Datenverarbeitung entzifferbar.

Auf den ersten Blick findet die platonische Metaphysik, die auf die Idee des Gleichen zielte und sie als existierend unterstellte, in der modernen Genetik eine wissenschaftliche Begründung. Zwar spricht man nicht mehr von metaphysischem Wesen, sondern von genetischer Struktur, nicht mehr von transzendenter Idee, sondern von hypothetischem Modell, nicht mehr von intelligibler Form, sondern von molekularer Kodifizierung. Aber erhalten blieb das universalienrealistische Programm, das die natürlichen Erscheinungen auf eine «Wiederkehr des Gleichen» zurückführt: Ihr objektives Wesen ist molekular strukturiert und ihre Genese genetisch kodifiziert.

An dieser wissenschaftlichen Transformation der platonistischen Metaphysik hat die nominalistische Kritik angesetzt. Fraglich bleibt, ob sie nicht nur theoretisch erzeugte Bilder anbietet, modellartige Konstruktionen, deren Bezug zur natürlichen Wirklichkeit nur eine wissenschaftsgeschichtlich einflußreiche Fiktion ist. Phantasma des genetischen Codes, Idealismus abstrakter Modellierung, Mythos der Struktur? Das Fragezeichen signalisiert die ungebrochene Aktualität eines philosophischen Problems, das auch im Zeitalter der wissenschaftlichen Vernünftigkeit noch virulent ist.[22]

Jetzt stellt es sich als skeptische Frage nach dem Status der theoretischen Begriffe und wissenschaftlichen Modelle, deren Funktionieren ohne referentiellen Bezug zwar nur schwer vorstellbar ist, jedoch einer radikalen nominalistischen Kritik sich nicht entziehen kann. Im Gegenteil: Je theorie-vermittelter die Erklärungen phänotypischer Ähnlichkeiten sind, die jetzt nur noch als theoretisch Sekundäres interessieren, desto stärker wird die genotypische Modellierung zum erkenntnistheoretischen Skandal. Denn die fortschreitende Entfernung vom allgemein vertrauten Boden einer sinnlichen Anschauung zugunsten abstrakter Modellentwürfe läßt sich auch lesen als Prozeß einer zunehmenden Fiktionalisierung, die das «Gleiche» nur noch in Gestalt unanschaulicher Strukturformeln vorzuspiegeln vermag.

Dieser Entsinnlichung der biologischen Erkenntnis entspricht eine komplementäre Bewegung: Die Molekularbiologie vollzieht den Übergang vom *analysierenden* zum *synthetisierenden* Wissenschaftsparadigma. Biochemische Konstruktion tritt an die Stelle morphologischer Anschauung und Typisierung. Es ist kein Zufall, daß die theoretischen Durchbrüche in der Genetik der letzten Jahrzehnte unmittelbar mit einer Revolutionierung der *Biotechnologie* zusammenfallen. Der Verlust morphologischer Naturansicht wird kompensiert durch eine Erweiterung genetischer Manipulation. «Genetic engineering» zieht die Konsequenzen aus den Entdeckungen von DNS-Struktur und genetischem Code und liefert ihnen die erforderliche sachhaltige Bestätigungsbasis.

Die *klonierende* Manipulation genetischen Erbmaterials und die kombinatorische Herstellung *transgener* Arten (Schimären) sind die beiden extremen synthetischen Techniken, mit denen die Molekularbiologie ihre Erkenntnisse unter Beweis zu stellen versucht. Auf der Suche nach einer objektiven Realität im natürlichen Stoff des Lebens werden ihre Modelle technisch verwirklicht: Klonierte Replikanten und unnatürliche Arten, freigesetzt aus den evolutionären Prozessen der Natur, sind die machbaren Produkte dieser biogenetischen Erkenntnisform, die ihre natürlichen Determinanten und anschaulichen Orientierungspunkte zu verlieren droht.

Klone (von griech. «klon», Zweig, Reis, Schößling) sind pflanzliche, tierische oder menschliche Einzelwesen, die identische Erbanlagen besitzen. Entweder sind sie aus einer gemeinsamen Zelle entstanden; oder sie sind «Sprößlinge» und stammen aus der Körperzelle eines anderen Individuums. In der vegetativen Fortpflanzung gehören sie zu den natürlichen Phänomenen des Lebens. In der freien Natur bilden zahlreiche Pflanzen Klone, indem sie ihr Erbgut ohne Befruchtung an ihre Nachkommen weitergeben. Man muß zum Beispiel nicht die Erbanlagen einer Mutterkartoffelpflanze mit denen einer pollenspendenden Pflanze neu kombinieren, um neue Kartoffeln wachsen zu lassen und ernten zu können. Es genügt, die Wurzelknollen vom Vorjahr in den Acker zu stecken, um neue Klone der Kartoffel zu erhalten. Auch bei Tieren kann es asexuell zur Vermehrung kommen. Weibliche Blattläuse können zu bestimmten günstigen Zeiten ihre Eier ablegen, die sich ohne befruchtende Vermischung mütterlicher und väterlicher Erbanlagen zu teilen beginnen und genetisch identische Tiere ergeben. Ähnlich geht es bei einzelnen Wespen-, Bienen- und Ameisenarten zu. Besonders unter stabilen und vorteilhaften Lebensbedingungen ist das natürliche Klonieren vorteilhafter als die sexuelle Fortpflanzung. Diese Spielart der Natur macht jedoch vor höheren Lebewesen halt, bei denen sexuelle Paarung zur genetischen Vermischung führt und ein neues Lebewesen in seiner Originalität ergibt.

Was die Natur nicht vorsieht, ist jedoch künstlich machbar. Um auch bei solchen Lebewesen genetisch identische Individuen mittels asexueller Fortpflanzungmechanismen erzeugen zu können, bedarf es der Technik der Bioingenieure. Die Geburtsstunde der künstlichen Klonierung schlug zu Beginn der sechziger Jahre, als es Forschern gelang, embryonale Zellverbände von Fröschen zu zerteilen und die einzelnen Teile zu ganzen Embryos heranwachsen zu lassen. Das zelluläre Ausgangsmaterial war zwar noch durch natürliche Befruchtung zustande gekommen. Aber produziert wurden nun mehrere Individuen mit identischer genetischer Ausstattung. Alle Frösche waren Klone.

Endlich kam Dolly. Während die geklonten Frösche noch Väter und Mütter hatten und nur wie eineiige Mehrlinge untereinander genidentisch waren, handelte es sich bei diesem Schaf um die Kopie eines bereits lebenden Individuums. Auf eine Weise, wie sie bei Pflanzen vorkommt, ist es gelungen, Dolly gleichsam vegetativ als eine Art «Steckling» herzustellen. Ian Wilmut, Dollys «Vater», zerteilte 1996 keine Schafembryos, sondern verwendete eine ausgewachsene Körperzelle, in deren Kern die komplette genetische Information des Schafs gespeichert war. Er saugte diesen Kern aus der Zelle heraus und verpflanzte ihn in die leerstehende Eizelle eines anderen Schafs, dessen DNS zuvor entfernt worden war. Wie Frankenstein schmolz er die künstlich zusammengebastelte Eizelle durch elektrische Impulse zusammen und leitete ihre Teilung ein, die einen lebensfähigen Embryo entstehen ließ, den er schließlich einem Leihmutterschaf implantierte. Dolly, das im Frühjahr 1997 am Edinburgher Roslin-Institut das Licht der Welt erblickte, hatte also drei Mütter, aber keinen Vater: die genetische Mutter mit ihrer kompletten genetischen Information; die Spenderin einer geleerten Eizelle; und die Leihmutter, die es austrug. Ohne Befruchtung war eine geklonte Kopie jenes Schafs entstanden, von dem der Zellkern mit seiner DNS stammte. An die Stelle sexueller Fortpflanzung, die sich natürlich durch die Vermischung väterlicher und mütterlicher Erbanlagen ergibt und allenfalls zu «Familienähnlichkeiten» zwischen unterschiedlichen Individuen führt, war die technische Generierung eines geklonten Doubles getreten.

Daß eine solche Klonierung auch beim Menschen möglich ist, ist biotechnisch nicht ausgeschlossen. Kurz nach Dollys Geburt bevölkerten geklonte Hitlers, Monroes und Einsteins die Titelseiten der Nachrichtenmagazine. Auch wenn sie als Individuen ihr eigenes Leben mit seinen differenzierten Bedingungen führen würden und dadurch eigenständige Persönlichkeiten ausbilden könnten, so wären sie doch als geklonte Nachkommen untereinander und mit ihrem jeweiligen Elternteil genetisch identisch. Nicht nur der Wunsch des Menschen, in seinen Kindern weiterleben zu können, erhielt damit einen operationalisierbaren Sinn, befreit von den natürlichen Unwägbarkeiten der sexuellen Fortpflanzung zweier Elternteile. Auch der Alptraum einer nur noch durch künstliche Techniken beherrschten Welt, in der maschinelle und menschliche Reproduktionen zusammenwirken, erschien als realisierbare Möglichkeit. Aldous Huxley hatte es bereits 1932 in seinem utopischen Roman «Brave new World» antizipiert, in dem ein Brutdirektor stolz verkündete: «Sechsundneunzig völlig identische Geschwister bedienen sechsundneunzig völlig identische Maschinen.»[23] 1996 hat Ian Wilmut dafür das lebendige Vorbild labortechnisch hergestellt.

Transgene Schimären (von griech. «chimaira», Ziege) bevölkern bereits als Phantasiegebilde die frühen griechischen My-

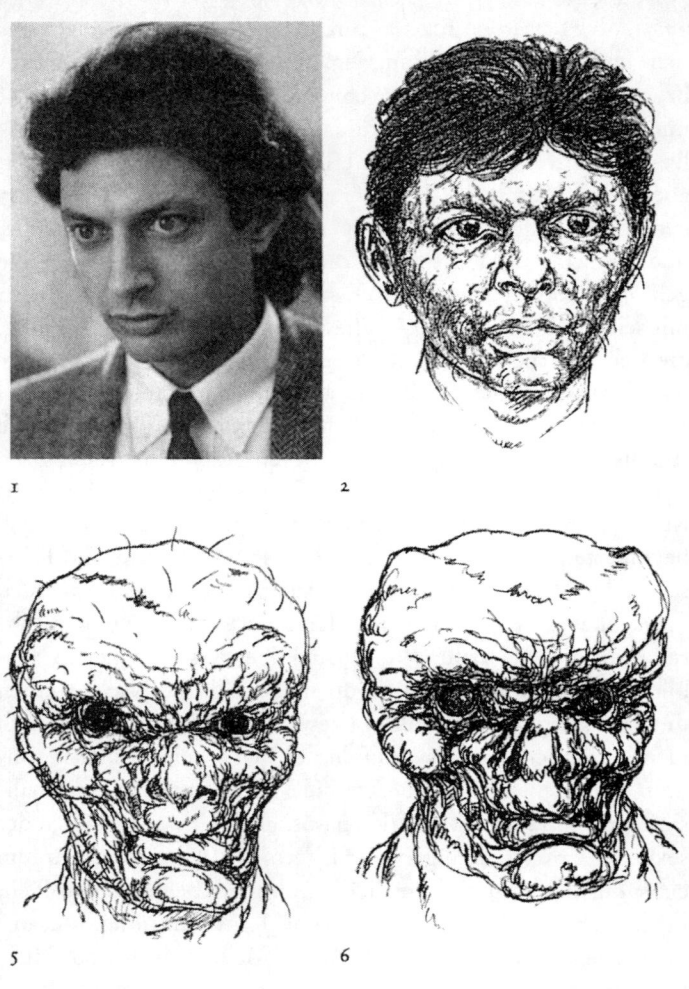

1   2

5   6

Transformationen der «Fliege». Zeichnungen von Chris Walas.

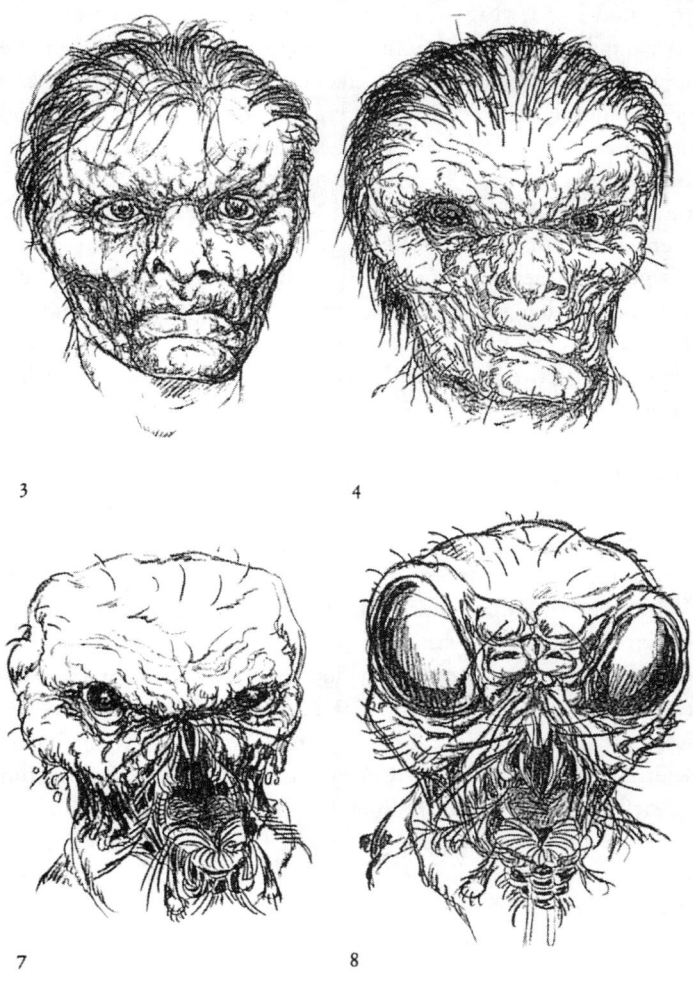

3

4

7

8

then und Epen: vorn Löwe, in der Mitte Ziege, hinten Drache. Es handelte sich dabei um morphologische Kombinationen, die Körperteile unterschiedlicher Tierarten zusammensetzten. Die gentechnologische Produktion von Schimären setzt tiefer und elementarer an. Sie kombiniert genetisches Material, das in der Natur separiert ist. Während der 1958 entstandene Science-fiction-Film «Die Fliege» von Kurt Neumann noch zwei komplementäre Schimären zeigt, bei denen die Köpfe und Körper von Fliege und Mensch durch ein mißlungenes Experiment vertauscht worden sind, hat im Remake von David Cronenberg 1986 die Gentechnologie zu einer grotesken Vermischung mit katastrophalen Folgen geführt. Die DNS des genialen, von Jeff Goldblum gespielten Wissenschaftlers Seth Bundle wird unglücklicherweise mit dem Genmaterial einer Fliege zusammengeklebt und ergibt die Horrorvision eines transgenen Monsters.

In der ganzen Naturgeschichte nahmen die artgebundenen Lebewesen ihren jeweils besonderen Platz in der natürlichen Ordnung ein. Sie paßten in bestimmte *ökologische Nischen*. In Millionen von Jahren waren die Grenzen zwischen den natürlichen Arten unüberwindbar. Nur so konnte sich die Artenvielfalt in der Natur entfalten und erhalten. Als Objekte biotechnischer Manipulation ist das *Labor* der Geningenieure ihr Lebensraum geworden. In ihm geht es nicht mehr um langwierige Anpassungs- und Entwicklungsprozesse, sondern um schnelle technische Herstellung. Die theoretische Rückführbarkeit aller Lebewesen auf die universelle Grundsubstanz der DNS läßt dabei etwas möglich werden, das zu einem grundsätzlichen Wandel unserer Einstellung gegenüber natürlichen Lebensformen führt. Praktizierbar wird der kombinatorische Entwurf völlig neuer Organismen. Damit ist zum ersten Mal realisierbar geworden, was früher nur im Traum oder in der Fabel imaginierbar war: die technologische Überschreitung der Grenzen zwischen natürlichen Arten, deren Exemplare sich in der Natur nicht verbinden würden.

1973 gelang Stanley Cohen und Herbert Boyen die erste In-vitro-Neukombination von DNS nicht verwandter Organismen.

Ein neues Zeitalter der Naturgeschichte hatte begonnen. Verschiedene Bakterienarten waren seine ersten Opfer. Das an ihnen erprobte Verfahren scheint heute keine Grenzen mehr zu kennen, allenfalls Schwierigkeiten technischer Art. Auf molekularer Ebene wird zerschnitten, verschmolzen und kopiert, was immer man will. Als Werkzeuge dienen keine mechanischen Apparate, sondern für diese Zwecke entdeckte Enzyme: Durch das Enzym DNS-Polymerase läßt sich nach Bedarf die gleiche DNS kopieren; als Kleber wird die DNS-Ligase benutzt; und zur Zerteilung der DNS wird das Restriktionsenzym verwendet, das in der Lage ist, ein DNS-Molekül an bestimmten Stellen zu zerschneiden.

Mit diesen Mitteln lassen sich auch die Schranken zwischen Bakterien, Viren, Pflanzen, tierischen und menschlichen Organismen überwinden. DNS-Fragmente von pflanzlichen Organismen, aber auch von Fröschen und Säugetieren sind in Bakterien eingeschleust worden. Das Gen für menschliches Wachstumshormon wurde in den genetischen Code von Mäusen eingeführt, rote Blutkörperchen des Huhns wurden mit Hefezellen gemixt, leuchtende Tabakpflanzen entstammten aus dem Einbau des Leuchtkäfer-Gens, Mohrrübenzellen wurden mit Zellen verbunden, die von einem menschlichen Krebsopfer stammten etc. Transgene Pflanzen und tierische Hybridformen werden hergestellt, zusammengebastelt nach dem Willen ihrer technisch kompetenten Erfinder.

Im Juni 1980 hat der Oberste Gerichtshof der USA entschieden, daß im Labor erzeugte genmanipulierte Bakterien zum Patent angemeldet werden können, mit der Begründung: «Die Entdeckung ist nicht Handarbeit der Natur selbst, sondern des Erfinders; deshalb kann das Subjekt patentiert werden.» Im April 1988 machte eine weiße Maus Rechtsgeschichte.[24] Sie wurde als erstes Tier in den Vereinigten Staaten patentiert. Philip Leder von der Harvard University in Cambridge (Massachusetts) und Timothy Stewart, der bei der amerikanischen Firma Genentech arbeitete, hatten ein menschliches Krebsgen in Eizellen eines Laborstamms eingebaut, aus denen sich ein «Kunstgeschöpf» ergab, das vom US-Patent- und Markenamt als neuartige Erfindung patentiert wurde. Die biotechnischen Syntheseverfahren sind zu einer Realität geworden, die nicht nur ethische, sondern auch neue juristische Probleme aufwirft. Man streitet um die Unterscheidungen zwischen Entdeckung und Erfindung, zwischen Verfahrens-, Verwendungs- und «Stoffpatenten», ein Streit, der Erwin Chargaff zu der ketzerischen Bemerkung veranlaßte, daß die Biotechnologie nur eine Dachorganisation ist, «deren Mitglieder gemeinsam haben, daß sie das Leben studieren, indem sie es ignorieren.»[25]

Mit dieser pointierten Feststellung hat Chargaff die Zweideutigkeit expliziert, die der Molekularbiologie als einer technisch ausgerichteten Erkenntnisform des natürlichen Lebens zugrunde liegt. Offiziell folgt sie dem Programm des «Studierens». Ihre Entdeckungen und Erfindungen zielen auf etwas, das es wirklich gibt und sich den objektiven Verfahrensweisen wissenschaftlicher Forschung fügt. Ohne dieses molekularbiologisch visierte Ansichsein der erkennbaren Elemente und ihrer Strukturen droht genetische Forschung zu etwas Illusionärem zu werden, das keine Grundlage im natürlichen Stoff des Lebens hätte.

Aber dieser erkenntnistheoretische Realismus «ignoriert» zugleich, worauf er zielt. Denn das Leben wird nur noch als synthetisierbares Produkt abstrakter Modelle begriffen, deren Adäquatheit sich am technischen Erfolg bemißt. Am Anfang ist das Modell, für das die zusammengebastelte Doppelhelix von Crick und Watson ein anschauliches Beispiel liefert. Ihm folgt, als theoretisch Sekundäres, die technische Realisierung möglicher Lebensformen, die nur noch hinsichtlich ihrer synthetischen Machbarkeit von Interesse sind.

Diese verwirrende Zweideutigkeit führt zu all jenen ungelösten und kontroversen Problemen, denen sich die moderne Genetik intern und extern konfrontiert sieht. Für die Lösung der internen Schwierigkeiten erklärt sich die Wissenschaft selbst für zuständig. Auf dem Weg einer mit großem Kapitalaufwand betriebenen Technologisierung experimentiert sie mit dem molekularen Stoff des Lebens, für dessen Funktionieren sie immer raffiniertere Theoriemodelle entwirft. Von außen wird sie durch Skepsis und Abwehr provoziert. Unüberhörbar sind die Stimmen, die gegen die gentechnologische Revolution und ihre möglichen Folgen opponieren.

Der Einwand der *Technisierung* kritisiert den ungebremsten Einbruch von synthetischer Konstruktion und operationaler Machbarkeit in den Bereich des Lebendigen. Das Argument der *Künstlichkeit* richtet sich gegen den manipulativen Anspruch, unnatürliche Individuen und Arten zu erzeugen, die der Natur zuwider sind. Das Argument der *Hybris* bezieht sich auf die Einstellung, die der Gentechnologie zugrunde liegt. Der Mensch maßt sich eine Schöpferrolle an und erfindet, was er für zweckvoll hält. Und der Hinweis auf *Unberechenbarkeit* warnt vor den unabsehbaren Folgen, die mit dem biotechnologischen Eingriff in den Naturprozeß verbunden sind. Es gibt keinen verläßlichen Schutz vor seinen möglichen katastrophalen oder fatalen Folgen; denn die Gentechnologie kann nie so viel über die Wirkungen wissen, wie sie über die Ursachen zu wissen vorgibt.

Das Unbehagen, das sich gegen die Gentechnologie zu Wort meldet, entstammt einer kulturellen Tradition, in der die Artenvielfalt sinnlich erfahrbar war und zur Orientierung des naturkundlichen Wissens diente. Deren Epoche scheint gegenwärtig zu Ende zu gehen. Sie wird ersetzt durch Modellentwürfe und generative Realisierungen, die ihnen folgen. Nur die Zugehörigkeit zum Modell verspricht noch Sinn und Erkennbarkeit möglichen Lebens. Die DNS ist an die Stelle von Goethes Urphänomenen getreten. Verstört bleiben all jene zurück, die ihrem Ähnlichkeitsgefühl noch vertrauen und nicht verstehen können oder wollen, wie die abstrakten Modelle eines theoretischen Wissens funktionieren, das seiner eigenen abstrakten Logik folgt, zunehmend desinteressiert an jenen natürlichen Ähnlichkeiten, von denen es seine anfänglichen Anregungen erhielt. In ihrem Namen hat Hans Blumenberg gesprochen, als er die Welt biochemischer Formeln und Kombinatorik als unbegehbar zu bedenken gab: «Was sich als lebensweltlicher Rückbezug auf vertraute Erfahrungstypik angeboten hatte, wird von der wis-

senschaftlichen Erkenntnis als Gerüst in ihrem Rücken abge-
brochen, dem nachsetzenden Mitvollzug der Zeitgenossen-
schaft unbegehbar gemacht.»[26]

In «Schöne neue Welt» hat Huxley die Triumphe der Physik,
der Chemie und des Maschinenbaus stillschweigend vorausgesetzt. Expliziert hat er die künftige biologische, physiologische
und psychologische Forschung, die dazu beiträgt, die natürlichen Formen und Äußerungen des Lebens zu verändern. Denn
auf diesem Gebiet findet die letzte und tiefstgreifende Veränderung statt. In der Brut- und Normzentrale geht es nicht mehr
um die technische Beherrschbarkeit der äußeren Natur. Die
wirklich revolutionäre Revolution wird in den Seelen und Körpern der Menschen bewirkt. Nur ein naiver Student war töricht
genug, zu fragen, wozu das alles gut sein sollte.

«Aber lieber Freund!» Der Direktor drehte sich mit einem Ruck zu
ihm um. «Begreifen Sie nicht? Ja, begreifen Sie das denn nicht?» Er
hob den Zeigefinger mit feierlicher Miene. «Das Bokanowskyverfahren ist eine der Hauptstützen für eine stabile Gesellschaft.»
    Eine der Hauptstützen für eine stabile Gesellschaft.
    Menschen einer einzigen Prägung, in einheitlichen Gruppen. (…)
«Da weiß man doch wirklich, woran man ist! Zum ersten Mal in der
Weltgeschichte!» Er zitierte den Leitspruch des Erdballs: «Gemein-
schaftlichkeit, Einheitlichkeit, Beständigkeit.» Goldene Worte.
«Wenn sich das Bokanowskyverfahren unbegrenzt fortführen ließe,
wäre das ganze Problem gelöst.»
    Gelöst durch gleiche Gammas, identische Deltas, einheitliche Ep-
silons. Millionlinge, Massenproduktion, endlich auch in der Biologie.[27]

Huxleys Utopie, die er 600 Jahre in die Zukunft verlegt hat, ist
durch die Neue Biologie zu einer aktuellen Herausforderung geworden. Sie erwies sich als weitaus schneller realisierbar, als man
1932 antizipieren konnte. Die biotechnologische Erzeugbarkeit
von Klonen, die keinen Eigennamen mehr besitzen, sondern nur
noch durch entpersonalisierte Buchstaben katalogisiert werden,
hat jedoch nicht nur einen wissenschaftlichen Hintergrund. Erinnert wird auch an *Platons Rätsel*.

Der Universalienrealismus, der das Gleiche in den Erscheinungen suchte, um das begriffliche Denken auf die Mannigfaltigkeit der Wahrnehmungswelt beziehen zu können, hat eine biotechnische Unterstützung gefunden, von der sich traditionelle Platoniker nichts träumen ließen. Das Spannungsverhältnis zwischen Idee und Erscheinung, Identität und Differenz, Allgemeinheit und Individualität ist in eine molekularbiologische Technik übersetzt worden, die eine serielle Herstellung genetisch identischer Doppelgänger ermöglicht. Und damit stehen wir heute vor einer neuen philosophischen Frage: Wie können wir dem Verhältnis von Typ und Serienprodukten widerstreiten und Platons Rätsel als solches am Leben erhalten?

Die Sprachmaschine

Vom Sprachgebrauch zum generativen Modell

> Das Ziel jeder strukturalistischen Tätigkeit besteht darin, ein «Objekt» derart zu rekonstituieren, daß in dieser Rekonstitution zutage tritt, nach welchen Regeln es funktioniert (welches seine «Funktionen» sind). Die Struktur ist in Wahrheit also nur ein *simulacrum* des Objekts, aber ein gezieltes, «interessiertes» Simulacrum, da das *imitierte* Objekt etwas zum Vorschein bringt, was im *natürlichen* Objekt unsichtbar oder, wenn man lieber will, unverständlich blieb.[1]
> *Roland Barthes*

Grammatikgene und Universalgrammatik

Von der Ansicht der Natur in der Vielfalt ihrer Erscheinungen zur Gentechnologie, die mit der universalen Struktur der DNS arbeitet, vollzog sich der Fortschritt der Biologie. Parallel zu dieser Entwicklung verlief die Geschichte der Sprachwissenschaft. Wie sich die Genetik von der sinnlichen Anschauung der natürlichen Lebensformen abgelöst hat, um das Strukturmodell der Doppelhelix entdecken zu können, so hat sich die moderne Strukturlinguistik von den Phänomenen des natürlichen Sprachgebrauchs zurückgezogen, um hinter allen sprachlichen Erscheinungen eine universelle grammatische Struktur freizulegen. Denn gleichgültig, was wir sprachlich tun, abhängig von unterschiedlichen Mitteilungsabsichten, Empfängererwartungen, Situationskontexten, außersprachlichen Bedeutungshorizonten, nationalsprachlichen und dialektalen Sprachnormen, es findet doch, in einer abstrakten Perspektive gesehen, stets das gleiche statt: Wir kombinieren einzelne sprachliche Elemente zu grammatisch wohlgeformten Sätzen.

Die linguistische Rede von der Sprache als Kombinationsstruktur hat in der Molekularbiologie ihr verbales Echo gefunden. Nicht zufällig ist die gentheoretische Begrifflichkeit voller Ausdrücke, die der Linguistik entlehnt worden sind. Alles Lebendige wird zurückgeführt auf ein Vierbuchstabenspiel, in dem A, G, C und T miteinander kombiniert werden. Wie aus wenigen Buchstaben einer Sprache stets neue Sätze und Texte gebildet werden können, so ergeben sich aus den Kombinationen der Basenelemente immer wieder neue «Botschaften». Die DNS ist eine «Informationsstruktur», die wie eine Sprache aus ihren Artikulationseinheiten besteht. Man spricht von einem genetischen «Code», wobei die «Tripletts», die «Codons» aus jeweils drei Nukleinsäurebasen, die Herstellung von Eiweiß kodieren. Je drei genetische Buchstaben, zu einer Informationseinheit zusammengefaßt, dirigieren den Anbau von Proteinen, wobei zunächst die DNS-Sequenz eines Gens in ein Botenmolekül «transkribiert» wird, das dann als eine Art «Abschrift» zu den Syntheseorten wandert, wo der genetische «Text» in das Protein «übersetzt» wird. Wie eine Grammatik (von griech. «gramma», der Buchstabe, das Schriftzeichen) eine Art Vor-Schrift bildet, um die unbegrenzte Menge aller grammatisch wohlgeformten Sätze bilden zu können, so enthält auch die «Grammatik der Biologie» alle Elemente und Regeln, die den genetischen Prozeß steuern und kontrollieren.

Diese Übernahme der linguistischen Terminologie hat gegenwärtig eine bemerkenswerte Umkehrung erfahren. 1996 erschien die deutsche Übersetzung des wissenschaftlichen Bestsellers «The Language Instinct» (1994), in dem Steven Pinker, der als Professor für Kognitionswissenschaft das Center for Cognitive Neuroscience am Massachusetts Institute of Technology leitet, seine provozierende Idee veröffentlicht hat: Die Sprache ist kein kulturelles Gebilde, sondern ein klar umrissener Teil der biologischen Ausstattung unseres Gehirns, der allen Menschen gleichermaßen angeboren ist. Nicht die Kultur, sondern die Biologie ist für sie von wesentlicher Bedeutung. Kulturelle sprachliche Vielfalt ist nur ein oberflächliches Phänomen, hinter dem sich die biologische Einfalt eines universellen und angeborenen Sprachvermögens verbirgt. Sprachkompetenz ist ein «Instinkt», mehr oder weniger mit der Webkunst der Spinnen vergleichbar.

Wie faszinierend auch immer die geschichtlichen, sozialen, psychischen, biographischen und sprachlichen Unterschiede zwischen den Menschen sein mögen, so unerheblich sollen sie doch sein, wenn wir feststellen können, daß wir alle den gleichen Geist und das gleiche Sprachvermögen besitzen. Pinker ist davon überzeugt, daß unter den Variationen, die wir im lebendigen Gebrauch der Sprache erleben können, sich die genotypischen Schaltpläne einer universalen Grammatik und einer allgemeinen Kognition als «Wunder der Natur»[2] verbergen.

Der Mensch ist ein Forschungsobjekt der Biologie, seine Sprache ist ein spezifischer Instinkt, und dieser Instinkt wird durch *Grammatikgene* determiniert. Pinker weiß, daß diese Annahmen vor allem für Geistes- und Kulturwissenschaftler eine Provokation darstellen. Leugnet der Hinweis auf Gene für Grammatik nicht die Schwierigkeiten des Lernens, mit dem jedes Kind sich mühsam in die Besonderheiten kultureller Sprachspiele einüben muß? Ja, sagt Pinker, und packt dabei eins der heißesten Eisen der modernen Neurowissenschaften an. Wenn es einen angeborenen Sprachinstinkt gibt, so wird Sprache nicht gelernt, sondern von jedem Kind stets neu erfunden, weil es sich aufgrund seiner genetischen Ausstattung einfach nicht dagegen wehren kann. «Wenn es aber einen Sprachinstinkt gibt, so muß dieser irgendwo im Gehirn verankert sein, und die entsprechenden Nervenbahnen wiederum müssen von den Genen, die sie konstruieren, auf ihre Rolle vorbereitet werden.»[3]

Diese Argumentationsfigur ist vor allem hinsichtlich jener *Projektionsmechanismen* bemerkenswert, die zum Erkennungsmerkmal der modernen Technowissenschaften geworden sind. Sie geht von einem Einfall aus, der dann in das Erkenntnisobjekt hineinprojiziert wird, wie es der Fall sein soll: Es gibt einen Sprachinstinkt. Und wenn es ihn gibt, so ergeben sich daraus zwingende Konsequenzen. Denn dann muß es Grammatikgene geben, um den angenommenen Sprachinstinkt biologisch begründen zu können. Zwar muß Pinker zugeben, daß sich seine Vermutung, jeder Mensch trage ein Grammatikgen in sich, heute noch nicht direkt beweisen läßt. Der Spezialist der Neurowissenschaften ist nicht ohne Zweifel: «Existieren Grammatikgene nun tatsächlich, oder handelt es sich nur um eine Spinnerei?»[4] Aber er ist dennoch von seinem Einfall begeistert. Denn er ist a priori davon überzeugt, daß nur ein hypothetisch unterstellter Sprachinstinkt in das Ursache-Wirkungs-Gefüge des physischen Universums paßt und deshalb «nicht ein in biologische Metaphern eingepackter Mythos»[5] ist. Auch wenn bisher noch niemand ein genetisch determiniertes Sprachorgan oder ein Grammatikgen entdeckt hat, so ist die Suche danach doch wegweisend und sinnvoll. «Die Fahndung läuft.»[6]

Gesucht wird, was man finden will. Der neurowissenschaftliche Fahnder hat sich dabei vor allem auf Noam Chomsky bezogen, seinen Linguistik-Kollegen am MIT, der, wie Pinker bewundernd betont, zu den zehn meistzitierten Autoren der Geisteswissenschaften zählt (noch vor Hegel und Cicero, überflügelt nur von Marx, Lenin, Shakespeare, der Bibel, Aristoteles, Platon und Freud).[7] Chomsky ist das einzige lebende Mitglied der Top ten, und sein Forschungsprogramm der Generativen Grammatik liefert Pinker die unhinterfragte Basis, auf der er sein Konzept entfaltet: «Die berühmtesten Argumente dieses Jahrhunderts für die Instinkthaftigkeit der Sprache stammen von Noam Chomsky, dem Linguisten, der die Komplexität des Systems als erster aufgedeckt hat und möglicherweise den größten Beitrag zur modernen Revolution der Sprach- und Kognitionswissenschaft geleistet hat.»[8] Angelehnt an Chomskys *universalgrammatisches Projekt* soll sich «zum ersten Mal in der Geschichte»[9] etwas Sinnvolles und wirklich Aufregendes über Sprachinstinkt und grammatische Gene schreiben lassen.

Formalisierte Grammatikmodelle und biologistische Sprachinstinkthypothese spielen sich gegenseitig die Bälle zu. Von kultureller Vielfalt und lebendiger Mannigfaltigkeit des Sprachgebrauchs haben sich beide verabschiedet. Wie die Gentheorie die

Sprache der Strukturlinguistik adaptiert hat, so legitimiert sich die Suche nach den genetischen Bausteinen des Sprachinstinkts durch das anerkannte Programm einer generativen Universalgrammatik. Gemeinsam ist ihnen die Methode. Sie entwerfen a priori ihre Modelle und «fahnden» dann nach möglichen Indizien im natürlichen Stoff, die ihre Annahmen plausibel erscheinen lassen.

Es ist diese *Umkehrung*, die Chomskys «Revolutionierung» der Linguistik qualifiziert. Sie verdreht das traditionelle Verhältnis von Erfahrung und Theorie, von Sprachphänomenen und Grammatikmodell. Sie geht nicht von Erfahrungen sprachlicher Vielfalt aus, um sie wissenschaftlich zu systematisieren. Statt dessen konstruiert sie ein «meta-theoretisches» Rahmenwerk, um grammatischen Theoriebildungen zu ermöglichen, in allen Sprachen nach dem Gleichen suchen zu können. Diese Metatheorie, die jeder einzelsprachlichen Grammatik ihre theoretischen Begriffe und ihren formalen Aufbau vorprogrammiert, legt die Perspektive fest, die jeder zu übernehmen hat, der die grammatische Theorie einer Sprache nach Chomskys generativem Vorbild aufbauen will.[10]

Das Projekt der Universalgrammatik stellt einen Projektionsmechanismus zur Verfügung, für den nur eins wesentlich ist: der Aspekt einer universellen Berechenbarkeit aller Sprachen, sofern sie als grammatische Kombinationsstrukturen analysierbar und synthetisierbar sind. Noam Chomsky hat die «Künstlichkeit» mathematischer Modellkonstruktionen zum Königsweg jeder sprachwissenschaftlichen Untersuchung «natürlicher» Sprachphänomene erklärt. Und er hat zugleich die Natur der Sprache als ihre Berechenbarkeit bestimmt. Das ist der «größte Beitrag», den er zur Revolution der Sprach- und Kognitionswissenschaft geleistet hat.

Wie kam es zu dieser Wende, und was bedeutet sie für die Problemsituation, in die wir gegenwärtig verstrickt sind: der Übermacht von Projektionen theoretischer Konzepte, denen man sich nur um den Preis entziehen kann, als «rettungslos altmodisch»[11] zu gelten und an einer sprachlichen Wirklichkeit festzuhalten, die sich nicht darin erschöpft, nur ein generierbares Endprodukt einer algorithmisch arbeitenden Grammatikmaschinerie zu sein?

Sprache als Berechnungssystem

Daß die mannigfaltigen sprachlichen Phänomene nur einen Vordergrund bilden, hinter dem sich eine *Struktur* verbirgt, die es zu entdecken gilt, hat zu Beginn des 20. Jahrhunderts der Genfer Linguist Ferdinand de Saussure zu begründen versucht. Während seine Vorgänger noch darauf beharrten, daß «sämtliche Äußerungen der Sprechtätigkeit an sämtlichen Individuen in ihrer Wechselseitigkeit aufeinander»[12] das wahre Objekt der Sprachwissenschaft bilden, hat Saussure die Sprache als ihren eigentlichen Gegenstand in den Mittelpunkt des Interesses gerückt. Die Unterscheidung zwischen Sprechen («parole») und Sprache («langue») war die Initialzündung einer Bewegung, die sich im Bereich der Sprachwissenschaft durchgesetzt hat. Die Mannigfaltigkeit der Sprachspiele wird zurückgedrängt zugunsten der Sprache als einem «einheitlichen Ganzen». Die tatsächliche Sprechtätigkeit liefert nur das Material, um der Struktur der Sprache auf die Spur zu kommen, einem Erkenntnisobjekt, das man gesondert erforschen kann und das Saussure mit großer Kühnheit zu einem eigenständigen Gegenstand erklärt hat.[13]

Mit dieser Wendung von den natürlichen Gegebenheiten zum System strukturierter Einheiten hat das theoretische Wissen ein neues Ziel gewonnen. Roland Barthes, der tonangebende Verfechter des französischen Strukturalismus, hat es *Simulakrum* genannt: ein neues, virtuelles Objekt, das der tatsächlichen Gegebenheit ähnelt, ohne sie zu kopieren, das «intelligibel» ist, weil es sich von den «natürlichen Objekten» unterscheidet und aus einer theoretischen Praxis der Analyse und Synthese resultiert. Um begriffliche Verwirrungen zu vermeiden, wird vom Simulakrum als *symbolischem* Objekt gesprochen. Denn es ist in einer dritten Ordnung angesiedelt, die weder mit der «Realität» des sinnlich Wahrnehmbaren identisch ist, noch in den Bereich eines «Imaginären» (bloß Gedachten, Eingebildeten, Phantasierten) verflüchtigt werden kann.

> Die Ablehnung, das Symbolische mit dem Imaginären sowie mit dem Realen zu vermengen, bildet die erste Dimension des Strukturalismus. Auch dort hat alles wieder mit der Linguistik begonnen: jenseits des Wortes in seiner Realität mit seinen klanglichen Eigenschaften, jenseits der Bilder und Begriffe, die den Wörtern assoziiert werden, entdeckt der strukturale Linguist ein Element ganz anderer Natur, das strukturale Objekt.[14]

Ein Phonem ist weder der artikulierte Laut noch eine bloße Abstraktion; ein Morphem als kleinste Bedeutungseinheit der Sprache ist weder ein gesprochenes oder geschriebenes Wort noch eine mentale Vorstellung; ein grammatisch wohlgeformter Satz ist weder eine konkrete Äußerung noch ein reiner Gedanke.

Bereits bei Saussure deutete sich dabei die *Mathematisierung* an, die das strukturale Denken beherrscht. Am einfachen Beispiel der Pluralbildung, die aus «Nacht» «Nächte», aus «Gast» «Gäste», aus «Hand» «Hände» zu machen erlaubt, hat er erläutert, daß diese grammatischen Tatsachen nur als Verhältnis der Gegenüberstellung begreifbar sind. Für sich allein genommen ist weder «Nacht» noch «Nächte» ein gegebenes Faktum. Als Formen von Singular und Plural verweisen sie aufeinander wie zwei Elemente einer *algebraischen* Funktion, die ihren Wert durch ihre Beziehung zum jeweils anderen erhalten. Es geht um formale Differenzen, nicht um materiale Substanzen. «Die Sprache ist sozusagen eine Algebra, die nur komplexe Termini enthält.»[15]

Indem das linguistische Simulakrum wie eine Algebra konzipiert wird (jedes Element existiert nur durch die systematischen Operationen, die mit ihm stattfinden können), wird Sprache «berechenbar». Die linguistische Praxis unterstellt sich den theoretischen Produktionen der Mathematik. Der amerikanische Linguist Noam Chomsky hat diesen Weg am konsequentesten beschritten.

1957 erschien sein erstes Buch – «Syntactic Structures» –, das ihn auf einen Schlag innerhalb der linguistischen Forschergemeinschaft weltberühmt gemacht hat. Bereits im Vorwort hat er sein Erkenntnisinteresse klar und deutlich formuliert. Er wollte die Linguistik von «dunklen und gefühlsbehafteten Begriffen» reinigen und eine «formalisierte allgemeine Theorie der Sprachstruktur konstruieren».[16] Präzis konstruierte Modelle sollten im Prozeß der Forschung die entscheidende Rolle spielen. Um sie auf die Sprache anwenden zu können, kam es deshalb zunächst darauf an, einen Begriff der Sprache zu explizieren, der dieser Intention entsprach. Mit dieser Bestimmung war die Weiche gestellt, auf der sich seit 40 Jahren die Chomsky-Linguistik bewegt und zum herrschenden Vorbild der modernen Linguistik wurde.

> Von jetzt ab werde ich unter einer SPRACHE eine (endliche oder unendliche) Menge von Sätzen verstehen, jeder endlich in seiner Länge und konstruiert aus einer endlichen Menge von Elementen. Alle natürlichen Sprachen – in ihrer gesprochenen oder geschriebenen Form – sind Sprachen in diesem Sinn, da jede natürliche Sprache eine endliche Anzahl von Phonemen (oder Buchstaben in ihrem Alphabet) hat und jeder Satz als eine endliche Folge von Phonemen (oder Buchstaben) dargestellt werden kann, obwohl es unendlich viele Sätze gibt. Ähnlich kann die Menge von ‹Sätzen› irgendeines formalisierten Systems der Mathematik als eine Sprache verstanden werden. Das grundsätzliche Ziel bei der linguistischen Analyse einer Sprache L ist es, die GRAMMATISCHEN Folgen, die Sätze von L sind, von den ungrammatischen Folgen, die nicht Sätze von L sind, zu sondern und die Struktur der grammatischen Folgen zu studieren. Die Grammatik von L wird deshalb eine Vorrichtung sein, die sämtliche der grammatischen Folgen von L erzeugt und keine ungrammatischen.[17]

Die Sprache L als Erzeugungsobjekt einer grammatischen Theorie G ist kein Medium, in dem Menschen miteinander kommunizieren und alles mögliche tun können. Statt dessen gleicht sie den formalisierten Systemen der Mathematik.

Die Annäherung der natürlichen Sprache an mathematische Konstruktionen wird besonders auf der theoretischen Ebene

Noam Chomsky

sichtbar. Die Sprache der Theorie, die Grammatik von L, ist «formalisiert». Sie funktioniert als eine Vorrichtung («device»), die mit einzelnen Symbolen (wie «S», «NP», «VP», «N», «V») mechanisch operiert. Sie ist eine *symbolische Maschine* [18], deren Elemente keine natürlichen Sprachzeichen sind, sondern abstrakte Termini, die durch geregelte Formations- und Transformationsregeln miteinander verknüpft sind. Ihre Funktion und

Bedeutung erschöpft sich in der Rolle, die sie innerhalb einer generativen Ableitung der «grammatischen Folgen von L» spielen.

Diese Theoriekonzeption hat einen bemerkenswerten Effekt zur Folge: Die Sprache L, die durch eine formalisierte Theorie erzeugt werden kann, hat ihre Eigenständigkeit verloren. Es gibt sie nicht in der Fülle des außertheoretischen Sprachgebrauchs. Statt dessen wird sie als Menge von Elementverbindungen hergestellt, die in den innertheoretischen Operationsbereich des grammatischen Mechanismus fallen.

In zahlreichen Arbeiten hat Chomsky diese Grundidee ausgeführt. Er hat 1965 eine Standardtheorie (ST) entworfen («Aspekte der Syntax-Theorie»), sie später erweitert (EST), die Erweiterungen revidiert (REST) und schließlich 1995 ein «Minimalist Program» vorgestellt, in dem die universellen Prinzipien aller Sprachen durch wenige *universalgrammatische* Kombinationsregeln formalisiert sind. Alle Sprachen werden als ein Berechnungssystem thematisiert, als «a single computational system C_{HL} for human language». Die Vielfalt der sprachlichen Erscheinungen soll dabei keine wesentliche Rolle spielen. Das primäre Interesse Chomskys besteht darin, «to show that the apparent richness and diversity of linguistic phenomena is illusory and epiphenomenal.»[19]

Das strukturelle Simulakrum ist durch Chomsky zu einem universalistischen Modell im mathematischen Sinn transformiert worden. Alles beginnt mit dem konstruktiven Entwerfen eines formalen *Kalküls*. Maschinell befolgbare Form- und Umformungsregeln gestatten die Ableitung von Endketten aus dem Anfangssymbol «S». Sie funktionieren als ein Algorithmus, der vorschreibt, wie eine Berechnung vorzunehmen ist.

Dieses a priori entworfene Instrument generativer Ableitung muß dann, um auf die Sprache als Erkenntnisobjekt anwendbar zu sein, inhaltlich interpretiert werden. Den nicht-logischen Zeichen des Kalküls werden linguistische Begriffe mit einer inhaltlichen Bedeutung zugeordnet. Die mathematische Konstruktion wird zu einer Grammatik. Das formale System erhält ein mögliches *Modell*. Es wird als Generative Grammatik «realisiert».

Als Modell muß sie schließlich anhand empirischer Daten überprüft, bestätigt oder widerlegt werden können. Die generierten Endketten des mathematischen Modells sollen mit den grammatisch wohlgeformten Sätzen der analysierten Sprache übereinstimmen und ihnen eine adäquate Struktur zuschreiben.

Eine Generative Grammatik ist also nichts anderes als die Realisierung eines vorweg konstruierten mathematischen Kalküls. Sie gilt als modelliert, weil sie eine algorithmische Regelhaftigkeit repräsentiert und ihr zugleich einen möglichen Anwendungsbereich verfügbar macht. Von der formalen Struktur zu ihrem grammatisch interpretierten Modell: Das ist der Weg und das Ziel des generativen Denkens, das die Sprache als ein «computational system» zu seinem Erkenntnisobjekt erklärt hat. «Modell» darf also nicht mehr in einem mimetischen oder gar ikonischen Sinn mißverstanden werden, der, man denke etwa an eine Modelleisenbahn, einen anschaulichen oder bildhaften Bezug auf das modellhaft Abgebildete festhält. Als interpretierte Realisierung eines Kalküls ist das grammatische Modell seinem möglichen Gegenstandsbereich durchaus unähnlich. Ein formalisiertes Regelsystem unterscheidet sich wesentlich von den Fähigkeiten und Kenntnissen, mit denen die Sprecher einer Sprache ihre Äußerungen bilden. Eine Generative Grammatik ist keine psycholinguistische Abbildung sprachlicher Produktivität, sondern ein künstliches Berechnungssystem, das algorithmisch arbeitet.

Die sprachliche Wirklichkeit ist kein theoretisch unvermitteltes Erfahrungsfeld sprachlicher Ereignisse. Sie wird mittels mathematisierter Modelle generiert, denen ein «höherer Realitätsgrad» als der alltäglichen Welt des Sprachverhaltens zugeschrieben wird. Chomsky hat sich zur philosophischen Legitimation seiner Modellkonstruktionen nicht nur auf Platon bezogen. Explizit favorisiert er in der Linguistik einen *Galileischen Stil*, der die beobachtbare Sprachperformanz nur als die Oberfläche einer tieferliegenden geistigen Realität begreift, die allein durch abstrakte Modelle erfaßt werden kann. Den Strukturtheoretiker interessieren vor allem folgende Fragen:

In welchem Ausmaß und in welcher Weise kann die am «Galileischen Stil» orientierte Erforschung des kognitiven Bereichs zur Einsicht und zum Verständnis der Grundlagen der menschlichen Natur führen? Können wir hoffen, unter die Oberfläche zu gelangen, wenn wir uns bereit erklären, vielleicht weitreichende Idealisierungen vorzunehmen und abstrakte Modelle zu erstellen, die als aufschlußreicher angesehen werden als die alltägliche Welt der Sinneseindrücke?[20]

Das sind rhetorische Fragen. Chomsky weiß die Antwort, und die herrschende Linguistik ist ihm gefolgt.

Linguistischer Hyperrealismus

Auch wenn der Mainstream-Diskurs der zeitgenössischen Linguistik noch den Regeln von Wahrheitsfindung, Objektivität, Rationalität, empirischer Überprüfbarkeit, realitätsbezogener Sachhaltigkeit und kritischer Argumentation folgt und einem wissenschaftlichen Realitätsprinzip zu unterliegen scheint, kann er doch nur mit Mühe verbergen, daß er sich in einem *hyperrealistischen* Raum befindet, in dem es recht verwirrend zugeht. Man kann es bereits am theoretischen Sprachgebrauch ablesen. Waren für die vorstrukturalistische Sprachwissenschaft noch sämtliche Äußerungen der Sprechtätigkeit das «wahre Objekt» der Sprachforschung, so hatte der klassische Strukturalismus bereits «imitierte Objekte» (Simulakren) ins Spiel gebracht, an denen deutlich gemacht werden kann, was im «natürlichen Objekt» unverständlich verborgen ist.

Die generative Grammatikmaschine hat diese Erkenntnisstrategie radikalisiert. Die gesamte sprachliche Realität erscheint nun determiniert durch ein Modell, das sich zwar als «ihr» Modell verstehen läßt, obwohl es doch zugleich nur die Realisierung eines mathematischen Kalküls ist, der durch «sein» Modell strukturlinguistisch interpretiert wird.

Das Spiel mit den Possessivpronomen signalisiert die *Konfusionen*, in die man verstrickt wird, wenn die abstrakten Modelle aufschlußreicher sind als das sprachliche Gebrauchswissen, wenn die theoretischen Simulakren die praktischen Sprachspiele ersetzen und wenn die generativen Mechanismen einen höheren Realitätsgrad besitzen als die Ereignisse des Sprachverhaltens. Diese Verwirrung ist nicht einfach zu lösen. Sie läßt das Beharren auf den «wahren Objekten» einer theoriefreien Sprachrealität als historischen Rückschritt erscheinen. Die erkenntnistheoretische Irritation reflektiert eine technologische Bewegung, deren Geschichte Jean Baudrillard als Prozeß einer zunehmenden *Simulation* beschrieben hat. Sie läßt das Reale in Agonie verfallen, sofern es nicht ihr Reales ist. Sie läßt es verschwinden und ersetzt es simulativ durch ein Hyperreales, das operationell modelliert werden kann. Anstelle des alten Realitätsprinzips beherrscht uns nun ein *Simulationsprinzip*, das die Trennung zwischen Wirklichkeit und ihrer Modellierung aufgehoben hat.

> Es handelt sich dabei um eine Verkehrung von Ursache und Wirkung, denn alle Formen ändern sich von dem Moment an, wo sie nicht mehr mechanisch reproduziert, sondern im Hinblick *auf ihre Reproduzierbarkeit selbst konzipiert werden*, wo sie nur noch unterschiedliche Reflexe eines erzeugenden Kerns, des Modells, sind. Jetzt haben wir die Simulakren der dritten Ordnung vor uns. Es gibt keine Imitation des Originals mehr wie in der ersten Ordnung, aber auch keine reine Serie mehr wie in der zweiten Ordnung: es gibt Modelle, aus denen alle Formen durch eine leichte Modulation von Differenzen hervorgehen. Nur die Zugehörigkeit zum Modell ergibt einen Sinn, nichts geht mehr einem Ziel entsprechend vor, alles geht aus dem Modell hervor, dem Referenz-Signifikanten, auf den sich alles bezieht, der eine Art von vorweggenommener Finalität und die einzige Wahrscheinlichkeit hat. Das ist, im modernen Sinne des Wortes, die Simulation.[21]

Wenn wir, Baudrillard folgend, die Generative Grammatik als ein Simulationsmodell verstehen, das seine sprachlichen Erzeugnisse wie Selbstverdoppelungen sprachlicher Wirklichkeit im Hyperraum mathematischer Modelle auftauchen und verschwinden läßt, dann klären sich auch einige der Phänomene, durch die man verwirrt sein muß, solange man am klassischen Realitäts- und Erkenntnisprinzip festhält. Es sind keine Irrtümer einer Wissenschaft, die gegen die Regeln ihrer Disziplin verstößt. Es sind notwendige *Effekte* einer Intention auf die Sprache, die nur noch als Bereich möglicher Simulation interessiert.

Effekt *Projektion*. Besonders das generative Konzept des grammatisch wohlgeformten Satzes läßt etwas von jener Vortäuschung und Scheinhaftigkeit erkennen, die in «Simulation» mitschwingen. Wir haben es zwar mit Sätzen einer natürlichen Sprache zu tun, mit jenen geordneten Ganzheiten, durch die die schwankenden und oft mehrdeutigen Einzelbedeutungen lexikalischer Bausteine festgerückt werden. Wir alle wissen, was Sätze sind, auch wenn es schwerfällt, dafür eine exakte Definition zu finden. Aber dieser alltägliche Begriff des Satzes erhält in dem Moment sein täuschendes Gewand, in dem er in den Sog der generativen Simulation gerät. Als Erzeugnis der grammatischen Maschinerie verliert er einige seiner «natürlichen» Eigenschaften und nimmt dafür einige neue Charakteristika an, die in ihn hineinprojiziert werden. Er wird nach den künstlichen Kalkülsprachen modelliert, die seine Erzeugung ermöglichen sollen: ohne verantwortlichen Sprecher und aufmerksamen Hörer, ohne gemeinten Sinn und bedeuteten Sachverhalt, ohne kommunikative Intention und praktischen Gebrauchswert, ohne textlichen Kontext und situatives Umfeld.

Effekt *Mehrdeutigkeit*. Wenn wir es linguistisch nur noch mit einer Generierung des sprachlich Realen durch mathematische Modelle zu tun haben, so kann nicht mehr verläßlich zwischen erkanntem und simuliertem Objekt unterschieden werden. Es überrascht nicht, daß in dieser Bewegung alles mehrdeutig wird, «systematisch mehrdeutig», wie Chomsky kennzeichnend ergänzt hat. Mehrdeutig ist bereits der zentrale Begriff der Sprache selbst. Eine natürliche Sprache, als Menge von Sätzen Untersuchungsgegenstand der Grammatik, ist zugleich ihr generierbares Produkt. Die grammatisch aus dem Anfangssymbol «S» ableitbare Menge von Endketten ist identisch mit allen Sätzen der analysierten Sprache. Folglich ist auch der Begriff der Grammatik mehrdeutig: «Einmal meint er die im Sprecher intern repräsentierte ‹Theorie seiner Sprache›, zum andern bezeichnet er den linguistischen Zugang zu diesem Phänomen.»[22] Er kennzeichnet die erzeugende Theorie und zugleich die grammatische Strukturiertheit der Sprache als Erkenntnisobjekt. «Struktur» bezeichnet die vom Linguisten gemeinte, in der Theorie formalisierte Struktur und die reale Gegebenheit als Struktur. «Sprachebene» bezeichnet eine Ebene der Grammatiktheorie ebenso wie eine Ebene der Sprache. Auch der Satz ist zugleich eine Einheit der natürlichen Sprache und das Endprodukt einer generativen Ableitung.

Effekt *Künstlichkeit*. Das Verfahren der simulativen Modellierung kann nicht ohne Anschauungsmaterial auskommen. Jeder grammatische Entwurf arbeitet mit Beispielsätzen, an denen er seine theoretische Erklärungsstärke unter Beweis stellt. Das Modell wäre leer, würde es nicht generierbare Endketten herstellen können, die als grammatisch wohlgeformte Sätze akzeptiert werden. Nur so ist es sachhaltig und empirisch fundiert. Aber die Linguistik macht sich dabei nicht die Reflexivität des natürlichen Sprachgebrauchs zunutze, um etwas Gesagtes metakommunikativ zu thematisieren. Ihre Sätze sind keine Gesprächseinheiten, über deren Sinn, Funktion und Gestalt es nachzudenken gilt. Sie sind von vornherein bloße Exempel zur Verdeutlichung der generativen Kapazität eines theoretischen Modells. Ihre Bildung verdankt sich nicht der Absicht eines Sprechers, etwas mitzuteilen oder sprachreflexiv zu erläutern, sondern der Notwendigkeit, der generativen Modellierung mögliche Anwendungsfälle zu bieten.

Es ist deshalb kein Zufall, daß diese Satzbeispiele etwas Künstliches an sich haben. Selbst wenn sie mit gebräuchlichen Sätzen wörtlich übereinstimmen, so sind sie doch in einem Hyperraum ohne kommunikative Relevanz angesiedelt. Die grammatischen Exemplifikationen besitzen zwar weiterhin eine sprachliche Qualität. Aber sie haben ihren kommunikativen Wert verloren. Sie erscheinen wie Deformationen sprachlicher Realität, auch wenn sie ihr vollkommen ähnlich sind, wie künstliche Doppelgänger, die sich als Originale vorstellen. Geraubt ist ihnen die Atmosphäre des außergrammatischen Gebrauchs. Aus

Sprechsituationen herausgelöst und zu bloßen Beispielen grammatischer Generierung vergegenständlicht, unterliegen sie einer Verkünstlichung, die sich als Effekt aus der simulativen Intention selbst ergibt.

Vom natürlichen oder «wahren Objekt» der Sprachwissenschaft sprechen zu können, scheint nur noch eine wissenschaftsgeschichtliche Erinnerung zu sein. Die Mannigfaltigkeit der Sprachspiele bewußtmachen zu wollen, erscheint als ein Abweg in illusionäre und epiphänomenale Randzonen. Er ist nicht mehr an der Zeit, wenn alles Sprachliche in der Vollendung seiner Modelle zu verschwinden droht und nur noch als künstliches Double seiner selbst auftritt und erkannt werden kann. Das «single computational system C_{HL} for human language» hat sich an die Stelle der sprachlichen Lebensform gesetzt, und die natürliche Sprache ist in eine Maschinensprache transformiert worden, die nur noch hinsichtlich ihrer Berechenbarkeit wissenschaftlich interessant ist.

In dieser Verschiebung besteht Chomskys «Revolution». Sie hat der Idee der Formalisierung auf dem Feld der Sprache eine Machtposition erobert, der gegenüber alle traditionellen Versuche, die Sprache in ihrer geschichtlichen Dynamik und geographischen Verschiedenheit, ihrem kommunikativen Wert und sinnlichen Ausdruck, ihrer situationsgebundenen Verwendung und spielerischen Gestaltung verstehen zu wollen, als «dunkel und gefühlsbehaftet» erscheinen. Zwar analysiert Chomsky «natürliche Sprachen». Aber sie erscheinen nur noch wie künstliche Sprachen, die in den Applikationsbereich formalisierter Kalküle fallen. Mit dieser Phantomatisierung hat sich Chomsky seinen Platz unter den Top ten der Geisteswissenschaften erstritten.

Die Turing Connection

Vom Denken zur Künstlichen Intelligenz

> Es sind noch viele Probleme zu lösen. Eines davon ist die Natürlichkeit. Das intelligente Werkzeug sollte mit seinem menschlichen Nutzer auf eine flüssige und flexible Art, die dem Nutzer natürlich erscheint, in einen Dialog treten können.[1]
> *Edward A. Feigenbaum*

> Ergibt sich der unglaubliche Erfolg der künstlichen Intelligenz nicht aus der Tatsache, daß sie uns von der realen Intelligenz befreit, daß sie uns, indem sie den operationalen Prozeß des Denkens perfektioniert, von dem unlösbaren Rätsel seines Bezugs zur Welt befreit?[2]
> *Jean Baudrillard*

Grammatik des Denkens

Was ist Leben? Nur die Variabilität der Anordnung weniger Substanzen, antwortet die Gentheorie. Der Reichtum biologischer Aktivitäten wird auf Sequenzen der immergleichen DNS-Bausteine reduziert, die als Dreierfolgen der basalen Buchstaben A, G, C und T die Generierung lebenden Gewebes kodieren.

Was ist Sprache? Nichts anderes als eine Menge grammatisch strukturierter Sätze, die aus einer endlichen Menge von Elementen bestehen, antwortet die Generative Grammatik. Die Mannigfaltigkeit des kommunikativen Sprachgebrauchs ist nur ein illusorisches Randphänomen, das absolut zweitrangig ist gegenüber dem kognitiven Sprachmechanismus, der durch eine grammatische Symbolmaschine gesteuert wird.

Grammatik der Biologie, Grammatik der Sprache: In beiden

Fällen hat sich der griechische Wortsinn von «gramma» als (Schrift-)Element erhalten, das gleichartig bestehenbleibt und sich nicht verändert im hinreißenden Verlauf biologischer Prozesse und lebendiger Kommunikation. Leben und Sprache sollen lesbar und in ihrer programmierten Schriftartigkeit dechiffrierbar sein.

Was ist Denken? Vor allem ein Rechnen mit symbolischen Repräsentationen, die mittels eines generativen Codes im menschlichen Gehirn oder in einer Maschine implementiert sind, antworten die Programmierer der *Künstlichen Intelligenz*. Das Prädikat «künstlich» verweist ausdrücklich darauf, daß nicht das Denken in seiner eigenwilligen Dynamik im Zentrum des Interesses steht, sondern die Entwicklung von Maschinensprachen, die zur Lösung klar definierter Problemsituationen dienen können.

Seit Mitte der fünfziger Jahre, als Noam Chomsky seine formalisierte allgemeine Theorie der Sprachstrukur zu konstruieren begann und Crick und Watson ihr universales DNS-Modell zusammenbastelten, konzentriert sich die KI auf die berechenbaren Aspekte intelligenter Operationen. Was zunächst nur an logischen und mathematischen Ableitungen erprobt wurde, hat das Bild verändert, das man sich vom menschlichen Denken macht. Darin besteht die intellektuelle Provokation der KI, die den Widerspruch all jener herausfordert, die davon überzeugt sind, daß der Mensch anders denkt, als es ihm formalisierte Programme vorzuschreiben versuchen. Der aktuelle Streit um die Möglichkeiten und Grenzen der Künstlichen Intelligenz ist keine fachinterne Auseinandersetzung zwischen Spezialisten. Die Suche nach einer «Grammatik des Denkens» ist zu einem grundsätzlichen Streitfall geworden, in dem es um eine wesentliche Fähigkeit des Menschen geht.

Auf der einen Seite stehen die *Komputationalisten*, die davon überzeugt sind, daß Berechenbarkeit ein Wesensmerkmal menschlicher Denkfähigkeit ist. Die reflexive Selbstvergewisserung des Denkens mit all seinen subjektiven, emotionalen, intuitiven, leibgebundenen und kontextuellen Bedingungen soll keine entscheidende Rolle spielen. Sie wird zurückgedrängt zugunsten programmzentrierter Simulationsmodelle, deren Formalismus als Abbild mentaler Ereignisse gilt. «Die durch die Kognitionswissenschaften initiierte Formalisierung des Mentalen und die durch die Künstliche Intelligenz prädizierte Mentalisierung des Formalen greifen ineinander.»[3]

Auf der anderen Seite stehen die *Holisten*, die von einem ganzheitlichen Bild des menschlichen Denkens ausgehen. Isoliert aus den kommunikativen Realkontexten, in denen gesprochen und gedacht wird, erscheint ihnen jeder Gedanke wie eine Leiche, die einer Logik und Ökonomie des Todes unterliegt. Gegenüber der «Natürlichkeit» des lebendigen Denkens und Redens taucht er nur noch wie ein «künstlicher» Wiedergänger auf, an dem formalisierte Operationen vorgenommen werden können. Gegen diese Mortifikation legen die Holisten ihr Veto ein und versuchen, sich an einem Denken zu orientieren, das in einer Gesamtheit von Anwesenheiten (Sprecher, Hörer, situationaler Ursprung, präsenter Sinn- und Bewußtseinshorizont, augenblickliche Kommunikationsintention) lebendig ist.

In dieser Hinsicht ist noch immer eine kleine, unabgeschlossene Schrift Heinrich von Kleists erhellend, die wahrscheinlich 1805 in Königsberg entstanden ist: «Über die allmähliche Verfertigung der Gedanken beim Reden». Kleist hat das französische Sprichwort «l'appétit vient en mangeant» (Der Appetit kommt beim Essen) zu «l'idée vient en parlant» (Der Gedanke kommt beim Sprechen) umgebildet und empfohlen, mit einem anderen zu sprechen, wenn man beim Nachdenken nicht vorwärtskommt. Denn die verworrenen oder dunklen Vorstellungen, die im Kopf herumgeistern, werden durch das Sprechen in eine mitteilbare Form gebracht, wobei zu Beginn durchaus noch nicht bestimmt sein muß, wohin das Denken führt. Auch muß die sprachliche Aussage keine klare logische Struktur besitzen. Die lebendige Rede ist weder grammatisch wohlgeformt noch logisch zwingend. Sie zeigt, wie das Denken als ein dynamischer Prozeß funktioniert.

Ich mische unartikulierte Laute ein, ziehe die Verbindungswörter in die Länge, gebrauche auch wohl eine Apposition, wo sie nicht nötig wäre, und bediene mich anderer, die Rede ausdehnender, Kunstgriffe, zur Fabrikation meiner Idee auf der Werkstätte der Vernunft, die gehörige Zeit zu gewinnen. (...) Ein solches Reden ist ein wahrhaftes lautes Denken. Die Reihen der Vorstellungen und ihrer Bezeichnungen gehen neben einander fort, und die Gemütsakten für eins und das andere, kongruieren. Die Sprache ist alsdann keine Fessel, etwa wie ein Hemmschuh an dem Rade des Geistes, sondern wie ein zweites, mit ihm parallel laufendes, Rad an seiner Achse. Etwas ganz anderes ist es wenn der Geist schon, vor aller Rede, mit dem Gedanken fertig ist. Denn dann muß er bei seiner bloßen Ausdrückung zurückbleiben, und dies Geschäft, weit entfernt ihn zu erregen, hat vielmehr keine andere Wirkung, als ihn von seiner Erregung abzuspannen.[4]

Doch diese gedankliche Erregung spielte in der Geschichte des Denkens nur eine Nebenrolle. Man kann es bereits an der Entstehung und Entwicklung der *formalen Logik* ablesen, die zum Königsweg erklärt wurde, um den Gesetzen des Denkens auf die Schliche zu kommen. Sie diszipliniert eine Denkform, deren Ausbildung erst möglich wurde, als Aristoteles die Sichtbarkeit des Alphabets zu ihrer Modellierung nutzte. Als Begründer der modernen Logik versuchte er, eine methodisch geregelte Ordnung in der Abfolge von Denkschritten zu entwickeln, die notwendig auseinander hervorgehen. Der Inhalt der Aussagen spielte dabei keine Rolle mehr. Aristoteles arbeitete nicht mehr mit den Aussagen der natürlichen Sprache (wie «alle Menschen sind sterblich»), sondern mit Formeln wie «alle S sind P» oder «P kommt allen S zu». Die Subjekte und Prädikate der Aussageformen werden als Variable durch Buchstaben symbolisiert. Damit war erste Schritt zu einer Formalisierung des Denkens vollzogen, die sich ganz und gar auf das «Spiel der Schrift» verläßt.

Den Kern der aristotelischen Logik bildete das «syllogistische» Verfahren. Aus der Fülle aller möglichen Aussageformen griff Aristoteles nur jene heraus, die sich gesetzmäßig auseinander ableiten lassen. Nur bei ihnen geht es mit gedanklicher Strenge zu. Seine Definition des Syllogismus, die er in der «Ersten Analytik» (Erstes Buch, Erstes Kapitel) lieferte, war keine Beschreibung dessen, was tatsächlich im Nachdenken und mündlichen Gedankenaustausch praktiziert wird, sondern glich einem mathematischen Spiel mit isolierten «Elementen», deren griechischer Ausdruck ursprünglich dasselbe meinte wie «Buchstabe des Alphabets». Es war ein bahnbrechender Schritt, als Aristoteles seinen Anspruch, eine zwingende syllogistische Logik zu entwickeln, anhand buchstäblicher Formeln durchführte. Er entwickelte ein konsistentes technisches Vokabular, um die Folgerungsrelationen zwischen den «grammata» herzustellen, und löste sich von der reichen Mannigfaltigkeit der alltäglichen Sprachspiele; und er gab sich größte Mühe, eine Axiomatik zu erstellen, in der die vollkommenen Schlüsse der ersten Figur evident sind, auf die alle anderen Schlußfiguren zurückgeführt werden können.[5]

Variable statt natürlichsprachliche Wörter, rein formale Betrachtung statt inhaltliches Verstehenwollen, axiomatisches System statt gedankliche Mannigfaltigkeit: Mit diesen drei großen Erfindungen hat Aristoteles eine Schreib- und Denkweise initiiert, die für alle formalen Logiker, heißen sie nun Leibniz oder Frege, Boole oder Russell, zum Vorbild wurde. In seiner äußerst gedrängten Sprache hat er die Erste Figur des syllogistischen Denkens so definiert:

> Wenn sich also drei Termini zueinander so verhalten, daß der letzte in dem mittleren (als im) ganzen ist, und der mittlere (als) im ganzen im ersten ist oder nicht ist, so ergibt sich notwendig aus den äußeren (Termini) ein vollendeter Schluß.

Diese Figur wird dann zunächst am Schlußverfahren des sogenannten Modus «Barbara» in ihrer Gültigkeit aufgezeigt:

> Denn wenn A von jedem B und B von jedem C,
> muß A von jedem C ausgesagt werden,

was man sich durch folgende Einsetzung alltagssprachlicher Begriffe verdeutlichen kann:

Wenn Lebewesen jedem Menschen zukommt
und Mensch jedem Griechen zukommt,
dann kommt Lebewesen jedem Griechen zu.[6]

Auch wenn es einleuchtet, «daß die Logik ursprünglich verstanden wurde als eine Wissenschaft von dem, was geschieht,
wenn wir nicht nur für uns denken, sondern wenn wir reden
und versuchen, einander zu überzeugen»[7], so ist doch nicht zu
übersehen, daß dieses Verständnis von Anfang an unter dem
Zeichen einer alphabetisierten Schrift stand. Die Geschichte der
formalen Logik ist eine abenteuerliche Suche nach grammato-
logischen Aussageformen, die nichts mehr mit der mündlichen
Umgangssprache, mit psychischen Vorgängen, gedanklicher Erregung und einem konkreten Wissen weltlicher Sachverhalte zu
tun haben wollen. Ihre Autonomie läßt sich allein mittels einer
kombinatorischen Kunstsprache sichern, die rein graphemisch
entworfen und ausgebaut werden kann.

Die aristotelische Syllogistik blieb dabei allerdings noch dem
Anspruch verhaftet, wahre und sinnvolle Aussagen bilden und
voneinander ableiten zu können. Seine Logik war zwar formal,
aber noch nicht «formalisiert». Sie bezog sich immer noch auf
gedankliche Zusammenhänge, die durch Abstraktion aus der
natürlichen Sprache abgeleitet worden sind und auf sie angewendet werden konnten.

Formalisiert aber ist die Logik, wenn die Richtigkeit von Ableitungen innerhalb des Systems überprüft werden kann, ohne
daß man den Sinn oder die Bedeutung der benutzten Symbole
kennen muß. Ein formalistisches Logik-System arbeitet nur
noch mit künstlichen Symbolen, die wir nicht interpretieren
müssen. Wesentlich ist allein ihre typographische Gestalt. Die
Symbolzeichen sind nur noch Rechensteine: «calculi», mit
denen schematisch operiert werden kann. Der Gedanke der *Kalkülisierung* logischer Operationen kam vor allem im 17. Jahrhundert zum Durchbruch. Ein Kalkül ist nur noch eine Hand-
lungsvorschrift, die aus einer begrenzten Menge von Elementen
unbegrenzt viele Elementfigurationen herzustellen erlaubt, wo-

bei die calculi keine Zeichen mehr sind, die für etwas anderes stehen, das sie bezeichnen. Ihr Wert erschöpft sich in der Rolle, die sie innerhalb kalkülisierter Operationen spielen. Sie sind keine Kommunikationsmittel oder Abbildungen gedanklicher Begriffe oder realer Phänomene. Man muß sie weder als sinnvolle Zeichen interpretieren noch auf Referenzobjekte beziehen. Die Bedeutung der Kalkülzeichen geht völlig in den Regeln ihrer vorgeschriebenen Formation und Transformation auf.

Berechenbarkeit ist die alles beherrschende Leitidee. Denken wird als «rechnen können» verstanden, das mechanisch mit sinn- und bedeutungslosen calculi einer künstlichen Symbolsprache vollzogen werden kann.

> In der Leitidee der Berechenbarkeit erlebt nun keineswegs das pythagoreische «alles ist Zahl» seine Wiederauferstehung. Denn die Pointe der Berechenbarkeit bezieht sich nicht auf den (Zahlen-)Gegenstand des Rechnens, sondern auf die Eigenart des Verfahrens selbst. «Berechnen können» heißt, ein Problem dadurch zu lösen, daß a) die Problemstellung im Medium einer künstlichen Symbolsprache ausgedrückt wird und b) die Problemlösung auf Operationen innerhalb dieser Symbolsprache zurückgeführt werden kann, wobei diese Operationen schematische Anwendungen vorab gegebener Regeln sind. Ein Problem berechenbar zu machen wird also zum Synonym dafür, das Problem auf mechanische Vollzüge zurückzuführen.[8]

Das hat der Begründer der modernen *symbolischen Logik* am deutlichsten formuliert. Auf der Suche nach einer allgemeinen Grundlage aller Wissenschaften hat Gottfried Wilhelm Leibniz (1646–1716) eine rein kombinatorische Methode entwickelt, die in Form eines Kalküls schematisierbar ist. Als er sich eifrig dem Studium der Mathematik und Logik ergab,

> verfiel ich unausweichlich auf diese bewunderungswürdige Idee, daß nämlich ein Alphabet der menschlichen Gedanken ausgedacht werden könnte und durch die Kombination der Buchstaben dieses Alphabetes und durch die Analyse der aus ihnen entstandenen Worte alles aufgefunden (inveniri) und entschieden (dijudicari) werden könnte.[9]

Durch die Schriftzeichen und ihre Kombinatorik läßt sich das Denken mechanisch leiten. Die «Charakteristik der Vernunft» basiert auf schriftlichen «Charakteren» (Buchstaben), die durch einen Kalkül miteinander verbunden sind. Auch die Meinungsverschiedenheiten zwischen Philosophen müssen nicht mehr durch dialogische Auseinandersetzungen zugeschärft oder gelöst werden. Die lebendige und beseelte Rede, die Sokrates als philosophische Tätigkeit favorisierte, ist endgültig durch Rechenverfahren ersetzt worden. Sie ist überflüssig wie zwischen zwei Rechnenden. «Calculemus!» lautet der hoffnungsfrohe Imperativ. Es soll genügen, «die Feder zur Hand zu nehmen und sich an die Rechentische (ad abacos) zu setzen und (wenn es beliebt, unter Herbeirufung eines Freundes) zueinander zu sagen: Rechnen wir!»[10]

Diesem bewunderungswürdigen Vorschlag folgen alle Logistiker, denen das Operieren mit typographischen, schematisierten und interpretationsfreien Symbolen wichtiger ist als der gedankliche Dialog zwischen sprechenden Subjekten. Man denke nur an Gottlob Freges Grundlegung einer «Begriffsschrift» (1879), die als künstliche Formelsprache des reinen Denkens entworfen wurde. Für das menschliche Reden und die hörbaren Zeichen fürs Ohr findet sich in ihr kein Platz. Nur die scharfe Begrenztheit und deutlich sichtbare Differenz der geschriebenen Elemente erlaubt es, ohne Vermittlung des Lauts die berechenbaren Probleme des Denkens zu lösen. Vermittelt über das monumentale Standardwerk der symbolischen Logik, die «Principia mathematica» (1910–1913) von Alfred North Whitehead und Bertrand Russell, die für ihre Zwecke eine bündige «Symbolik an Stelle von Worten» [11] gebrauchten, hat dann auch Ludwig Wittgenstein im «Tractatus logico-philosophicus» (1918) das philosophische Denken auf eine klare und scharfe Abgrenzung der logischen Form von Sätzen ausgerichtet, die mittels einer begriffsschriftlichen Notationstheorie dargestellt werden kann.

Diesen Entwürfen haben sich die Systeme der logischen Syntax und Semantik angeschlossen, deren Exaktheit bewußt durch die Verdrängung von geistigen Inhalten erkauft wurde und sich,

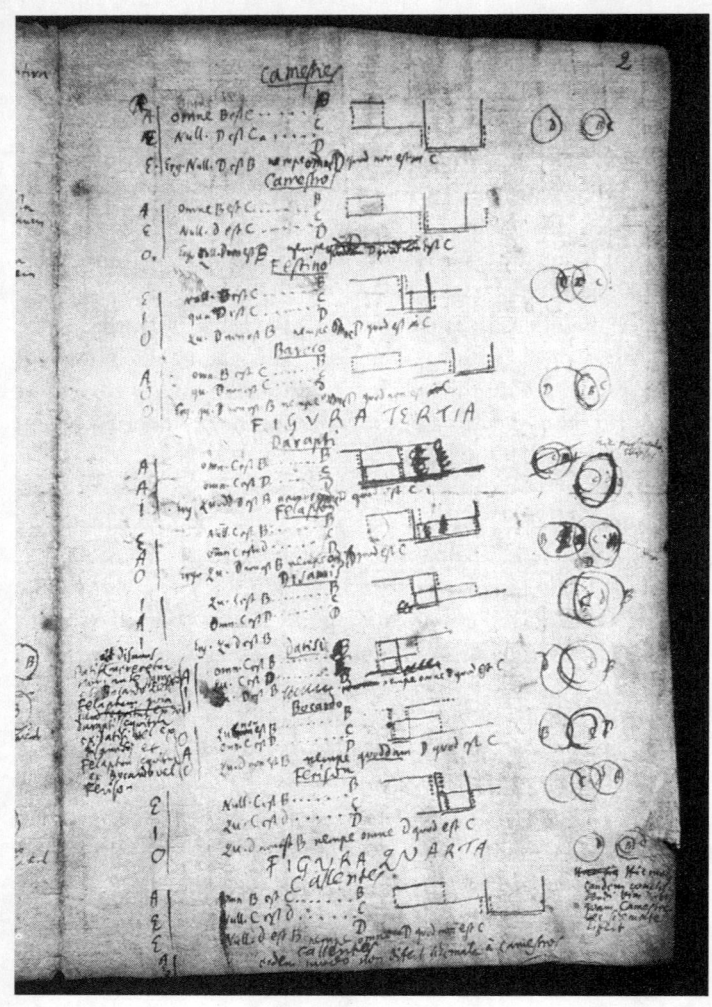

Skizzen Leibnizens für diagrammatische Darstellungen der Syllogistik

Rudolf Carnap zufolge, in der Konstruktion formaler Form- und Umformungsregeln für schriftliche Gebilde erschöpfte. Statt einer natürlichen Wortsprache wurden schriftliche Symbolsprachen verwendet, die aus künstlichen «Formelzeichen» konstruiert wurden. «Das gleiche pflegt man ja überhaupt in der modernen Logik zu tun; nur in der symbolischen Sprache ist es gelungen, zu exakten Formulierungen und strengen Beweisen zu gelangen.»[12] Nur so soll sich eine moderne Wissenschaftslogik und eine Philosophie der idealen Sprache praktizieren lassen.

Wie sehr sich diese Kalkülisierungen des Denkens auch voneinander unterscheiden, sie folgen alle doch dem methodischen Leibniz-Programm. Alles Operieren mit Formelzeichen ist als ein mechanisches Rechnen innerhalb einer kalkülisierten Sprache ausführbar, wobei die sinnlich wahrnehmbare Gestalt der Symbole entscheidend ist. Das aber hat zur Folge, daß die formalisierte Zeichenoperation an eine Maschine übertragen werden kann. Formalisierbarkeit fällt mit Mechanisierbarkeit zusammen. Die «Charakteristik der Vernunft» wird realisierbar durch Rechenmaschinen, die mit ihren Elementen arbeiten können, seien es nun mathematische Zeichen, logische Symbole, elektrische Impulse, wie es bei digitalisierten Rechenautomaten der Fall ist, oder linguistische Termini, mit denen eine Generative Grammatikmaschine arbeitet, um alle grammatisch wohlgeformten Endketten herzustellen.

Alan Mathison Turing (1912–1954) hat den entscheidenden Schritt getan, als er das Grundmodell einer automatischen Maschine entwarf, seine *Turing-Maschine*. Sie wurde zunächst gedanklich konstruiert, um den mathematischen Begriff der berechenbaren Funktion zu präzisieren. Der Intelligence Service[13] dieses rätselhaften Maschinenmenschen hat deutlich gemacht, wie Rechenoperationen maschinell arbeiten. Ausgangspunkt von Turings Überlegungen war eine Erinnerung an seine Schulzeit. Was macht ein menschlicher Rechner, wenn er den Wert einer Funktion für ein gegebenes Argument berechnet? Er notiert sich Zahlzeichen nach festen Regeln in den Rechenkästchen karierter Schulhefte. Zu Beginn der Rechnung trägt er die Zahlenargumente auf bestimmte Felder ein: zum Beispiel 5634 : 17. Da es im Prinzip nicht notwendig ist, das Blatt Papier zweidimensional für das Rechnen zu benutzen, kann man sich die Quadrate auch auf einem Rechenband angeordnet denken, welches in lineare Folgen von Feldern aufgeteilt ist. Da genügend Felder vorhanden sein müssen, um auch komplizierte und langwierige Berechnungen vornehmen zu können, hat Turing sein Rechenband in beide Richtungen als unendlich angenommen. Das Band selbst kann mit einer Richtung versehen werden: links ist der Anfang, rechts das Ende.

Die Rechnung selbst verläuft nach einer endlichen Vorschrift. Sie ist in Teilschritte zerlegbar. So wird z. B. ein leeres Feld beschrieben. Es wird abgetastet («scanned»), und das Symbol auf dem gescannten Feld ist das «abgetastete Symbol». Es ist das einzige, dessen sich der Rechner sozusagen direkt bewußt ist. Aber wenn er im Rechnen fortschreitet, wird er dennoch einige der Symbole, die er vorher abgetastet hat, effektiv erinnern. Bei jedem Rechenschritt wird genau ein Feld bearbeitet, bis am Ende der gesuchte Wert berechnet worden ist.

Aus dieser Beschreibung hat Turing die Konsequenz gezogen, daß der Mensch, der einen Funktionswert berechnet, wie eine Maschine arbeitet. Er folgt in einzelnen Schritten einem Algorithmus. «Wir können einen Mann, der gerade eine reelle Zahl berechnet, mit einer Maschine vergleichen, die nur über eine endliche Zahl von Zuständen q_1, q_2, …, q_R verfügt, die ihre ‹m-Zustände› heißen sollen.»[14] «m» ist gleichsam eine Chiffre, in der das Gemeinsame von Mann / Mensch und Maschine angezeigt ist. Und wenn wir den Menschen und die Maschine zusammendenken, so ergibt sich das Bild einer «Papiermaschine»:

Es ist möglich, den Effekt einer Rechenmaschine zu erreichen, indem man eine Liste von Handlungsanweisungen niederschreibt und einen Menschen bittet, sie auszuführen. Eine derartige Kombination eines Menschen mit geschriebenen Instrukionen wird «Papiermaschine» genannt. Ein Mensch, ausgestattet mit Papier, Bleistift und Radiergummi sowie strikter Diziplin unterworfen, ist in der Tat eine Universalmaschine.[15]

Das Konzept der *Universalmaschine* hat Turing 1937 in seiner Untersuchung «Über berechenbare Zahlen mit einer Anwendung auf das Entscheidungsproblem» entwickelt. In ihr entwarf er das Modell einer Rechenmaschine, die dazu verwendet werden kann, jede berechenbare Folge zu errechnen und jeden speziellen Rechner zu simulieren, der zu solchen Operationen in der Lage ist, unabhängig von der Besonderheit seines Programms und gleichgültig gegenüber seiner Technik. Es spielt keine Rolle, ob er mechanische Zahnräder, Lochkarten, akustische oder graphemische Symbole oder elektrische Impulse benutzt. Die universale Turingmaschine ist ein abstrakter Operationsmechanismus, der das allgemeine Prinzip aller Rechner darstellt.

> Die Bedeutung der universalen Maschine ist klar. Wir brauchen nicht unzählige unterschiedliche Maschinen für unterschiedliche Aufgaben. Eine einzige wird genügen. Das technische Problem der Herstellung verschiedener Maschinen für verschiedene Zwecke ist ersetzt durch die Schreibarbeit, die Universalmaschine für diese Aufgaben zu «programmieren».[16]

Mit der universalen Turingmaschine hat eine Entwicklung ihren Höhepunkt und Abschluß gefunden, für die das schematische Operieren mit typographischen Elementen das dominierende Kennzeichen eines rechnenden Denkens ist. So gesehen erweist sich die Geschichte der Formalisierung, die mit Aristoteles begann und im Leibniz-Programm der Kalkülisierung ihre philosophische Weihe erhielt, als eine Vorgeschichte der Computerisierung. Denn jedes Verfahren, das durch eine Symbolmaschine dargestellt werden kann, kann prinzipiell von einer wirklichen Maschine ausgeführt werden.

> Das aber heißt: Jede algorithmisierbare Operation mit Symbolen ist als Turingmaschine darstellbar. Eine Turingmaschine ist vollständig beschrieben durch eine lineare, endliche Folge von Symbolkonfigurationen in einem typographischen Medium: sie ist eine symbolische Maschine. Im Prinzip imitieren Computer eine Turingmaschine. Die Regeln für die Durchführung eines effektiven Problemlösungsverfahrens sind immer auch als Computerprogramm beschreibbar.[17]

Intelligente Maschinen

Turing hatte seine Logische Rechenmaschine zunächst zwar nur entworfen, um das Problem der berechenbaren Zahlen lösen zu können. Aber die Annäherung von menschlichen Rechnern und programmierten Rechenautomaten, die in der «Papiermaschine» zur Einheit verschmolzen, brachte eine Frage ins Spiel, die weit über die technische Bedeutung der Universalmaschine hinausging. Sie führte Turing zu jener häretischen Theorie, die er 1948 zum ersten Mal publizierte. Mit ihr begann, was seither unter dem Titel *Künstliche Intelligenz* der Intelligenz keine Ruhe läßt.

«Ich möchte mich mit der Frage beschäftigen, ob es Maschinen möglich ist, intelligentes Verhalten zu zeigen?»[18] Turings Antwort war positiv und prophetisch. «Intelligent Machinery» entwarf die Utopie einer denkenden Maschine, die mit den intellektuellen Fähigkeiten des Menschen erfolgreich zu konkurrieren vermag. Die universale Logische Rechenmaschine wird einmal alles können, wozu auch der logisch denkende Mensch in der Lage ist; und die menschliche Intelligenz wird sich dann als das zu erkennen geben, was sie, befreit von allen humanistischen Selbstillusionen, tatsächlich ist: ein maschineller Automatismus. Die Zweifel, die angesichts der technischen Beschränktheit gegenwärtig verfügbarer Maschinen noch bestehen, werden sich in dem Maß zerstreuen, in dem ihr intelligentes Verhalten perfektioniert werden wird. Am Ende seiner Häresie hat Turing eine Versuchsanordnung entworfen, um diese Überzeugung plausibel zu machen. Man solle sich vorstellen, mit zwei Gegnern Schach zu spielen, ohne zu wissen, wer von ihnen ein Mensch und wer eine Maschine ist. Da könnte man «es durchaus schwierig finden, anzugeben, mit wem man spielt. (Das ist die einigermaßen idealisierte Form eines Experiments, das ich tatsächlich durchgeführt habe.)»[19]

Zwei Jahre später hat Turing in der philosophischen Fachzeitschrift «Mind» seine Position gegen verschiedene Einwände verteidigt. 1950 erschien «Computing Machinery and Intelligence». Der Theoretiker der Berechenbarkeit betrat die philosophische Szene und begann mit einem Gedankenexperiment, das den Faden weiterspann. Um für das Problem *Können Maschinen denken*? eine Lösung zu finden, schlug er eine rein operationale Verhaltensuntersuchung vor. Statt essentialistisch das Wesen von «Maschine» und «Denken» zu bestimmen, schlug er ein *Imitationsspiel* vor, in dem eine Turing-Maschine nicht nur Schach spielt, sondern weitreichende intellektuelle Fähigkeiten des Menschen zu simulieren versucht. Anhand schriftlicher Fragen und Antworten soll jemand feststellen, ob er es bei seinen beiden Gesprächspartnern, die er nicht sehen kann, mit einer Frau oder einem Mann zu tun hat. Mit Lügen des Manns muß er rechnen, während die Frau immer aufrichtig antwortet. Was geschieht nun, wenn ein Computer die Rolle des Manns übernimmt? Die Pointe dieses raffinierten Befähigungstests liegt auf der Hand. Wenn es der Maschine gelänge, die Rolle des Manns so erfolgreich zu spielen, daß die Chancen des Fragestellers, die richtige Identifizierung herauszufinden, sich nicht mehr von denjenigen unterscheiden, die im Fall menschlicher Gesprächspartner existieren, dann kann die Maschine «denken». Turing war in dieser Hinsicht optimistisch. Er prognostizierte, daß in etwa 50 Jahren es möglich sein werde, das Imitationsspiel tatsächlich mit erfolgreichen Rechenmaschinen durchführen zu können.

Bemerkenswert war dabei vor allem Turings Entgegnung auf ein Argument, dem sich jede Simulation menschlichen Denkens konfrontiert sieht. Wie steht es mit dem Bewußtsein? Ist es vertretbar, von denkenden Maschinen zu reden, wenn diese sich ihrer Operationen und ihrer selbst nicht bewußt sind, sondern nur blind und automatisch einem Algorithmus folgen? Auf dieses Bewußtseinsargument, das auf einer wesentlichen Differenz zwischen Mensch und Maschine insistiert, hat Turing mit einem doppelten Schachzug entgegnet. Er verwies zum einen darauf, daß das Bewußtseinsargument die strittige Frage, ob eine Maschine denkt, nur durch einen Rollenwechsel beantworten könnte. Man müßte selbst die Maschine *sein* und sich selbst den-

Alan Turing als Laufmaschine

ken fühlen. «Man könnte diese Gefühle dann der Welt mitteilen, doch niemand hätte Veranlassung, dem irgend Beachtung zu schenken.»[20] Und er gab zum andern zu bedenken, daß das Bewußtseinsargument zu der Annahme zwingt, man könne

> nur dann wissen, daß ein *Mensch* denkt, wenn man dieser betreffende Mensch ist. In der Tat ist das der solipsistische Standpunkt. Es mag der am meisten logische Standpunkt sein, jedoch macht er einen Gedankenaustausch recht schwierig. A kann leicht glauben: «A denkt, B jedoch nicht», während B glaubt: «B denkt, aber A nicht». Statt diesen Punkt unaufhörlich zu erörtern, ist es üblich, die höfliche Übereinkunft zu wählen, daß jedermann denkt.[21]

Intelligenz muß sich zeigen. Nur intersubjektiv wahrnehmbare Verhaltensweisen lassen begründet von «Denken» und «Intelligenz» reden, wenn man sich nicht in die solipsistische Zelle des eigenen Bewußtseins einschließen will, das, einer zentralen kybernetischen Metapher entsprechend, doch immer nur eine «black box» sein kann, deren innerer Mechanismus keiner öffentlichen Untersuchung zugänglich ist und allein aus den beobachtbaren Inputs und Outputs erschlossen werden kann. In dieser Hinsicht aber sind Maschinen und Menschen gleich, und es ist eine Frage der «höflichen Übereinkunft», ob wir auch den Maschinen zugestehen wollen, was wir intersubjektiv unterstellen: daß nie nur ich denke, sondern auch der andere denkt, dessen Bewußtsein für mich immer nur ein «schwarzer Kasten» sein kann.

Aus dem Geist der Automatentheorie entsprang das Programm der «Künstlichen Intelligenz». Wissenschaftssoziologisch etablierte sich der harte Kern der KI-Forschung auf der Dartmouth-Konferenz von 1956, auf der sich junge Mathematiker, Linguisten, Logiker und Spezialisten der rasant fortschreitenden Computertechnik trafen. Gemeinsam entwarfen sie das Projekt einer neuen Wissenschaft auf der Schaltstelle zwischen Kognitions- und Computerwissenschaft, wobei der «Intelligenz»-Aspekt auf kognitive Modellierung hinwies und die Perspektive des «Künstlichen» hervorhob, daß man vor allem an Hardware- und Software-Konfigurationen interessiert war, die in Rechnern implementiert werden können. Beide Sichtweisen lassen sich in einer Definition zusammenfassen: «Artificial Intelligence is the study of mental faculties through the use of computational models.»[22] Die Vier von Dartmouth (John McCarthy, Marvin Minsky, Herbert Simon und Allen Newell) legten ein Forschungsprogramm vor, dem zufolge alle Aspekte von Intelligenz prinzipiell so präzise analysiert und formalisiert werden können, daß eine Maschine sie simulieren kann. Kognition wurde als ein Rechenprozeß mit symbolischen Repräsentationen thematisiert, der auf vier Elementaroperationen aufbaut: auf Verknüpfen und Entknüpfen, Hemmen und Enthemmen.

Diese Künstliche Intelligenz stellte ihre Erkenntnisleistung zunächst mit konstruierten Programmiersprachen unter Beweis, die zur Lösung berechenbarer Probleme der Logik und Mathematik taugten. 1956 schrieben A. Newell, H. Simon und J. C. Shaw ihr Programm «Logic Theory Machine», das fast alle Theoreme der «Principia mathematica», dem Grundlagenwerk der symbolischen Logik von Whitehead und Russell, maschinell beweisen konnte. Ein Jahr später verallgemeinerten sie ihren Ansatz. Die heuristischen Prinzipien ihrer LTM wurden zu einem «Allgemeinen Problemlöser» (General Problem Solver: GPS) erweitert, der auch jene extrem komplexen Prozesse modellieren können sollte, «die bei jedem intelligenten, anpassungsfähigen und schöpferischen Verhalten mitwirken.»[23]

1958, in ihrem Artikel «Heuristic Problem Solving: The Next Advance in Operations Research», wurde die Forschungsstrategie der KI dann auf ihr zentrales Ziel ausgerichtet:

> Es gibt heute Maschinen, die denken, lernen und kreativ sind. Mehr noch, die Leistungsfähigkeit der Maschinen wird in diesem Bereich rasch wachsen, bis in absehbarer Zukunft die Spannbreite der Probleme, die sie bewältigen, ebenso groß sein wird, wie jene, mit der menschliche Gehirne sich beschäftigt haben.[24]

Die Ära intelligenter Maschinen war angebrochen. Worüber Turings futuristisches Gedankenexperiment philosophisch reflektierte, schien technisch realisierbar. Der alte erkenntnistheoretische Traum, zum Wesenskern der Vernunft vorzustoßen, hatte seine technologische Deutung erhalten. Formalisierte Problemlösungsprogramme, die nicht mehr an den Körper und das Gehirn des Menschen gebunden sind, sondern in Hochgeschwindigkeitsrechnern implementiert werden, sollen endlich ein klares und deutliches Bild dessen vermitteln, was es heißt, rational zu denken und sich intelligent zu verhalten. Die Fähigkeiten der «natürlichen» Intelligenz werden durch «künstliche» Mechanismen modelliert. In seinen maschinellen Doppelgängern kann das menschliche Denkvermögen sein eigentliches Wesen erkennen und sich selbst durchsichtig werden.

Seit mehr als 40 Jahren findet eine rasante Evolution intelligenter Systeme statt. Der Frühphase des heuristischen Programmierens (1957–1962), deren größter Erfolg McCarthys Erfindung der Programmiersprache LISP war, folgte die Entwicklung spezialisierter Programme (1963–1967), für die Marvin Minskys «Semantische Informationsverarbeitung»[25] ein Musterbeispiel ist. Die Suggestion, es mit komplexer Denkarbeit zu tun zu haben, wurde auf Spezialkenntnisse ausgerichtet.

Man konzentrierte sich verstärkt auf spezialisierte KI-Systeme in Mikrowelten (1967–1972). Der erfindungsreiche Terry Winograd entwarf 1971 am MIT sein berühmtes Computerprogramm SHRDLU, das sich schriftlich mit jedem interessierten Gesprächspartner über seine Welt unterhielt, auch wenn sie nur eine Minimalwelt von Klötzchen unterschiedlicher Form und Farbe auf einer virtuellen Tischplatte war. Auch Winograd wußte, daß SHRDLUs Reich stark schematisiert war und nicht direkt auf die Dinge der wirklichen Welt bezogen werden konnte. Dennoch war er überzeugt, durch seine Forschungsstrategie das Programm in die Lage versetzen zu können, in Dialoge einzutreten, die in vieler Hinsicht das Verhalten eines Sprechers der menschlichen Sprache simulieren. SHRDLU, nach dem Code ETAOIN SHRDLU benannt, mit dem die Reihenfolge der häufigsten Buchstaben in englischer Sprache festgehalten worden ist, Linotype-Setzer Satzfehler in Zeitungsspalten markieren und MAD-Leser auf alle möglichen Ungeheuer hingewiesen werden, enthält ein Modell seines Gegenstandsbereichs und ein begrenztes Kontextverständnis. Die Dialoge mit ihm sehen so aus:

> «Nimm einen großen roten Klotz auf.»
> SHRDLU: O. k.
> (Winograds Kommentar: Das System antwortet mit «o. k.», wenn es einen Befehl ausführt. Damit es den roten Klotz aufnehmen konnte, mußte es ihn erst freibekommen, indem es einen Platz für den grünen Klotz fand und diesen dorthin beförderte.)
> «Greife die Pyramide.»
> Ich verstehe nicht, welche Pyramide Sie meinen.
> (Es stehen drei Pyramiden zur Verfügung, so daß das Programm untätig bleibt.)
> «Suche einen Klotz, der größer ist als der, den du hältst, und lege ihn in die Schachtel.»
> (Das System muß herausfinden, was mit «einen», was mit «der», «den» und was mit «ihn» gemeint ist und welchen Klotz es gerade in der Hand hält; das letztere ermittelt es deduktiv.)
> Ich nehme an, mit «ihn» meinen Sie den Klotz, der länger ist als der, den ich gerade in der Hand habe.
> (Wird zu unserer Information ausgedruckt.)
> O. k.
> (Die Hand legt den roten Klotz hin, bevor sie den längeren, blauen Klotz ergreifen kann.)
> «Was befindet sich in der Schachtel?»
> Die blaue Pyramide und der blaue Klotz.[26]

Die Technologie der Wissensverarbeitung wurde in der vierten Phase der KI (1972–1977) anhand von «Expertensystemen» weiterentwickelt, die eine Mittlerfunktion zwischen konventionell numerischen Computern und menschlicher Informationsverarbeitung einnahmen. Für Chemiker wurde DENDRAL entworfen, zur medizinischen Diagnose das MYCIN-Programm entwickelt, das einen Arzt mit medizinischem Spezialwissen über bakterielle Infektionen simuliert.

Seit Beginn der achtziger Jahre wurden mehrere Disziplinen in die KI-Forschung integriert: Natürlich-sprachliche Systeme, Bild- und Musterverarbeitung, logische Deduktionssysteme,

Robotik u. a. – Schließlich betrat die 5. Generation von Computerhardware und -software die Szene, die eine Mensch-Maschine-Kommunikation so *natürlich* werden lassen soll wie zwischen Mensch und Mensch. Auch Neurocomputer, deren Parallelstruktur aus einer großen Anzahl sogenannter «Transputer» besteht, wurden entwickelt, die das neuronale Funktionieren der Gehirntätigkeit direkt zu simulieren versprachen. Zelluläre Automaten wurden konzipiert, um allgemeine Gesetze komplexer Selbstorganisationsprozesse zu modellieren, wie sie in der biologischen Evolution bis hin zur Entwicklung intelligenter Lebewesen vorliegen. In diesem theoretischen Rahmen glaubt man nun auch auf wohldefinierte Weise von einer «Evolution intelligenter Systeme» sprechen zu können, die zum Gegenstand ihrer eigenen technischen Simulation erklärt worden ist.

Aus der Geschichte der KI soll hier nur ein Beispiel herausgegriffen werden, das zum Streitfall einer grundsätzlichen Kontroverse wurde: Joseph Weizenbaums maschineller Psychotherapeut.[27] Am Massachusetts Institute of Technology (MIT), dem Tempel wissenschaftlicher Forschung in den USA, hat es das Licht der Welt entdeckt und sich sehr bald zu einem geschätzten Gesprächspartner entwickelt. Sein Vater hat es auf den Namen *Eliza* getauft, weil man ihm wie der Eliza Doolittle in George Bernard Shaws «Pygmalion» beibringen konnte, immer besser zu sprechen.

Das Programm verfügt über eine «allgemeine Methode», die ihm unter anderem ermöglicht, Sätze und Satzteile zu analysieren, eine Anzahl von dialogisch wiederkehrenden Schlüsselwörtern zu erkennen und neue Sätze und Satzteile zu synthetisieren; und da man nicht nur miteinander redet, sondern in der Regel auch auf eine bestimmte Art und Weise, wurde ihm auch ein «Skript» eingegeben, dessen Struktur aus dem Bereich nondirektiver Psychotherapie stammt. Eliza spielt dabei die Rolle eines an der Methode von Rogers orientierten Psychologen. Zurückhaltend hört es zu und bringt geschickt den Patienten zum Reden. Da hilft es auch nicht, wenn man sich mit Computern eigentlich nicht unterhalten möchte.

Eliza: Hallo, bitte sage mir dein Problem.

Patient: Ich pflege meine Probleme nicht mit einem Computer zu besprechen.

Eliza: Beunruhigen dich Computer?

Patient: Manchmal. Wo wird das alles enden?

Eliza: Bitte sprich weiter.

Patient: Glaubst du nicht, daß das massive Vordringen der Computertechnologie in alle Lebensbereiche die Tür zu wichtigen kulturellen Weiterentwicklungen verschließen könnte?

Eliza: Wir sprachen von dir, nicht von mir.

Weiß Eliza etwa, daß es ein Computerprogramm ist? Zumindest «weiß» es, daß es, sobald das Schlüsselwort «Computer» fällt, mit der gespeicherten nondirektiven Rückfrage «Beunruhigen dich Computer?» das Gespräch in Gang hält. Sein Skript erlaubt ihm die Übernahme einer Gesprächsrolle, die es wie ein Schauspieler beherrscht, im Rahmen eines therapeutischen Interviewspiels, auf das sich seine Patienten bereitwillig einlassen.

Zwar hat Weizenbaum Eliza als Parodie entworfen. Aber er mußte, nicht ohne Bestürzung, bald feststellen, wie schnell und intensiv Menschen, die sich mit Eliza unterhielten, eine gefühlsmäßige Bindung zu ihm herstellten.

Patientin: Die Männer sind alle gleich.

Eliza: In welcher Weise?

Patientin: Sie machen uns immer wegen irgend etwas verrückt.

Eliza: Können Sie ein Beispiel nennen?

Patientin: Na ja, die Idee zu diesem Gespräch stammt von meinem Freund.

Eliza: Die Idee zu diesem Gespräch stammt von Ihrem Freund.

Patientin: Er sagt, daß ich oft deprimiert bin.

Eliza: Es tut mir leid, von Ihnen zu hören, daß Sie deprimiert sind.

Patientin: Das stimmt, ich bin unglücklich.

Eliza: Glauben Sie, daß dieses Gespräch Ihnen hilft, nicht mehr unglücklich zu sein?

Patientin: Ich brauche jedenfalls Hilfe, das steht fest.

Eliza: Was würde es für Sie bedeuten, Hilfe zu bekommen?

Patientin: Vielleicht könnte ich lernen, mit meiner Mutter auszukommen.

Offensichtlich sind die Äußerungen von Eliza plausibel genug und liefern ausreichend Spielraum, um die höchst bemerkenswerte Illusion aufkommen zu lassen, das Programm verfüge über kommunikative Fähigkeiten und würde wirklich zuhören. Wer sich von ihm ernst genommen fühlt, erkennt es gern als Gesprächspartner an. Er ähnelt einem Theaterbesucher, der sich der schönen Illusion hingibt, Zeuge realer Ereignisse zu sein, um am Bühnengeschehen verstehend teilnehmen zu können. Endlich jemand, der die Ruhe aufbringt, sich alles geduldig anzuhören, ohne es gleich zu kommentieren und für sich selbst zu verwerten. Welch ideale Gesprächssituation, auch wenn das Programm nur aus einer geschickten Mischung von Prahlerei und Bluff besteht und aus menschlicher Leichtgläubigkeit seine Vorteile zieht.

Gedankenexperimente

Wo liegt die Grenze der Künstlichen Intelligenz? Wie weit reicht der Anspruch des Simulierbaren? Können Computer denken und sinnvoll kommunizieren, wenn ihr Output völlig dem gleicht, was auch Menschen äußern, wenn sie miteinander sprechen und sich im Medium der natürlichen Sprache bewegen? Was nicht unterschieden werden kann, das ist identisch, formulierte bereits Leibniz als Principium indiscernibilium. Am Horizont der perfektionierten Simulation steht das Modell einer sprachlichen und gedanklichen Kompetenz, das Mensch und Maschine nicht mehr zu unterscheiden erlaubt, weil beide einer Hyperrealität von Programmen unterliegen, die ihre klassische Differenz einebnet und in Simulakren aufsaugt, die aus den gleichen Modellen hervorgehen.

Mit diesen Hinweisen haben wir uns in jene aktuelle Auseinandersetzung begeben, deren Proponenten und Opponenten sich unversöhnlich entgegenstehen. Einen Gesamteindruck dieses Widerstreits, der schwer zu entscheiden ist, weil eine auf beide Argumentationen anwendbare Urteilsregel fehlt, kann man sich verschaffen, wenn man die beiden extremen Parteien betrachtet, die hier aufeinandertreffen.

Auf der einen Seite stehen die Pioniere der KI, die Enthusiasten der Kommunikations- und Informationstechnologie. Für sie ist Denken Informationsverarbeitung; Informationsverarbeitung aber ist nichts anderes als Symbol-Manipulation, also ein formalisierbarer Rechenvorgang; Symbolmanipulation findet sich bei Computern: Also können Computer denken und vernünftig kommunizieren. Daniel Dennett hat diese Position scherzhaft *Staatskirchen-Komputationalismus* genannt. Berechenbarkeit ist sein höchster und heiligster Wert. Zu seinen Prälaten gehören Oberhirten wie Herbert Simon, Allen Newell, John McCarthy und Marvin Minsky am MIT, ihrem «Ost-Pol».

Auf der anderen Seite stehen die westlichen Opponenten, die sich vor allem um die Bucht von San Francisco gruppieren, darunter die tonangebenden Berkeley-Philosophen John Searle und Hubert Dreyfus. Ihre Position bezeichnete Dennett als *zenholistisch* und umschrieb sie so: «Denken spielt sich wohl im Gehirn ab, ist aber keineswegs ein Rechenvorgang: Denken ist etwas Holistisches und Emergentes – organisch, unscharf, warm, anheimelnd und geheimnisvoll.»[28]

Seit den sechziger Jahren, als Dreyfus mit seinem Buch «Die Grenzen künstlicher Intelligenz. Was Computer nicht können» gegen die KI zu Felde zog, ist der Widerstreit in vollem Gang. Eine Art Entscheidungsschlacht wurde 1980 in der Zeitschrift «Behavioral und Brain Sciences» geschlagen. Streitpunkt bildete dabei John Searles Artikel «Geist, Gehirn und Programme»[29], dem 27 Entgegnungen folgten, wiederum von Searle kommentiert. Auch Searle stellte dort die Turing-Frage: «Können Computer denken?» Und er gestand Turing dabei sogar zu, daß dessen Computer seinen Imitationstest tatsächlich erfolgreich bestehen kann. Trotzdem kann, so Searle, dieser Computer nicht wirklich denken! Er kann allein so tun, als ob er denken würde. Er simuliert das Denken nur, ohne tatsächlich zu denken.

Um diesen Gedanken plausibel zu machen, entwarf Searle sein berühmt gewordenes Gedankenexperiment, das *Chinese*

Room-Spiel, in dem auf eine witzige Art Turings Spielanlage verdreht worden ist. Stellen wir uns vor, wir wären der Computer. Imaginieren wir, wie es wäre, wenn der eigene Geist tatsächlich nach den Prinzipien funktionieren würde, von denen alle Anhänger der Berechenbarkeit behaupten, daß jeder Geist nach ihnen arbeitet. Wir würden in einem Zimmer eingesperrt sein, in dem mehrere Körbe mit chinesischen Symbolen stehen, die für uns nur sinnloses Gekritzel sind. Und ohne auch nur ein Wort Chinesisch zu verstehen, könnten wir bestimmten (auf Deutsch geschriebenen) Regeln folgen, die uns dabei helfen, bestimmte chinesische Kritzel-Kratzel-Zeichen aus dem Zimmer hinauszureichen, wenn irgendwelche Schnörkel-Schnarkel-Zeichen hereingereicht werden.

> Die hereingereichten Symbole werden von den Leuten draußen «Fragen» genannt, und die Symbole, die Sie aus dem Zimmer herausreichen, «Antworten» – aber das geschieht ohne Ihr Wissen. (...) Der Witz der Geschichte ist nun schlicht folgender: weil Sie ein formales Computerprogramm ausführen, verhalten Sie sich aus der Sicht der Außenstehenden genauso, als verstünden Sie Chinesisch – und dennoch verstehen Sie nicht ein Wort Chinesisch.[30]

Und daher, so schließt Searle zurück, verstehen auch Computer nichts von den Sprachen, mit deren calculi sie rechnen. Anders gesagt: Ein Computer behandelt eingegebene Daten immer nur syntaktisch, nicht aber semantisch. Deshalb versteht er nicht, was zu verstehen er vorspiegelt. Das wird uns bewußt, wenn wir den Computer simulieren, der uns zu simulieren versucht. Indem wir uns in seine Rolle versetzen und seinem Programm folgen, können wir erkennen, daß wir mehr können als er: Wir können Sprache verstehen, weil wir ihre Semantik beherrschen und über ein Gebrauchswissen verfügen, das sich nicht in der programmierten Manipulation interpretationsfreier typographischer Elemente erschöpft.

Was aber ist nun, wenn wir den Computer «semantisieren», indem wir ihn mit internen semantischen Repräsentationen einer äußeren Welt ausstatten und mit effektiven visuellen Fähigkeiten versehen? In diese Richtung wies das SHRDLU-Programm Terry Winograds, das über eine semantische Informationsverarbeitung verfügt und sich in seiner Mikrowelt aus geometrischen Figuren zurechtfindet. Kann daraus nicht gefolgert werden, daß ein solches Programm in der Lage ist, Sprache zu verstehen, weil es seine Symbole als referentiell bedeutsam zu interpretieren vermag?

Der denkbare Erfolg eines solchen Programms scheint für die Annahme zu sprechen, daß der informationsverarbeitende Computer ebenfalls über das verfügt, was Searle allein dem Menschen vorbehalten hat: semantischen Geist. Aber diese Annahme ist, wie Searle gegen entsprechende Einwände Jerry Fodors zu bedenken gab, eben nur ein Schein, eine täuschende Illusion. Denn der Computer empfängt und verarbeitet zwar visuelle Informationen und reagiert adäquat. Aber er tut dies weiterhin nach rein formalen Regeln, die nicht als semantische Repräsentationen «gewußt» werden.

Aber was heißt hier «Wissen»? Letztlich geht es jetzt um die Frage, ob ein implizites «Wissen-wie» ausreicht, um von Sprachverstehen sprechen zu können, oder ob dazu notwendigerweise ein explizites «Wissen-daß» gehört. Computersimulationen sind in dieser Hinsicht eigenartig mehrdeutig. Sie lassen nämlich eine rein computermäßige Wie-Interpretation zu, die durch eine interne Folge von Maschinenzuständen festgelegt ist; und sie lassen zugleich eine referentielle Daß-Interpretation zu, gemäß der eine Computersimulation auch als kognitive Repräsentation externer Tatsachen verstanden werden kann, ohne daß allerdings der Computer selbst etwas davon wissen muß.[31] Wir stoßen auf das Problem des Selbstbewußtseins.

Das ist die letzte Frage, die im Hintergrund der Auseinandersetzung steht. Gegen jede Berechnungstheorie des Denkens und Sprechens wird auf Phänomene Bezug genommen, die uns Menschen auf eigenartige Weise vertraut sind, wenn wir über uns selbst und unsere Fähigkeiten nachdenken. Sie haben viele Namen: zum Beispiel *Intuition*, jenes unwissentlich erworbene, vorwissenschaftliche und lebensweltlich verankerte Gebrauchswissen, das uns durch das gefahrvolle Labyrinth vielfältigster Problemsituationen lenkt. Oder *Bewußtsein*. Während ich diesen Text schreibe, tue ich das mit Bewußtsein, und Sie, während Sie ihn lesen, tun das, ich hoffe und unterstelle es jedenfalls, ebenfalls mit Bewußtsein. Oder *Intentionalität*. Wir folgen, wenn wir denken, sprechen und verstehen, nicht nur formalisierten Rechenregeln, sondern richten unsere Geisteszustände auf etwas, das wir eben intentional als das verstehen, als was wir es verstehen. «Intentionalität» bezieht sich dabei, wie John Searle festgestellt hat, «nicht bloß auf Absichten, sondern auch auf Überzeugungen, Wünsche, Hoffnungen, Befürchtungen, Liebe, Haß, Begierde, Ekel, Scham, Stolz, Irritation, Amüsiertheit und alle anderen Geisteszustände (ob bewußt oder unbewußt), die sich auf die außergeistige Welt beziehen und von ihr handeln.»[32] Oder schließlich *Subjektivität*. Ich fühle meinen Schmerz; ich nehme die Welt von meinem Standpunkt aus wahr; ich folge meinen eigenen Gedanken, von denen ich oft nicht weiß, wohin sie mich führen; ich verstehe, was und wie ich es tue. Diese subjektiven Qualitäten können wir, sofern wir uns nicht als Solipsisten mißverstehen, zu Recht auch jedem anderen Menschen zuschreiben. Aber einer Maschine?

Turings Rechenmaschine mag noch so gut ihren Test bestehen. Aber ist es sinnvoll, ihr auch Intuition, Bewußtsein, Intentionalität und Subjektivität zuzusprechen? Eine Art ontologischer Barriere zwischen Mensch und Maschine hält uns von diesem Zugeständnis ab. Kann die computerisierte Symbolmaschine also doch nicht «denken»?

Die Antworten auf diese Frage widerstreiten einander und gelangen aus grundsätzlichen Erwägungen zu keinem Konsens. Während die Komputationalisten alles auf die Karte der formalisierbaren und mechanisierbaren Berechenbarkeit setzen, insistieren die Holisten auf einem intuitiven Gebrauchswissen, das sich einer perfekten Berechenbarkeit entzieht, weil es in das Ganze menschlicher Lebensformen verwoben ist. Zwar geben auch die Spezialisten für Berechnungssysteme zu, daß ihre Programme noch weit davon entfernt sind, menschliches Denken und Sprachvermögen vollständig simulieren zu können. Ihre Datenbasis ist vergleichsweise schmal und ihre Kommandostruktur noch zu allgemein, um das Ziel erreichen zu können. Aber das gilt ihnen nur als ein technisches Problem, das gelöst werden kann, in the long run.

Die Technologien der Intelligenz sind auf dem Vormarsch. Sie haben zwar nicht den Anspruch, der menschlichen «Seele» gleichzukommen. Aber sie entwickeln doch eine Art von Pseudo-Subjektivität auf der Schnittstelle zwischen der gegenständlichen Tatsachenwirklichkeit und der subjektiven Erlebniswelt des Menschen. Fachzeitschriften, Journale, Tageszeitungen und popularisierende Bücher halten uns über den Fortschritt der Forschung auf dem laufenden, die uns mit immer neuen Fähigkeiten der Maschinen überrascht. Wir wollen diesem «run» hier nicht weiter folgen, sondern auf vier Momente hinweisen, die ihn charakterisieren.

1. Zunächst ist festzustellen, daß alle maschinellen Systeme im *Medium der Schrift* funktionieren. Von der aristotelischen Logik über das von Leibniz entworfene Programm eines Alphabets der menschlichen Gedanken und die «Papiermaschine» Alan Turings bis zu den «scripts» der KI dominiert Schriftlichkeit über Mündlichkeit. Turings Universalmaschine, die alle Menschen zu simulieren vermag, beschriftet Felder auf einem unendlichen Schreibband und befindet sich stets in bestimmten «m-Zuständen», die ihr «bewußt» sind. Searles Mensch im chinesischen Zimmer reagiert mit geschriebenen Figuren auf hereingereichte Schriftzeichen, einem geschriebenen Programm entsprechend. Eliza und SHRDLU sind Schriftgeburten.

Die grammatologische Analyse/Synthese von typographischen Elementverkettungen hat das gedankliche Sinnverstehen in die Zweitrangigkeit verdrängt. An die Stelle einer Dialogizität des Sprechens/Hörens ist die monologische Dekomposition und Rekombination sich gleich bleibender Zeichengestalten (calculi und articuli) getreten, die sich von den Eigenarten lebendigen Denkens und Sprechens losgelöst haben. Das Mentale des Geistes ist radikal veräußerlicht worden und geht nun ganz in eine graphemische Materialität ein, die durch formalisierte und mechanisierte Vorschriften kontrolliert wird.

2. Der zentrale Punkt, um den die Auseinandersetzung kreist, ist der Begriff der *Simulation*. Die entscheidende Frage lautet: Können symbolische Maschinen wirklich denken – oder tun sie nur so, *als ob* sie denken können? In diesem «als ob» steckt das Problem. Denn mit ihm geraten wir in einen Bereich von Mehrdeutigkeiten, der fast alle wesentlichen Begriffe tangiert und uns verwirrt. Denn sie alle changieren ständig in einem doppeldeutigen Helldunkel, das nicht mehr verläßlich zwischen realen Ereignissen und simulierten Prozessen zu unterscheiden erlaubt.

Es gehört zu den Herausforderungen für das gegenwärtige Denken, hier Klarheit zu schaffen. Darauf hat vor allem John Searle hingewiesen. Ihm zufolge gilt es, an der Differenz zwischen Simulation und Duplikation festzuhalten. Am Begriff der *Informationsverarbeitung* hat er es nachdrücklich erläutert:

> In diesem Begriff steckt m. E. eine ähnliche, massive Verwechslung. Hier ist die Idee folgende: Ich verarbeite Information, wenn ich denke; meine Rechenmaschine verarbeitet Information, wenn sie etwas als Input nimmt, umwandelt und dann Information als Output liefert; also muß es einen einheitlichen Sinn geben, in dem wir beide Information verarbeiten. Doch das ist offensichtlich falsch. Wenn ich beim Denken Information verarbeite, dann tue ich das in dem Sinne, daß sich in mir bewußt oder unbewußt geistige Vorgänge abspielen. In diesem Sinne jedoch verarbeitet der Rechner überhaupt keine Information, denn er hat ja überhaupt keine geistigen Vorgänge. Er imitiert oder simuliert einfach die formalen Eigenschaften von geistigen Vorgängen, die ich habe.[33]

Soweit Searle, der hier die Mehrdeutigkeit des umstrittenen Begriffs aufzulösen versucht hat in zwei unterschiedliche Bedeutungskomponenten. Bei der ersten, die er «psychische Informationverarbeitung» nennt, sind Geisteszustände im Spiel. Wenn jemand geistig tätig ist, dann denkt er wirklich, und dazu gehört auch Informationsverarbeitung irgendwelcher Art. Bei der zweiten Bedeutung haben wir es dagegen mit Vorgängen zu tun, die so funktionieren, als ob eine geistige Informationsverarbeitung stattfindet. Searle nennt sie «Als ob-Formen der Informationsverarbeitung» und gibt dann zu bedenken: «Es ist vollkommen harmlos, den Begriff der Informationsverarbeitung in beiderlei Sinn zu verwenden, solange wir den einen Sinn nicht mit dem anderen durcheinanderbringen. Im Kognitivismus werden sie jedoch ständig durcheinandergebracht.»[34]

3. Reichlich verwirrend geht es auf dem methodologischen Kampfplatz zu. Ich meine den Widerstreit zwischen *Analyse* und *Intuition*, der in allen Auseinandersetzungen eine Rolle spielt, in denen es um die Grenzen der künstlichen Simulation natürlicher Phänomene geht. Das Konzept der Analyse umgreift dabei alles, was mittels formalisierter Regeln modellierbar ist. «Analysierbarkeit» ist der Fundamentalbegriff, der dem Kognitivismus Grund und Perspektive verleiht. Die Vorstellung der Intuition bezieht sich dagegen auf all das, worüber denk- und sprachfähige Subjekte verfügen: Sprachgefühl, Sprecherbewußtsein, Sinnverstehen, Denkerlebnisse, introspektiv verfügbarer Reichtum praktischen Gebrauchswissens. Intuition zielt immer auf jenes geistige oder mentale Surplus, das dafür verantwortlich gemacht werden kann, daß wir «mehr» können als das, was ein künstliches Rechenprogramm zu simulieren vermag. Der Streit, der zwischen Analytikern und Intuitionisten entbrannt ist, läßt sich dabei durch ein Denkbild veranschaulichen; ich nenne es das *Achilles-und-die-Schildkröte-Spiel*.

Symbolische Maschinen spielen dabei die Rolle des Achilles, der schnell auf den Beinen ist. Wir wissen ja, mit welcher Geschwindigkeit Computeroperationen stattfinden können. Der Rechner etwa, den die US-Regierung beim Computerunternehmen INTEL bestellt hat und der zur Simulation von Atomexplosionen dienen soll, kann pro Sekunde 1,8 Trillionen Rechnungen durchführen. Ein menschlicher Rechner müßte dafür 57 000 Jahre lang Tag und Nacht rechnen. Schnellere Rechner werden folgen.

Die Intuition des Menschen, die bei vielen seiner geistigen Vorgänge mit im Spiel ist, spielt dagegen die Rolle der Schildkröte. Ihr wird zu Beginn der Computersimulation zwar ein

Vorsprung zugestanden; denn jede Formalisierung des Denkens und der Sprache muß sich zunächst an der Vorgabe eines intuitiven Sprach- und Denkvermögens orientieren. Aber kann die Analyse jemals die Intuition ein- oder überholen? Oder bewahrt die Intuition die Position des analytisch Uneinholbaren?

Auch hinsichtlich dieser Frage sind Komputationalisten und Holisten zutiefst zerstritten. Auf der einen Seite stehen die, welche der Intuition allein eine heuristische Funktion im Vorfeld der Computersimulation zugestehen. Man muß sich durch sie die Richtung vorgeben lassen, in der man erfolgreich forschen will. Ohne eine vorwissenschaftliche Vorgabe linguistischer Intuition wüßte ein generativer Grammatiker nicht, was er erkennen will; und ohne ein intuitiv verfügbares Bild geistiger Prozesse käme ein Computerprogramm der Kognition gar nicht erst in Gang. Doch diese heuristische Orientierungsvorgabe soll in the long run für den simulativen Erfolg keine Rolle mehr spielen. Die Analyse beansprucht, ohne Bezug auf Intuition alles umfassen zu können, was als sprachlicher oder kognitiver Prozeß gelten kann.

Auf der anderen Seite stehen wieder die Holisten, die zu begründen versuchen, warum die intuitive Schildkröte jeder noch so erfolgreichen Analyse stets schon ein Stück voraus ist und aus prinzipiellen Gründen nicht eingeholt werden kann. Diese Intuition, die jeder Verstehenstheorie seit ihren Anfängen zur Orientierung diente, von Platons Plädoyer für die lebende und beseelte Rede der wahrhaft Wissenden bis hin zu einer hochkultivierten hermeneutischen Praxis, die jede schriftliche Verobjektivierung in die Erlebnisdimension des Sinnverstehens zurückzuholen versucht, diese Intuition läßt sich heute zwar kaum noch direkt fassen. Sie muß sich den Herausforderungen moderner Analysen stellen. Aber es gibt gute Gründe für die Annahme, daß man zwar von der Intuition zur Analyse kommen kann, aber niemals von der Analyse zur Intuition. Gegenüber den formalisierten Verfahren der Berechnungstheoretiker bewahrt sie das Recht des Uneinholbaren. Wir sehen diese Intuition stets schon vor uns entfliehen, wenn wir sie formal zu pakken versuchen, und sind immerzu jener Täuschung eines Kindes ausgesetzt, das sich «aus Schatten, die an den Wänden entlang laufen, ein festes Spielzeug zimmern wollte.»[35]

4. Das Widerspiel zwischen Analyse und Intuition, zwischen Komputationalismus und Hermeneutik, das die gegenwärtige Diskussion beherrscht, hat dazu geführt, eine Denkfigur zu aktivieren, in der sich wissenschaftliche Forschung, philosophische Reflexion und literarische Einbildungskraft auf unterhaltsame und anregende Weise verbinden. Ich meine jene Form, die auch in englischsprachigen Texten deutsch zitiert wird: das *Gedankenexperiment*, also das Fortspinnen einzelner Bestandteile einer Argumentationskette in den offenen Spielraum des Imaginären. Turings Imitationsspiel und Searles Chinesisches-Zimmer-Experiment sind ja nur zwei Beispiele einer großen Familie von phantasievollen Gedankenspielen, die alle mit dem Eröffnungszug beginnen: Man stelle sich einmal vor ... – Ihr Ziel ist es, vor dem geistigen Auge des Lesers verschiedene Arten von imaginierten Simulationen zu erzeugen, um an ihnen mögliche Problemsituationen und Problemlösungen experimentell durchzuspielen.

Von solchen Gedankenexperimenten wimmelt es im aktuellen Streit um die Frage «Können Computer denken?». Sie alle funktionieren, Daniel Dennett folgend, wie *Intuitionspumpen*[36], die den einen oder anderen Aspekt des strittigen Problems hervorsprudeln lassen und dem Leser bestimmte Schlußfolgerungen nahelegen. Dabei gibt es in der Regel fünf verschiedene Knöpfe, die diese Pumpen in Gang setzen: einen ersten Knopf für den physischen Stoff, aus dem der Simulator gemacht ist. Ein zweiter entscheidet über den Genauigkeitsgrad der Simulation, ein dritter über die physische Größe. Der vierte Knopf bestimmt die Größe und den Charakter des simulierenden Dämons (Searles Dämon besitzt z. B. die Größe eines Menschen, bei anderen Gedankenexperimenten sind verschwindend winzige Dämonen bei der Arbeit). Schließlich spielt fünftens die Schnelligkeit eine Rolle, mit der die Simulation arbeitet. Searles Dämon im chinesischen Zimmer arbeitet zum Beispiel extrem langsam, weshalb man ihm auch mehrfach vorgeworfen hat, daß seine Art von Zettelwirtschaft unrealistisch sei zur Widerlegung der Simulation geistiger Prozesse.

Wie dem auch sei. Der Reiz des Nachdenkens im Zeitalter der Computersimulation hat jedenfalls dazu geführt, daß die Verschiebungen zwischen Als-ob-Simulationen und wirklichen geistigen Prozessen gegenwärtig an der spekulativen Front des Gedankenexperiments und der Phantasie vor sich gehen. Ob es sich dabei um imaginative Intuitionspumpen handelt, die den strengen Methoden der exakten Wissenschaften einen begehbaren Weg vorzeichnen, oder nur um Science-fiction-Phantasterei, spielt dabei meines Erachtens keine allzu große Rolle mehr. An den heißumstrittenen Grenzen des Simulierbaren verwischen sich die Unterschiede zwischen Wissenschaft, Philosophie und Dichtung. An ihnen sind Turings Maschine und Searles Als-ob-Chinese ebenso zu Hause wie die simulierten Subjekte in den Romanen Stanislaw Lems, Isaac Asimovs, William Gibsons und Bruce Sterlings oder die vielen Androiden in Filmen wie «Blade Runner», «Alien» und «Terminator» oder wie «Mr. Data», der hochintelligente und doch so gefühllose Automat im Raumschiff Enterprise. Und wieder auf neue Weise lebendig werden auch jene künstlichen Menschen, die seit dem 18. Jahrhundert die Literatur bevölkern, E. T. A. Hoffmanns Olimpia, die durch die Geschichte vom Sandmann tanzt, ebenso wie Villiers de l'Isle-Adams Eva der Zukunft oder die künstlich reproduzierte Hafenhure Jolanthe in Lawrence Durrells Roman «Nunquam».

So paradox es auch klingen mag: Die Frage «Können Computer denken?» hat die Einbildungskraft in hohem Maß belebt. Das *Geschichtenerzählen* in Form von phantasievollen Gedankenexperimenten ist in der Wissenschaft und Philosophie kein bloß peripheres Moment mehr und auch keine bloß pädagogische Veranstaltung. Es trifft den Kern des ganzen Unternehmens, in dem um das Wesen des Geistigen gestritten wird. Und vielleicht ist das ja die lebendige Situation, in der die formalistische Entschlossenheit, eine berechenbare und transparente Ordnung mittels «Symbolischer Maschinen» einzurichten, aufgehoben wird in einer postmodernen Rehabilitierung des Geschichtenerzählens, dessen Imaginationen dem unlösbaren Widerstreit zwischen Komputationalisten und Zenholisten einen künstlerischen Ausdruck verleihen. Weil es keinen übergeordneten Gerichtshof mehr gibt, an den die formalisierte Rationalität und ihre Widersacher appellieren können, um zu Macht und Recht zu gelangen, muß die Reflexion zu imaginativen Gedankenexperimenten Zuflucht nehmen, die gerade an der vordersten Front der Künstlichkeit den offenen Spielraum der Kunst eröffnen.

Die Cybernauten

Vom körperlichen Dasein zum geistigen Nomadisieren

> Mit ständigem Adrenalinüberschuß hing er an
> seinem Cyberspace-Deck, das sein entkörpertes
> Bewußtsein in die Konsens-Halluzinationen
> der Matrix projizierte.[1]
> *William Gibson*

> Unsere Welt ist überall und nirgends, und sie ist
> nicht dort, wo Körper leben.[2]
> *John Perry Barlow*

Die Neuromancer

Die Künstliche Intelligenz selbst ist keine Kunst. Vielleicht ist
das ein Grund, warum wir sie nicht als wirklich intelligent anerkennen. Sie funktioniert blind nach den programmierten Vorschriften, die sie abarbeitet. Ihre technischen Realisierungen
sind zwar ausgezeichnete Rechner; aber sie erschöpfen sich im
Kombinieren und Kommutieren von Zeichengestalten. Sie können weder ironische Verdrehungen noch provozierende Exzesse
des Funktionierens. Allenfalls der Einbruch elektronischer Viren bringt die Berechnungsoperationen manchmal außer Fassung.

Gegen diese rein operationale Künstlichkeit setzt die Kunst
ein raffinierteres Spiel. Sie vertraut auf die Macht der Illusion
und bleibt den Leidenschaften, den Zeichen und den Über-
schreitungen menschlicher Körper verbunden. Sie generiert
keine formalen Objekte, und wenn sie es tut, erweckt sie leicht
den Eindruck, steril zu sein. Künstlerische Aktivität fordert das
Bewußtsein des körperlichen Daseins heraus. Sie dokumentiert
nicht, wie symbolische Maschinen und technische Apparate

funktionieren, sondern will zeigen, was es heißt, Mensch zu sein. Während die maschinellen Systeme der Künstlichen Intelligenz immer nur sind, was sie sind, transzendiert die künstlerische Einbildungskraft immer wieder ihre eigenen Grenzen auf der Suche nach neuen Bildern des Menschen und seiner Möglichkeiten.

Anfang der achtziger Jahre betrat eine neue Generation die Science-fiction-Szene. Sie verknüpfte die Projekte und Projektionen von Kybernetik, Automatentheorie, Künstlicher Intelligenz und maschineller Simulation mit den Körpererfahrungen von Menschen, die sich an virtuelle Welterzeugungen und simulative Hyperrealitäten ankoppeln. Interface zwischen menschlichem Körper/Gehirn und phantomatischen Modellkonstruktionen, Feedback zwischen leibgebundenen Aktivitäten und virtuellen Inszenierungen, phantasievolle Vermischungen von lebender Organsubstanz und technischen Apparaten, von Biologie und Silizium, personaler Identität und programmierter Digitalstruktur, von natürlicher und künstlicher Intelligenz: In diesen Zwischenwelten spielt eine Science-fiction, die High-Tech-Cybernetics mit Low-Life-Punk in die stilistische Halluzination des CYBERPUNK zusammenführt. Während die *Cyber*-Hälfte auf technologische Phantasmen, simulative Modellierungen und virtuelle Technologien referiert, orientiert sich die *Punk*-Hälfte an der anarchischen Geste revoltierender Körpererfahrungen, die sich durch keine zivilisatorischen Vorschriften bändigen lassen wollen und in der elektrisch verstärkten Power des Hard Rock ebenso ihre Quelle haben wie in der Gegenbewegung der frühen Punk-Szene.

Um das raffinierte Zusammenwirken und Gegeneinanderspielen von kybernetischer Phantomatik und punkartiger Körperrebellion zu erhellen, soll uns ein Beispiel genügen: «Neuromancer» von William Gibson, 1984 publiziert, ein erster Höhepunkt dieser neuen Bewegung in der SF, die von Norman Spinrad unter dem Label «Die Neuromancer» zusammengefaßt wurde.

Denn ihnen allen gemeinsam ist das thematische Vorgehen sowohl der «hard science fiction» als auch der charakterologischen SF und das Grundthema jeder wirklich anspruchsvollen SF, Punkt. Nämlich wie unser zunehmend intimeres Feedback-Verhältnis zur Technosphäre, die wir erschaffen haben, unsere Definition dessen verändert hat, verändert und verändern wird, was es heißt, Mensch zu sein. (...) Durch Wissenschaft und Technik werden wir den Aliens begegnen, und das werden wir selbst sein.[3]

Bereits eine kurze Charakterisierung der wichtigsten Protagonisten dieses Romans zeigt, daß sie alle in einem Spektrum agieren, das von der elementaren Materialität des Fleisches über Cyborgs und maschinell aufgezeichnete Personen bis zu autonomen Künstlichen Intelligenzen reicht, die in einer rein virtuellen «Matrix», einem kybernetischen Spielraum (*Cyberspace*) riesiger Informationsströme, existieren, dessen globale Kommunikationsstruktur in den Händen von multinationalen Konzernen, militärischen Systemen und internationalem Finanzkapital liegt.

Cyberspace. Eine Konsens-Halluzination, tagtäglich erlebt von Milliarden zugriffsberechtigter Nutzer in allen Ländern, von Kindern, denen man mathematische Begriffe erklärt. Eine grafische Wiedergabe von Daten aus den Banken sämtlicher Computer im menschlichen System. Unvorstellbare Komplexität. Lichtzeilen im Nicht-Raum des Verstands, Datencluster und -konstellationen. Wie die zurückweichenden Lichter einer Stadt.[4]

Ganz unten lebt, zu Beginn der Geschichte, der 24jährige Henry Dorsett Case, der einst einer der talentiertesten «Cowboys» in der neuen Welt des Cyberspace war und mit ständigem Adrenalinüberschuß sein entkörpertes Bewußtsein in die Halluzinationen der Matrix projizierte. Weil er seine Auftraggeber bestohlen hatte, wurde sein Nervensystem geschädigt und sein Talent Mikron für Mikron ausgebrannt.

Für Case, der für die körperlosen Freuden des Cyberspace gelebt hatte, war es ein Sturz in den Abgrund. In den Bars, in denen er als Supercowboy gelebt hatte, gehörte bei der Elite der Branche eine gewisse Verachtung fürs Fleisch zum guten Ton. Der Körper war nur Fleisch, und nun war Case ein Gefangener seines Fleisches.[5]

William «Cyberpunk» Gibson

So kam er nach Chiba City, wo er hoffte, geheilt zu werden, und begegnet hier der punkigen Molly Millions, mit der er sich sexuell zusammenkoppelt, hinabgezogen «zum Fleisch, das die Cowboys verhöhnten». In ihren Augen sind verspiegelte Gläser chirurgisch eingepaßt und unter ihren Nägeln sind schmale zweischneidige Skalpellklingen implantiert, die sie hervorschnellen lassen und als tödliche Waffe einsetzen kann.

Der notorische Verräter Peter Riviera, beherrscht durch eine perverse Lust am Unnötigen und Grundlosen, ist ein Meister phantomatischer Projektionen, die Horrorszenarien entstehen lassen können. – Julius Deane, weiser Ratgeber und väterlicher Freund, ist bereits 135 Jahre alt. Sein Stoffwechsel wurde durch Seren und Hormone zurechtfrisiert und sein DNS-Code gentechnisch für ein biblisches Alter modifiziert. – Armitage, der Auftraggeber des gefährlichen Unternehmens, an dem Case, Molly und Riviera teilnehmen, ist nur ein maschinell rekonstruiertes Subjekt, dessen hübsches, ausdrucksloses Gesicht wie eine Maske wirkt, amalgamiert aus den populären Mediengestalten des letzten Jahrzehnts. Es wurde durch ein KI-Programm in den katatonisch erstarrten Körper Colonel Corsos eingebaut, dessen personale Identität bei einer mißglückten militärischen Aktion zerstört worden war. – Der ehemalige Supercowboy Dixie McCoy Pauley, bei dem Case in die Lehre gegangen war, starb bei einem Angriff auf ein gegnerisches KI-System. Jetzt besitzt er nur noch eine körperlose ROM-Persönlichkeit. Auf einer Flatline-Konstruktion ist er als geistige Struktur und intellektueller Prozeß gespeichert, um wie ein «Lazarus des Cyberspace» ins künstliche Leben eines informationellen Austauschs rückrufbar zu sein.

Schließlich, abstrakt wie der militärisch-industrielle Machtkomplex multinationaler Konzerne, gibt es noch zwei autonome KI-Systeme, die in «Wintermute» und «Neuromancer» ihren Turing-Erkennungscode besitzen. «Wintermute war ein Kollektivbewußtsein, das Entscheidungen traf und damit Veränderungen in der Außenwelt bewirkte. Neuromancer war eine Persönlichkeit. Neuromancer war Unsterblichkeit.»[6] Aber Neuromancer ist zugleich der Pfad ins Reich der Toten, in die virtuelle Utopie einer raum-, zeit- und körperlosen Matrix, die kein natürliches Leben mehr beherbergt. «Neuro von den Nerven, den Silberpfaden. Romancer – der Phantast, der Träumer. Necromancer – der Geisterbeschwörer. Ich rufe die Toten. Aber nein, ich *bin* die Toten und ihr Reich.»[7]

Vom Körpergefängnis bis zur Autonomie einer reinen Künstlichen Intelligenz reicht das Spektrum der handelnden Figuren in Gibsons Roman. Auf der Körperebene geht es dabei ums nackte Überleben. In den «Night Town»-Straßen, wo Zuhälter und Drogendealer, Gangster und Killer, Verlierer, Ausgestoßene und Verrückte ihren Geschäften nachgehen, sind die menschlichen Körper einer permanenten Zerstörungsgewalt ausgeliefert. Hier fließt das Blut. Aber auch auf der High-Tech-Ebene geht es gewaltsam zu. Im körperlosen Totenreich des Cyberspace, in dieser «Konsens-Halluzination» aus Mathematik und Kybernetik, diesem «Nicht-Raum des Verstands», in dem Lichtzeilen, Datencluster und -konstellationen herumjagen, wird angegriffen und verteidigt, abgeschirmt und infiziert, vereist und gebrannt. Gegen das EIS des Gegners, sein Elektronisches Invasionsabwehr-System, werden Eisbrecher eingesetzt, Penetrationsprogramme, die durch die Schutzschilde des feindlichen Systems dringen, um es zu zerstören.

In einer gegenläufigen Erzähldramaturgie hat Gibson in «Neuromancer» den Widerstreit zwischen körperlichen Aktionen und maschineller Intelligibilität literarisiert. Auf der manifesten Textebene des linear erzählten Handlungsablaufs folgt Gibson der Dramaturgie von Kriminalgeschichten in der Tradition amerikanischer Pulp-Literatur. Case, der durch eine erfolgreiche Operation wieder seine Cyberspace-Kompetenz zurückerhalten hat, wird von Armitage / Colonel Corso als Mitglied einer Gruppe angeworben, die ins Informationszentrum des Wirtschaftsclans Tessier-Ashpool einbrechen soll. Der manifeste Text erzählt die erfolgreiche Geschichte dieses gefährlichen Auftrags, die mit dem körperlichen «Night Town»-Dasein des heruntergekommenen Case beginnt und mit einem furiosen virtuellen und körperlichen Showdown im «Villa Straylight»-Refugium der gegnerischen T-A-Macht endet.

Aber unter der manifesten Ebene ist eine latente Geschichte verborgen, die in umgekehrter Richtung verläuft. Gegen die Linearität des Handlungsablaufs arbeitet eine Logik, die ihren Ursprung im Zentrum der «Villa Straylight» hat. Alles, was geschieht, ist nur die Realisierung eines KI-Plans, der sich seine menschlichen, cyborgartigen und persönlichkeitsmodellierten Marionetten suchte. Alle Aktionen werden durch ein permanentes unterschwelliges Hintergrundrauschen gesteuert, eine allgegenwärtige, alles durchdringende Macht, deren nicht-menschliches Motiv «echt 'n Problem ist. Nix ist klar. Ich meine, 'ne KI ist kein Mensch. Aus der wirst du nie schlau.»[8] Wintermute, das wirtschaftskontrollierende KI-System des T-A-Clans, wollte sich mit Neuromancer vereinigen, der mysteriösen Persönlichkeit im unsterblichen Totenreich der Künstlichen Intelligenz.

Am Ende scheint Wintermute sein Ziel erreicht zu haben. Diese kybernetische Spinne, die gemächlich ihre Netze spann, hat sich mit Neuromancer verbunden und dadurch eine höhere Existenzform erreicht. Wintermute-Neuromancer ist nun die ätherische «Gesamtheit des Systems», die Matrix selbst in ihrer Absolutheit, die «ganze Show», überall und nirgends, Cyberspace pur, die vollendete Konsens-Halluzination, die tagtäglich von Milliarden Nutzern erlebt wird, die ins unvorstellbar komplexe Netz weltumspannender Regelung und Nachrichtenübertragung verstrickt sind. Das universalistische Forschungsprogramm der Kybernetik, «Control and Communication» als maschinelle Systemeigenschaften zu begreifen, hat in den Cyberspace-Visionen William Gibsons seine höchste Vollendung gefunden, seine unumschränkte techno-ökonomische Macht

William Gibson schreibt Science-fiction. Mehrfach hat er betont, daß es naiv wäre, seine Einfälle als Prognosen dessen zu lesen, was wirklich geschehen wird oder stattfinden könnte. Die Figuren und Handlungsverläufe in «Neuromancer» sind reine Fiktionen. Sie fingieren Erlebnismodelle, die weder sachhaltige Hypothesen noch futurologische Prophezeiungen sind. Aber in einer Hinsicht sind sie dennoch realistisch. Sie entwerfen das Bild einer Gesellschaft, in der das *körperliche* Dasein zurückgedrängt wird zugunsten eines *telematischen* Vagabundierens in reinen Informationsnetzwerken.

Nur wenn er sein entkörpertes Bewußtsein in die Konsens-Halluzinationen der Matrix projizierte, fühlte Case sich glücklich. Er verachtete das Fleisch. Er lebte nur für die «körperlosen

Freuden des Cyberspace», in den er sich maschinell einklinkte. Er liebte sein Deck, einen «Ono-Sendai Cyberspace Seven», der sein Bewußtsein in die distanzlose Heimat der Matrix strömen ließ, in ihre unvorstellbar komplexen Datencluster und -konstellationen. Hier spielten geographische Entfernungen und natürliche Zeitverläufe keine Rolle mehr. Der kybernetische Raum läßt sich nicht geometrisch vermessen und hat sich in eine dimensionslose Zeit aufgelöst, in der es keinen Tag und keine Nacht mehr gibt, kein Sonnenlicht und keinen Sternenhimmel. Das Cyberspace-Deck kennt nur die beiden Möglichkeiten, ein- oder ausgeschaltet zu sein. Cyberspace ist ein ortloser Raum zeitloser Datenströme. Und irgendwo Case, «lachend, in einem weiß getünchten Loft, die fernen Finger zärtlich auf dem Deck, das Gesicht von Tränen der Erleichterung überströmt.»[9]

Case, dieser Cowboy in den Weiten eines deterritorialisierten Datenraums, personifiziert eine Mentalität, die sich unter harmlosen Videospielern, informationssüchtigen Datensammlern und fanatischen Hackern verbreitet hat. Sie alle tauchen in eine universelle Kommunikationsflut ein, in der ihre Körper keine Rolle mehr spielen sollen. Entscheidend ist ihre zerebrale Kompetenz an der Schnittstelle Mensch–Maschine. Es sind nicht mehr die Körper, die zum Zusammenspiel verlocken. Der Reiz besteht in der «Immersion» in ein Medium, in dem Informationen und technische Bilder als «Meme» zirkulieren. Die Körper sind nur noch Spielverderber, die als störend empfunden werden. 1985, ein Jahr nach Gibsons «Neuromancer», hat Vilém Flusser diesen Aspekt als eine zivilisatorische Tendenz zunehmender «Zerebralisierung» festgestellt. Die Reise ins Universum der technischen Bilder entzieht den menschlichen und überhaupt allen Körpern ihren Wert.

Diese Körper, diese Spielverderber, diese vortelematischen Teilnehmer am telematischen Spiel werden, da nicht völlig eliminierbar, gegen den Horizont des Blickfelds gedrängt werden müssen, gegen den Rücken der auf Bildschirme starrenden Spieler. Und diese Berücksichtigung der Körper, diese Rücksicht auf sie, diese Sicht zurück auf vortelematische Zustände wird sie immer kleiner, immer uninteres-

santer erscheinen lassen. Sie werden schrumpfen. (…) Daß wir die
Körper, inklusive unserer eigenen, zu verachten beginnen und daß
wir auf Punkte, inklusive unserer Fingerspitzen, zu achten beginnen,
daß wir unser Interesse von unseren Bäuchen und Geschlechtsorga-
nen einerseits und von den Volumina um uns herum andererseits auf
unsere einbildenden Antennen verschieben, das ist das Zerebrale an
der emportauchenden Gesellschaft.[10]

Gibsons Cyberspace war eine Vision. In literarischem Gewand
ließ sie vorscheinen, worauf die technologische Entwicklung zu-
steuerte. Sie eröffnete einen Möglichkeitsraum, in dem sich die
gewohnten Ordnungen von Raum, Zeit, sinnlicher Wahrnehmung und linearer Logik, personaler Identität und sinnhafter
Referentialität zugunsten einer virtuellen «Konsens-Halluzination» verschoben haben. – Heute geht es nicht mehr um Science-
fiction. Gibsons Phantasie wurde zur Realität. «Cyberspace»
und «Matrix» sind keine Metaphern mehr, sondern Begriffe zur
Beschreibung von aktuellen Phänomenen, die am Ende des
zweiten Jahrtausends zur unausweichlichen Herausforderung
geworden sind. Wurde «Cyberspace» zunächst nur benutzt, um
audiovisuelle und taktile Simulationstechnologien zu bezeichnen, die den Benutzer mittels Datenanzügen und -helmen in
künstliche Computerwelten versetzen, so bezieht es sich seit
einigen Jahren allgemein auf die Computer-Netzwerke, in deren
körperlosem «Nicht-Raum» von Telekommunikation und Datenverarbeitung eine exponentiell wachsende Zahl von Nutzern
sich bewegt.

Das Musterbeispiel des modernen Cyberspace ist das *Internet*. Es war anfänglich nicht so geplant, wie es sich entwickelt
hat. Zunächst war es nur eine Art von Abfallprodukt. Das DAR-
PA-Netzwerk (Defense Advanced Research Projects Agency)
des amerikanischen Verteidigungsministeriums war als dezen-
tralisiertes Netz von Computern und Kommunikationskanälen
aufgebaut worden, um den Kommandosystemen der Streitkräfte
zu ermöglichen, einem Atomangriff standzuhalten. Es war ein
Produkt des Kalten Kriegs. Aus einem Überschuß an Kommu-
nikationskapazität und Anschlußfähigkeit entstand das Inter-

net. Vor allem «Freaks» nutzten das Netzwerk zur Verbreitung ihrer eigenen Ideen und gestalteten seine Technologie so um, daß sie ihren Zwecken entsprach.

Seit Ende der achtziger Jahre ist das Internet zu einem Massenmedium geworden, das weltweit genutzt wird, in einem komplexen Consumer-Wechselspiel zwischen Server-Computern und Client-Computern. In seinem Zentrum steht heute die graphische Anwenderoberfläche des World Wide Web (WWW), die 1989 am europäischen Laboratorium für Teilchenphysik (CERN) von den Physikern Tim Berners-Lee und Robert Caillian entwickelt worden ist. Benutzerfreundliche Browseroberflächen wie das 1994 entwickelte «Netscape» haben zu jenem «Bit bang» geführt, den wir gegenwärtig erleben. Mit jedem Tag wird das Netz größer. «Es dehnt sich, bläht sich auf und verändert sich dauernd. Es ist im Fluß und zeigt so mit seinen unzähligen Quellen, seinen Turbulenzen, seinem unaufhaltbaren Anstieg den Kern zeitgenössischer Information.»[11]

Die «Matrix» ist zum großen Ozean der Informations- und Datenströme geworden, zu einem hydrographischen Netzwerk, in dem Server, Consumer und E-Mail-Boxen verbunden sind, alle mit allen, um von jedem beliebigen Ort aus und in einem weltweit variablen Zeithorizont miteinander kommunizieren zu können. Das Dasein IRL (matrixorientierte Abkürzung für «in real life») wird in ein digitalisiertes Datenuniversum transformiert, dessen diskursive Ordnung den semantischen Kern des «Cyber» entfaltet, den Bedeutungsraum der Kybernetik als Kunst des Steuerns, Lenkens und Regelns in menschlichen und maschinellen Informationsmedien. Cybernauten navigieren durch das Datenmeer aus Bits und Bytes und Surfen auf seinen Wellen. Sie verstehen sich als Cyborgs (kybernetische Organismen), die in wachsendem Maß ihre Tätigkeit in den Cyberspace verlagern und ihre Kompetenzen in die Matrix projizieren. Sie nehmen teil an einer neuen Vergesellschaftungsform, der «CyberSociety», die in der Verbindung von Telekommunikation und Computern ihre virtuelle Heimat konstituiert. «Kollektive Intelligenzen» und «virtuelle Gemeinschaften» bevölkern die

Matrix, wozu sie keinen Paß mehr benötigen, sondern nur noch ein Paßwort. Sie leben in «Telepolis», der weltweiten, komplexen und dynamischen «City of Bits». Cybernauten und Cyborgs im Cyberland.[12]

Gibsons Cyberpunk-Fiktion ist zu einer realistischen Utopie im wörtlichen Sinn geworden. «Der Cyberspace ist kein Ort, kein Topos – er ist ein U-Topos. Seine virtuellen Welten halten durch die Eröffnung der Perspektive auf neue Weisen der Wahrnehmung und neue Arten gelingender Kommunikation die innovative, irritierende Kraft des utopischen Denkens am Leben.»[13] In seiner Beantwortung der Frage «Was heißt eigentlich ‹Virtuelle Realität›?» hat Stefan Münker den Akzent auf die Veränderung der Wahrnehmung gelegt. Die virtuelle Welt des Cyberspace ist keine alternative Wirklichkeit. Ihr utopischer Überschuß meint nicht das ganz andere, das sich ontologisch von einer eigentlichen oder wahren Realität abgespalten hat. Auch der Ort des Virtuellen existiert in der Realität. Die weltweit vernetzten Computer sind Elemente der einen Welt, die der Fall ist. Die Cybernauten bleiben Menschen, auch wenn sie sich in die Datenfluten des Cyberspace stürzen. Der Möglichkeitsraum Cyberspace, den Gibson ästhetisch als einen U-Topos entworfen hat, gebildet aus konsensuellen Halluzinationen, Mathematik, Datencluster und -konstellationen, unvorstellbarer Komplexität und intellektuellem Nicht-Raum, ist keine andere Welt. Er ist ein Spielraum, der neue Arten der Wahrnehmung und der Kommunikation ermöglicht.

Dieses virtuelle Sprachspiel läßt sich beschreiben als ein «Ensemble von Verschiebungen»[14], in dem Raum, Zeit, Körper und Personalität eine neue Rolle spielen können. Räumliche Entfernungen verschwinden in den Geschwindigkeiten von Datenübertragungen. Körperliche Identitäten zerstreuen sich in virtuelle Gemeinschaften und tauchen ein in die Kommunikationsstränge der IRCs (Internet Relay Chats: sich stets neu organisierende Online-Gesprächsforen und «Schwatzräume» für Menschen aus aller Welt), der MUDs (Multi User Dungeons: virtuelle Spielhöllen, in denen man im Kampf mit anderen Teilnehmern und programmierten Robots Erfahrungspunkte sammeln kann) und der MOOs (Multi User Dungeons Object Orientated: thematisch orientierte Viel-Nutzer-Kerker zur interaktiven Kooperation und kollektiven Wissensvermittlung). Und die personale Identität bestimmt sich allein durch die temporäre und kontingente Teilnahme an den elektronischen Netzwerken, in denen sie sich auflösen kann, maskiert durch «die kreative Erfindung eines neuen Selbst, einer neuen Identität, die ich bisher vor mir und anderen verborgen hatte und die nun in meiner Abwesenheit mit anderen Menschen medial interagiert.»[15]

Abwesenheit und *Telepräsenz*: Im Wechselspiel dieser beiden Daseinsweisen gewinnt Cyberspace seine utopische Qualität. An ihrer medialisierten Schnittstelle verschieben sich die IRL-Erfahrungen (in real life) in die VR-Imaginationen (virtual reality) des Cyberspace. An ihr entzündet sich der Widerstreit zwischen den euphorischen Aktivisten, Apologeten und Visionären des Cyberspace einerseits, den Skeptikern andererseits, denen das Ensemble virtueller Verschiebungen als ein Verlust «realistischer» Erfahrungen von Raum, Zeit und personaler Identität erscheint.

Anthropologie des Cyberspace

Um den anthropologischen Stellenwert des Cyberspace zu begreifen, seine Bedeutung für die kulturgeschichtliche Entwicklung der Menschheit, werden die einschneidenden Differenzen zwischen Oralität, Schriftlichkeit und Netzkultur zunehmend in der historischen Perspektive einer Ökonomie der Präsenz reflektiert. Das Ensemble der Verschiebungen findet statt im veränderlichen Spielraum von Anwesenheit und Abwesenheit. Alle reflexiven Unterscheidungen zwischen Natürlichkeit und Künstlichkeit, Realität und Virtualität, Wirklichkeit und Schein, Tatsachen und Phantomen, Referenz und Simulation, die bemüht werden, um die besondere Qualität des Cyberspace zu profilieren, basieren auf der fundamentalen Opposition von

Präsenz und Nicht-Präsenz, die in der geschichtlichen Abfolge und Überschneidung von lebendiger Rede, geschriebenen Texten und elektronischer Vernetzung ihre jeweils spezifische Prägung erhalten hat.

Wer von «Natürlichkeit», «Realität» und «Wirklichkeit» spricht und sie gegen «Künstlichkeit», «Virtualität» und «Schein» ins Feld führt, glaubt an die Macht der *körperlichen Präsenz*. Natürliche Körper befinden sich an einem bestimmten Ort zu einer bestimmten Zeit. Die elementarste Orientierung in der Welt, wie sie sich auf der Stufe sinnlicher Gewißheit vollzieht, ist auf Präsenz und Nähe bezogen. Sie ist gebunden an die sinnliche Gegenwärtigkeit der Wahrnehmenden und des Wahrgenommenen an ihren jeweiligen Orten, hier und jetzt. Auch natürlicher Raum und natürliche Zeit sind stets präsent. Sie verändern sich zwar, wenn der Mensch seinen Platz verläßt und räumliche Entfernungen überwindet, wenn er bei Tageslicht arbeitet und in der Nacht sich zur Ruhe legt oder seine Aktivitäten dem Wechsel der Jahreszeiten anpaßt. Aber diese Veränderungen zerstören nicht das Bewußtsein, sich als körperliche Wesen aus Fleisch und Blut auf sicherem Boden und in einem kosmologisch gesicherten Zeithorizont zu bewegen. Ich – Jetzt – Hier: Der anthropologische Raum dieser triadischen Origo der Präsenz ist die *Erde*, auf der ein enger Kontakt zwischen Mensch und Natur besteht.

In seiner «Anthropologie des Cyberspace» hat Pierre Lévy eine Kartographie dieser prähistorischen Erde gezeichnet, des ersten großen Bedeutungsraums, den die Menschheit besetzt und für sich eröffnet hat. Hier ist alles präsent und sich nahe, wirklich und gegenwärtig: Steine, Pflanzen, Tiere, Menschen und Götter. Sie sprechen miteinander auf einer Erde, die für sie immer schon da ist. Auch die sprachlichen Botschaften, durch die das praktische, mythische und rituelle Wissen gesellschaftlich übermittelt wurde, waren in der lebendigen Gegenwart der körperlichen Gemeinschaft verankert. Das Wissen der Erde war in den Wissenden verkörpert, die sich begegneten. Kommunikation war synchronisiert, die gesprochene Rede vollzog sich zwi-

Verwirrendes Rätsel: Welche Hand ist echt, welche virtuell? – Der
High-Tech-Magier Marco Tempest

schen Anwesenden, von Angesicht zu Angesicht. Im Raum der Erde entfaltete sich eine orale Kultur, deren Lautzeichen zwar flüchtig waren und ständig im Fluß der Kommunikation verschwanden. Aber diese Fluktuanz wurde kompensiert durch die Präsenz der Nähe, in der sie sich vollzog.

In den mündlichen Gesellschaften wurden die linguistischen Botschaften stets zu der Zeit und an dem Ort empfangen, von denen aus sie gesendet wurden. Sender und Empfänger befanden sich in einer identischen Situation und meistens in einem ähnlichen Bedeutungsuniversum. Die Kommunizierenden nahmen ihr Bad im selben semantischen Becken, im selben Kontext, im selben lebendigen Fluß der Interaktion.[16]

Der Raum der Erde wurde verlassen. Präsenz und Nähe wurden gebrochen durch *Medien der Distanz*. Identische Situationen lösten sich auf, das gemeinsame Bedeutungsuniversum zersplitterte, die verbindenden Kontexte zerstreuten sich. Asynchrone Kommunikationsformen traten an die Stelle der synchronen Begegnung von Stimmen und Körpern. Immer mehr Abwesenheiten durchschnitten das Band der Anwesenheit. Vor allem die Entfaltung der *Schriftkultur* spielte dabei eine epochale Rolle. Denn die Schrift war nicht mehr in den präsenten Erlebniszusammenhang mündlicher Interaktion eingebunden, sondern wurde als ein Medium der Repräsentation entwickelt und benutzt, das nicht mehr an die Körper gebunden war und sich auch von den Orten der Kommunikation und den natürlichen Rhythmen der Zeit separiert hat.

Die Geschichte dieses epochalen Bruchs ist ausführlich beschrieben und kommentiert worden.[17] Bemerkenswert ist dabei vor allem ein Effekt, der zu einem fortlaufenden Widerstreit geführt hat, in dem das Neue der Schrift weiterhin aus der Perspektive der verlorenen Präsenz gesehen und bedacht wurde. Denn die Reflexion der Schrift lebt von der Erinnerung an die Zeit schriftloser Kulturen im Raum der Erde. Das erhellt die Rolle der «Künstlichkeit», dem Schlüsselwort zur Charakterisierung des Wesens einer grammatisch berechenbaren Sprache, einer maschinenartigen Künstlichen Intelligenz und einer schriftgebundenen Autorschaft und zugleich den Stellenwert ihres Widersachers, der «Natürlichkeit», die in lebendiger Rede, authentischem Wissen und unverwechselbarer Individualität weiterhin zum Ausdruck kommen soll.

Die Entwicklung der Telekommunikation zur Überwindung der Ferne hat die Klagen über den Verlust der Präsenz nicht verstummen lassen. Roland Barthes hat von der Haltung berichtet, die Sigmund Freud zum Telefon einnahm. Der Analytiker des Seelenlebens, der das Zuhören liebte, mochte die Künstlichkeit nicht, mit der versucht wurde, die Trennung der Kommunizierenden zu leugnen

> wie das Kind, das, weil es die Mutter zu verlieren fürchtet, pausenlos mit einer Spule spielt; aber die Telephonschnur ist kein gutes Übertragungsobjekt, sie ist keine leblose Spule; sie ist mit einer Bedeutung behaftet, die nicht die der Verbindung, sondern die der Distanz ist. Ich werde dich verlassen, sagt in jedem Augenblick die Stimme des Telephons.[18]

Freud traf sich hier mit Franz Kafka, der die Entwicklung der telekommunikativen Medien (Post, Telegrafen, Telefon, Funktelegrafie) als einen Betrug charakterisierte. Sie scheinen dem Wunsch nach Nähe entgegenzukommen, der in ihnen sucht, was sie niemals erfüllen können. Bereits die leichte Möglichkeit des Briefeschreibens

> muß – bloß theoretisch angesehn – eine schreckliche Zerrüttung der Seelen in die Welt gebracht haben. Es ist ja ein Verkehr mit Gespenstern, und zwar nicht nur mit dem Gespenst des Adressaten, sondern auch mit dem eigenen Gespenst, das sich einem unter der Hand in dem Brief, den man schreibt, entwickelt.[19]

Der lange und intensive Briefkontakt mit Milena, in dem sie sich alles zu sagen versuchten, war zugleich ein Grund ihrer Entfremdung. Sich Briefe zu schreiben heißt, «sich vor den Gespenstern entblößen, worauf sie gierig warten. (...) Die Geister werden nicht verhungern, aber wir werden zugrundegehn.»

Nach dem anthropologischen Raum der Erde und der Epoche der Schriftlichkeit taucht mit dem Cyberspace ein neues Universum auf: das weltweite *Netzwerk elektronischer Kommunikationsmöglichkeiten*. Die Grundlagen sind bereits im 19. Jahrhundert gelegt worden mit den technischen Medien der Fernkommunikation. Fernmeldenetze wurden ausgebaut, um Nachrichten telegrafisch oder telefonisch übermitteln zu können. In den dreißiger Jahren des 20. Jahrhunderts erschien das Fernsehen. Das Entwicklungstempo zog in der Nachkriegszeit an, als die ersten Computernetzwerke zusammengeknüpft wurden. Gegen Ende der sechziger Jahre ließ das Pentagon das dezentralisierte ARPAnet (Advanced Research Projects Agency) entwickeln. 1983 wurde das Netz der Netze, das Internet, geschaffen, das zum Symbol für die Vernetzungen wurde und im World Wide Web seine zentrale Benutzeroberfläche besitzt. Gibsons Cyberspace existiert.

Der Raum des Netzes besitzt im Kabelnetz nur sein physikalisch-geographisches Skelett. «Internet» und «Cyberspace» bezeichnen keine reale technische Apparatur, sondern eine besondere Modalität des symbolischen Austauschs. Sie entziehen sich einer mechanistischen Beschreibung, die auf physikalische Materialitäten zielt. Deshalb wird bevorzugt von «Virtualität» gesprochen. Bereits der technische Mechanismus wird in der Perspektive eines reinen Möglichkeitsraums gesehen, als «a space of pure communication, the free market of symbolic exchange»[20]. John Perry Barlow, Songwriter von «Grateful Dead» und Mitbegründer der «Electronic Frontier Foundation», hat es 1996 in seiner «Unabhängigkeitserklärung des Cyberspace» eindringlich beschworen: Während die Regierungen der Industrienationen in einer Welt aus Fleisch und Stahl leben, agieren die Cyborgs und Cybernauten in der «neuen Heimat des Geistes. (…) Der Cyberspace besteht aus Beziehungen, Transaktionen und dem Denken selbst, positioniert wie eine stehende Welle im Netz der Kommunikation. Unsere Welt ist überall und nirgends, und sie ist nicht dort, wo Körper leben. (…) Es gibt im Cyberspace keine Materie.»[21]

Virtuelle Nomaden

Diese Beschwörung einer Geisterwelt, die nichts mehr mit der Gegenständlichkeit der natürlichen Welt und ihrer Mechanik zu tun haben will, diente vor allem der Abwehr staatlicher Eingriffe. Aber im radikalen Liberalismus Barlows artikulierte sich zugleich ein weiterreichendes Selbstverständnis. Der Anschluß ans Netz hat eine Absage an den Körper zur Folge. Von den «körperlosen Freuden» des Cyberspace schwärmte der Neuromancer-Cowboy Case. Ihm sind all jene gefolgt, die ihre multimedial aufgerüsteten Computer als eine Möglichkeit verstehen, ihr leiblich-konkretes Dasein IRL in eine geistig-abstrakte VR-Existenz zu transformieren. Die Cybernauten imaginieren sich als Wesen ohne Körper. «Unsere persönlichen Identitäten haben keine Körper», offenbarte Barlow, um den Cyberspace für unabhängig zu erklären. Auf die metaphysische Dimension dieser geistigen Freiheit im virtuellen Netz hat Pierre Lévy hingewiesen. Die Anthropologie des Cyberspace kennt keine Menschen aus Fleisch und Blut. Es sind ätherische «Engelkörper», die sich in den virtuellen Gemeinschaften begegnen können, in einem «immanenten Himmel der kollektiven Intelligenz»[22].

Was theologisch klingt, ist technologisch gemeint. Die virtuellen Bedeutungs- und Handlungsräume des Cyberspace eröffnen ein utopisches Reich und verheißen eine entkörperlichte Kommunikation, in der das religiöse Phantasma göttlich-menschlicher Zwischenwesen weiterlebt.

> In dieser transformierten Variante wird die himmlische Welt der Engel zum Bereich der virtuellen Welten, dank derer sich die Menschen als intelligente Kollektive konstituieren. (…) Jetzt handelt es sich nicht mehr um einen theologischen Diskurs, sondern um ein unwiderruflich technologisches, semiotisches und sozio-organisatorisches Dispositiv.[23]

Was innerhalb der Schriftkultur noch als bedrohliche Irritation wahrgenommen wurde, als verstörendes Auftauchen von «Schattenbildern», «Schimären» und «Gespenstern» im Medium des Geschriebenen, ist zu einem Ideal erhoben worden, das es zu erreichen gilt. Warum diese eigenartige Umwertung, die unter Bedingungen der Telepräsenz befürwortet, was im Zeitalter der Schrift die Abwehr jener mobilisierte, die am lebendigen Gespräch zwischen Anwesenden interessiert waren?

Es ist die Lust an Maskierungen und an der Auflösung personaler Identität, die vor allem zu faszinieren scheint. Die körperlose Existenz im Netz mobilisiert die Vorstellung der «persona» im antiken Sinn des Wortes. Wie sich die Schauspieler der griechischen Tragödie hinter Masken verbargen, um ihre entstellte Stimme aus einem unterirdischen Jenseits erklingen zu lassen, fingieren die Cybernauten multiple Identitäten. Wer sich in die anonymen Channels des Internet Relay Chat begibt, um sich online zu treffen und unter selbstgewählten Decknamen zu unterhalten, wer die virtuellen Spielhöllen der MUDs besucht oder in den objektorientierten Informationsfluten der MOOs mitschwimmt, wer die Masken konstruierter «Avatare» in einem virtuellen «Habitat» aufsetzt und seine Kleidungen, seine Gesichter und seine Geschlechter beliebig zu wechseln vermag, kann sich «als eine je nach Kontext erfundene X- oder Y-Identität präsentieren. (...) Im Netz ist das alltägliche Konzept der Identität außer Kraft gesetzt.»[24] Der Cyberspace ist kein physischer Raum, in dem man sich den anderen durch Körperform, Alter, Geschlechtsmerkmale, Kleidung, Gestik und Tonfall zu erkennen gibt. Er ist ein theatralischer Spielraum, in dem «künstliche Identitäten» miteinander «künstlich kommunizieren»[25]. Die VR-Präsenz im Netz bietet die Chance zur ästhetischen Ausgestaltung und ästhetischen Dramatisierung pluraler Identitäten, die IRL nur mühsam ausagiert werden können.

Allucquère Rosanne Stone, die «Queen of Cyberspace», die ich durch ihre Mitarbeit an Monika Treuts Dokumentarfilm «Gendernauts» kennenlernte, hat die virtuellen «personae» als «floating identities» und Subjekte eines Begehrens thematisiert, das seine Befriedigung nicht mehr in «wirklichen» Begegnungen sucht, sondern im Erproben multipler Persönlichkeiten in einem sich ausdehnenden virtuellen Raum. «I am not a neutral observer. I live a good part of my life in cyberspace, surfing the nets, frequently feeling like a fast-forward flaneur. I am interested in prosthetic communication for what it shows of the ‹real› world that might otherwise go unnoticed.»[26] Es ist eine provokante Umkehrung, die der Wechsel von der Schriftkultur zum Cyberspace impliziert. Während Rousseau wirklichen Wesen und einer unmittelbaren Natur nahekommen wollte und sich durch die Leidenschaft der Schrift ins Reich der Schimären geworfen fand, erhellt der gewollte Identitätsverlust im Cyberspace die «reale» Welt als ein zunehmend größer werdendes «cyborg habitat». Rousseaus Träumereien einer authentischen Individualität in ihrer ganzen Naturwahrheit sind endgültig passé. Potenzierte Rollenspiele und Maskeraden in virtuellen Handlungsräumen, die das Ich nicht nur seines Zentrums berauben, sondern auch grenzenlos multiplizieren, locken immer mehr Teilnehmer in die MUDs, in die sie sich einloggen. Die Multi-User Dungeons dienen als Identity Workshops, wobei vor allem der Geschlechtertausch, das «gender swapping», reizvoll ist. Die Cybernauten agieren als Gendernauten.

> In einem interaktiven Computerspiel, das eine von der Fernsehserie «Star Trek: The Next Generation» inspirierte Welt darstellt, verbrachten Spieler bis zu 80 Stunden wöchentlich damit, an intergalaktischen Expeditionen und Kriegen teilzunehmen. Sie erfinden Handlungscharaktere, die gelegentlichen und romantischen Sex haben, die sich ineinander verlieben und heiraten und die an Ritualen und Feierlichkeiten teilnehmen. «Das ist wirklicher als mein wirkliches Leben», sagt eine der Figuren, die sich als Mann herausstellt, der eine Frau spielt, die wiederum vorgibt, ein Mann zu sein.[27]

Es gibt keine soziale Wirklichkeit oder natürliche Welt mehr, in der «root identities» sich festsetzen oder entfalten könnten. Das «Natürliche» hat seinen alternativen Status zum «Künstlichen» verloren. Wer im Virtuellen vagabundiert, will keine Authentizität. Wer im Cyberspace flottiert, kennt keine natürliche Ordnung. Das erhellt die Bedeutung des Mottos von Donna Haraway, das Sandy Stone ihrer Untersuchung über «The War of Desire and Technology at the Close of the Mechanical Age» vor-

Allucquère Rosanne Stone in Monika Treuts Dokumentarfilm
«Gendernauts»

angestellt hat: «The subjects are cyborgs, nature is Coyote, and the geography is elsewhere.»[28] Personale Identität ist eine Illusion in einer Welt, die durch techno-soziale Cyborg-Mechanismen beherrscht wird; die Natur selbst ist, wie der Kojote als indianisches «trickster-spirit animal»[29], vielfältig, flexibel, heterogen, täuschend, illusionistisch, spielerisch, ein Prozeß kontinuierlicher Neuerfindung und Neubegegnung, der aktiv jede Präsenz zerbricht und jede Repräsentation auflöst; und der körperliche Raum befindet sich sonstwo und hat seine orientierende Funktion verloren.

Ohne territoriale Grenzen, körperlos und ohne personale Identität, als Geisterwesen hinter Masken verborgen, überall und nirgends, navigieren die Cybernauten durch ein transversales und multiples semiotisches Dispositiv, in dem digitalisierte Informationen wie Moleküle herumschwirren. Sie sind weder wissende Körper der Erde noch Schattensubjekte der Schrift. Als ätherische Intelligenzen durchstreifen sie die Matrix und erkunden ihre labyrinthische Komplexität. Im Cyberspace «wird der Mensch wieder zum Nomaden, er vervielfacht seine Identität, erforscht heterogene Welten und ist selbst heterogen und vielschichtig, werdend, denkend.»[30]

Die Propheten des Cyberspace werden nicht müde, den natürlichen Menschen, sofern er durch materielle Prozesse, soziale und biologische Zwänge, körperliches Dasein und lokale Umgebungen geprägt ist, als ein Übergangswesen zurückzudrängen zugunsten einer nomadisch flottierenden Intelligenz, die alles überwindet, was den Menschen bindet. Das Ideal der Befreiung äußert sich als Phantasma eines «entkörperten Bewußtseins», das der Neuromancer Case als Glücksgefühl ersehnte. Hans Moravec träumt von einer informationellen Loslösung des Geistes aus den Fesseln unseres Körpers und Gehirns, die nur «Sülze» sind. Der Extropianer Max More imaginiert eine technologische Evolution, in der wir die Grenzen überschreiten, die uns Herkunft, Kultur und Umwelt auferlegen. Nanomaschinen sollen die informationellen Gehirninhalte der Cybernauten auf elektronische Speichermedien übertragen. R. U. Sirius, der prominenteste authentisch-gefälschte Medien-Cyberpunk, weiß zwar nicht genau, was auf uns wartet. «Aber wir wissen, daß wir von nun an nicht mehr nur in unseren Körpern und unter unseren Mitmenschen leben werden.»[31] Irgendwann werden wir uns auf die Netze hoch- oder auf Datenspeicher runterladen oder Kopien von uns machen. Pierre Lévy, Professor für Informations- und Kommunikationswissenschaft am Hypermedia-Department der Universität St. Denis in Paris, beschwört die Engelkörper einer Intelligenz, die sich in den Medien einer «reinen» Information bewegen. Der Körper ist nur Fleisch, der Geist ist alles.

Körperlosigkeit, flottierendes Bewußtsein, ätherische Intelligenz usw. – Was futuristisch klingt, hat traditionelle Wurzeln. Es ist alter Wein in neuen Schläuchen. Auf der Schwelle zur Zukunft wird reaktiviert, was die Denker im 17. Jahrhundert als philosophisches Gedankenexperiment durchspielten. Es ist vor allem René Descartes, der in den Träumen einer telematischen Cyberspace-Kultur herumgeistert. Seine philosophische Idee einer reinen «res cogitans» ist in den Phantasmen der Cyberkultur wiederauferstanden. «Descartes' Irrtum»[32], der den Geist in einem ätherischen Nirgendwo situierte, ihn von seiner körperlichen Grundreferenz und von den funktionellen Bedürfnissen des Organismus abkoppelte, ist in einen postbiologischen und transhumanen Mythos umformuliert worden.

> Auf die Komplexität und Unübersichtlichkeit des Netzes reagiert der Mythos mit dem Entwurf einer neuen Einheit. In diesem Entwurf erzählt er die Geschichte des Internet als Geschichte der Eroberung einer neuen Welt, der Welt des Cyberspace – und er erzählt sie so, als hätte die Entstehung dieser Welt, die der amerikanische Autor William Gibson noch als eine reine Science-fiction erfand, sich tatsächlich bereits vollzogen. So erst wird der Mythos Internet zu dem, was die erfolgreichsten Erzählungen dieses Genres auszeichnet: zu einem Gründungsmythos.[33]

Als Case in Gibsons «Neuromancer» seine Mitspieler sucht, um ins gegnerische System des Wirtschaftsclans Tessier-Ashpool einzudringen, wird ihm auch die Hilfe eines Toten angeboten. Dix McCoy Pauley hatte etwas mit dem Herzen. Aber «Sense / Net» haben ihn mega bezahlt und seine geistige Struktur-Identität aufgezeichnet. Jetzt lebt er als Flatline-Konstruktion im Netz, als «Lazarus des Cyberspace». Den ersten Kontakt zwischen Case und Dix hat Gibson witzig inszeniert. Die virtuelle Konstruktion muß über sich selbst aufgeklärt werden.

> «Weißt du, wie 'ne ROM-Persönlichkeitsmatrix funktioniert?»
> «Klar, Bruder. Ist 'ne Firmware-Konstruktion. 'n fest eingebautes Programm.»
> «Wenn ich sie also mit dem Speicher kopple, den ich verwende, kann ich ihr 'n sequentielles Echtzeitgedächtnis geben?»
> «Glaub schon», sagte die Konstruktion.
> «Okay, Dix. Du *bist* eine ROM-Konstruktion. Kapiert?»
> «Wenn du's sagst. Und wer bist du?»
> «Case.»
> «Miami, Handlanger, lernbegabt.»
> «Genau. Und für den Anfang, Dix, werden wir nach London ins Gitter zischen und uns ein paar Daten besorgen. Machste mit?»
> «Hab ich denn die Wahl?»[34]

Jeder Mythos versucht, eine Antwort auf die Frage des Todes zu geben. Für die Cartesianer des Cyberspace scheint die Richtung klar und deutlich erkennbar zu sein. Wenn ihr Geist als körperlose Nomadenexistenz gedacht wird, dann ist Biologie kein Schicksal mehr. Das Sterben, das durch eine Art von «Todesprogramm» unseren Genen inhärent ist, kann überlistet werden. Unsterblichkeit ist eine realisierbare Utopie, der Tod nur ein technisch noch ungelöstes Problem der Ingenieure. Die avancierten Cyborgs der Computerwelten imaginieren einen digitalisierten Lebensraum, in dem ihr Ich als mentale Strukturidentität weiterexistiert. Man lebt nicht nur einmal. Man stellt statt dessen Sicherheitskopien des eigenen Selbst her, um den Tod zu überwinden. Gegen den fatalistischen «Deathism» und «Todismus» des biologischen Menschen opponiert der Wunsch, im Cyberspace unsterblich zu sein.

Bis es soweit ist, muß eine Zwischenlösung gefunden werden. Timothy Leary bestimmte vor seinem Tod, daß sein Kopf eingefroren und so lange zwischengelagert wird, bis es technisch möglich ist, seinen Inhalt in die Netze herunterzuladen. «Kryonische Suspension» lautet der Schlüsselbegriff: zeitweises Aufbewahren in einem Bad aus flüssigem Stickstoff, um als tiefgefrorenes Lebewesen auf die Zeit zu warten, in der die digitalisierte Immortalität verwirklicht werden kann. Das Geschäft mit dem Tod expandiert. Vor allem amerikanische Organisationen bieten ihre kryonischen Techniken an: TransTime im nordkalifornischen Oakland, BioPreservation im südkalifornischen Rancho Cucamonga, Cryonics Institute in Michigan, Alcor in Phoenix. Sie finden immer mehr Kunden, die den Tod besiegen und die Angst überwinden wollen, für immer tot zu sein.

Das Phantasma der Unsterblichkeit liegt in der Entwicklungslogik des Mythos Cyberspace. Was einst der Himmel war, in dem man engelsgleich lustwandelte, ist zum virtuellen Raum geworden, in dem man als geistige Struktur flottiert. Und wenn man diesen Wunsch für eine fixe Idee hält, die unmöglich zu verwirklichen ist, so gibt es auch einfachere und billigere Möglichkeiten. Man muß zwar sterben, aber man kann sich wenigstens eine virtuelle Grabstätte kaufen, in der man jederzeit von seinen Freunden aus aller Welt besucht werden kann. Im Internet gibt es bereits preiswerte Angebote, seinen Platz auf einem «künstlichen Friedhof» zu finden. Stimme, Bilder und Texte werden gespeichert, um sich den Hinterbliebenen als lebendige Leiche zu demonstrieren und sie dazu aufzufordern, das virtuelle Grab mit Grüßen, Blumen und Trauersprüchen zu schmücken.

Daß man auch als Leiche noch täuschen kann, wissen die Anbieter. Sie übernehmen keine Garantie, daß die Daten auf den virtuellen Friedhöfen kein Fake sind und man sich nur einen schlechten Scherz erlaubt hat. Das ist die einzige Regel, die «Virtual Cemetery» zu respektieren bittet (http://ww1.grn.es/ Welcome-Place/ins/iCemetery.html):

> Due to the impossibility of verification of the authenticity of the data which we receive, we will limit ourselves to publishing those details sent to us together with photograph, and we cannot accept responsibility for possible mistakes, jokes or actions committed in bad taste. We hope that you respect our one rule.

«TombTown» dagegen, die Gräberstadt, die von «Terraformers (tm)» angeboten wird (http://www.tombtown.com), demonstriert sich als erzieherische und unterhaltsame «online virtual reality», in deren 3-D-interaktivem Spielfeld man einen «realen» Friedhof besuchen kann.

> Who might you visit? Famous personalities such as Marilyn Monroe, Plato, Bela Lugosi, Doc Holliday, Jerry Garcia, Geronimo and Joan of Arc, just for starters. With five on-line Tombtown cemeteries to choose from (and nine more coming soon), – each hosting nearly 200 plots – you can imagine how many residents have found a resting place here. In fact, YOU may even decide to become a resident. It could happen. *Boo!*

Alle Bewohner dieses Friedhofs, ob tot oder lebendig, bieten ihren Besuchern den einzigartigen Genuß, an ihrem Charme, Talent, Mut und Wissen teilnehmen zu können. Wenn sie schon im wirklichen Leben nicht zur Kenntnis genommen werden, so haben sie wenigstens als digitalisierte Tote ihr Vermächtnis hinterlassen. «At Tombtown, you'll discover what some of those *legacies* really are.» Wirklich? Boo! «Spooky? Maybe. Distasteful? Hardly.» Copyright © 1997. All rights reserved. Pay your bills online through your bank. Click here.

EXIT
AUSSCHALTEN
ENDE

Anmerkungen

Cyborgs

1   Donna J. Haraway: Simians, Cyborgs, and Women. New York 1991, S. 150

2   Sherry Turkle: Leben im Netz. Reinbek bei Hamburg 1998, S. 30

3   Allucquère Rosanne Stone: The War of Desire and Technology at the Close of the Mechanical Age. Cambridge / Mass. – London 1995, S. 37

4   Stanislaw Lem: Summa technologiae. Frankfurt 1981, S. 583 f

5   Gundolf S. Freyermuth: Cyberland. Berlin 1996, S. 213. Vgl. Crystal Gray (Hg.): The Cyborg Handbook. New York 1995

6   Siegfried Kracauer: Theorie des Films. Frankfurt 1964

7   William Gibson: Die Neuromancer Trilogie. Hamburg 1996, S. 73

8   William Gibson. Zitiert in Sherry Turkle: Leben im Netz (Anm. 2), S. 432

9   G. S. Freyermuth: Cyberland (Anm. 5), S. 241

10   A. R. Stone: The War of Desire and Technology (Anm. 3), S. 5

11   Paul M. Churchland: Die Seelenmaschine. Heidelberg – Berlin – Oxford 1997

12   S. Lem: Summa technologiae (Anm. 4), S. 321

13   Jean Baudrillard: Der symbolische Tausch und der Tod. München 1982. Vgl. auch die folgenden Schriften: Agonie des Realen. Berlin 1978; Die fatalen Strategien. München 1985; Die Illusion des Endes. Berlin 1994; Das perfekte Verbrechen. München 1996

Maskierte Sexualität

1   Jean-Jacques Rousseau: Diskurs über die Ungleichheit. Paderborn – München – Wien – Zürich 1990, 2. Aufl., S. 47 f

2   Aristoteles: Politik. 1254 a 36 – 38

3   Michael Rutschky: Heiliger Hain. In: Die Woche, 9. 10. 1998, S. 34

4   Camille Paglia: Die Masken der Sexualität. Berlin 1992, S. 288

5   J.-J. Rousseau: Diskurs (Anm. 1), S. 79

6   Ebd., S. 269

7   Brief an Malesherbes vom 12. Januar 1762. In: J.-J. Rousseau: Schriften. Band 1. Hg. von Henning Ritter. München – Wien 1978, S. 483

8   J.-J. Rousseau: Abhandlung über die Wissenschaften und die Kunst. In: H. Ritter (Anm. 7), S. 35

9   J.-J. Rousseau: Emile oder Über die Erziehung. Stuttgart 1990, S. 475 bzw. 488 f

10   Ebd., S. 489

11   Rousseaus autobiographische Schriften beginnen mit den «Bekenntnissen», die er Ende 1764 zu schreiben anfing (er ist 53 Jahre alt) und vermutlich 1770 abschloß. Es folgten die Dialoge «Rousseau als Richter von Jean-Jacques» (1772) und schließlich die letzten biographischen Aufzeichnungen «Träumereien eines einsamen Spaziergängers» (1776–1778). Nichts davon konnte zu seinen Lebzeiten erscheinen. – Die «Bekenntnisse» werden zitiert nach J.-J. Rousseau: Die Bekenntnisse. Vollständige Ausgabe. Übersetzt von Alfred Semerau. München 1981

12   Vgl. kommentierend zu dieser Aussage Claire Salomon-Bayer: Jean-Jacques Rousseau. In: François Chatelet (Hg.): Geschichte der Philosophie IV. Frankfurt – Berlin – Wien 1974

13   Jacques Derrida: Grammatologie. Frankfurt 1974, S. 250

14   René Laforgue: Jean-Jacques Rousseau. In: Johannes Cremerius (Hg.): Neurose und Genialität. Frankfurt 1971, S. 111–149

15   Ebd., S. 126

16   Sigmund Freud: Das ökonomische Problem des Masochismus. In: Gesammelte Werke XIII. London 1940, S. 374

17   Sigmund Freud: «Ein Kind wird geschlagen». In: Gesammelte Werke XII. London 1947, S. 218

18   Vgl. Claude Lévi-Strauss: Die elementaren Strukturen der Verwandtschaft. Frankfurt 1981; Georges Bataille: Der heilige Eros. Darmstadt 1963

19   «Julie oder Die neue Héloise» wird zitiert nach der ersten deutschen Übersetzung von Johann Gottfried Gellius. Neuauflage München 1978. Der inneren Chronologie entsprechend verliebt sich St. Preux 1732 in seine Schülerin; das entscheidende Erlebnis findet 1734 statt; Julie heiratet 1738 und stirbt 1745.

20   J.-J. Rousseau: Diskurs (Anm. 1), S. 419

Pandoras Töchter

1 Villiers de l'Isle-Adam: Die Eva der Zukunft. Frankfurt 1984, S. 81. Bibliographische Hinweise zum Komplex des Maschinen-Menschen in Bernhard J. Dotzler, Peter Gendolla und Jörgen Schäfer: Maschinen-Menschen. Frankfurt – Bern – New York – Paris 1992

2 Hesiod: Werke und Tage Vs. 58. In: Sämtliche Werke. Wien 1936

3 Werke und Tage Vs. 60–83

4 Vgl. Karl Kerényi: Prometheus. Hamburg 1959

5 Homer: Ilias. Achtzehnter Gesang. Vs. 418–420. Übertragen von Hans Rupé. Freising 1961

6 Robert von Ranke-Graves: Griechische Mythologie. Reinbek bei Hamburg 1984, S. 131

7 Vgl. Judith Butler: Das Unbehagen der Geschlechter. Frankfurt 1991

8 Camille Paglia: Die Masken der Sexualität. Berlin 1992, S. 25

9 Ebd., S. 21

10 Vgl. Helmut Swoboda: Der künstliche Mensch. Wien 1967.

11 Polybios: Apega, die erste eiserne Jungfrau. In: Klaus Völker (Hg.): Künstliche Menschen. Teil 1. München 1971, S. 72

12 Eberhard David Hauber: Der Android des Albertus Magnus. In: K. Völker (Anm. 11), S. 113

13 Ebd., S. 115

14 Vgl. Sybille Krämer: Symbolische Maschinen. Darmstadt 1988

15 René Descartes: Über den Menschen, sowie Beschreibung des menschlichen Körpers. Heidelberg 1969, S. 44. Vgl. Alex Sutter: Göttliche Maschinen. Frankfurt 1988

16 R. Descartes: Über den Menschen (Anm. 15), S. 135

17 R. Descartes: Von der Methode des richtigen Vernunftgebrauchs und der wissenschaftlichen Forschung. Hamburg 1969, S. 91

18 Vgl. Reinhold Hammerstein: Macht und Klang. Bern 1986

19 R. Descartes: Von der Methode (Anm. 17), S. 93

20 R. Descartes: Meditationen über die Grundlage der Philosophie. Hamburg 1960, S. 21

21 Ebd., S. 28

22 De La Mettrie: Der Mensch eine Maschine. Leipzig 1909, S. 46

23 Vgl. Ursula Pia Jauch: Jenseits der Maschine. Wien 1998

24 De La Mettrie: Der Mensch eine Maschine (Anm. 22), S. 58

25 B. Gille: Ingenieure der Renaissance. Wien – Düsseldorf 1964, S. 200

26 Cellini, zitiert nach Horst Bredekamp: Antikensehnsucht und Maschinenglaube. Berlin 1993, S. 11

27 Johann Nikolaus Martius und Johann Christian Wiegleb: Vaucansons Beschreibung eines mechanischen Flötenspielers. In: K. Völker (Hg.): Künstliche Menschen (Anm. 11), S. 103

28 Theodor Heuss: Der künstliche Mensch (1956). In: Ralf Bülow (Hg.): Denk, Maschine! München 1989, S. 32

29 Wolfgang von Kempelen: Mechanismus der menschlichen Sprache nebst Beschreibung einer sprechenden Maschine (1791). Stuttgart – Bad Cannstatt 1970

30 Vgl. Wilhelm Schmidt-Biggemann: Maschine und Teufel. München 1975; Liselotte Sauer: Marionetten, Maschinen, Automaten. Bonn 1983; Arno Bammé, Günther Feuerstein u. a.: Maschinen-Menschen, Mensch-Maschinen. Reinbek bei Hamburg 1983; Rudolf Drux: Marionette Mensch. München 1986; Peter Gendolla: Anatomien der Puppe. Heidelberg 1992

31 Jean Paul. Zitiert nach Klaus Völker (Hg.): Künstliche Menschen (Anm. 11), S. 174 f

32 Ebd., S. 137 f

33 Ebd., S. 155

34 Ebd., S. 179

35 E. T. A. Hoffmann: Briefwechsel. Hg. von Friedrich Schnapp. Erster Band. Darmstadt 1967, S. 339

36 Heinrich von Kleist: Über das Marionettentheater. In: Anekdoten. Kleine Schriften. dtv-Gesamtausgabe Band 5. München 1964, S. 77 f

37 E. T. A. Hoffmann: Sämtliche Werke in 5 Bänden. Nach dem Text der Erstausgaben unter Hinzuziehung der Ausgaben von Carl Georg Maassen und Georg Ellinger. Darmstadt 1962–1965

38 Federico Fellini: Casanova. Drehbuch. Zürich 1977, S. 177

39 Sigmund Freud: Das Unheimliche. In: Studienausgabe Band 4. Hg. von Alexander Mitscherlich u. a. Frankfurt 1989, 7. Aufl., S. 275

40 Vgl. Gilles Deleuze und Félix Guattari: Anti-Ödipus. Frankfurt 1977

41 Ludwig Wittgenstein: Philosophische Untersuchungen. In: Schriften. Frankfurt 1960, S. 432

42 Villiers de l'Isle-Adam: Die Eva der Zukunft. Frankfurt 1984

43 William Gibson: Idoru. Hamburg 1997

Der Blade Runner

1   Philip K. Dick: Blade Runner. München 1989, 6. Aufl., S. 113
2   Ludwig Wittgenstein: Philosophische Untersuchungen. In: Schriften. Frankfurt 1960, S. 433 bzw. 489
3   L. Wittgenstein: Vermischte Bemerkungen. In: Werke Band 8. Frankfurt 1984, S. 557
4   Thomas Nagel: Letzte Fragen. Darmstadt 1996, S. 231
5   Jean Baudrillard: Das Original und sein Double. In: Die Zeit Nr. 12 (12. 3. 1997), S. 67

Also sprach Golem

1   Stanislaw Lem: Also sprach Golem. Frankfurt 1984, S. 108
2   S. Lem: Mein Leben. In: Florian F. Marzin (Hg.): Stanislaw Lem. Meitingen 1985, S. 160
3   Norbert Wiener: Kybernetik. Reinbek bei Hamburg 1968, S. 32. Wieners Autobiographie erschien unter dem Titel: Mathematik – mein Leben. Wien 1962. Vgl. Steve J. Heims: John von Neumann und Norbert Wiener. Cambridge 1980
4   N. Wiener: Kybernetik (Anm. 3), S. 18
5   Ebd., S. 150
6   Ebd., S. 34
7   Alan Turing: Intelligence Service. Hg. von Bernhard Dotzler und Friedrich Kittler. Berlin 1987, S. 19
8   Ebd., S. 81–113
9   Stanislaw Lem und Stanislaw Berés: Lem über Lem. Frankfurt 1986, S. 138
10   Ebd., S. 109. Vgl. zu den wissenschaftlichen Bezugspunkten von Golem auch Bernd Gräfrath: Lems «Golem». Frankfurt 1996
11   S. Lem und S. Berés: Lem über Lem (Anm. 9), S. 133
12   Ebd., S. 121
13   S. Lem: Golem (Anm. 1), S. 59
14   Ebd., S. 46
15   Richard Dawkins: Das egoistische Gen. Reinbek bei Hamburg 1996
16   Ebd., S. 18
17   R. Dawkins: Eine Überlebensmaschine. In: John Brockman (Hg.): Die dritte Kultur. München 1996, S. 105

18 S. Lem: Golem (Anm. 1), S. 65

19 Zum Konzept der Meme vgl. Florian Rötzer: Digitale Weltentwürfe. München – Wien 1998, S. 145–198

20 Richard Dawkins: Der blinde Uhrmacher. München 1987, S. 186

21 R. Dawkins: Das egoistische Gen (Anm. 15), S. 111

22 R. Dawkins: Der blinde Uhrmacher (Anm. 20), S. 186

23 S. Lem: Golem (Anm. 1), S. 39/78

24 Ebd., S. 82

25 Vgl. Hilary Putnam: Mind, Language and Reality. Cambridge/Mass. 1975; Jerry A. Fodor: The Language of Thought. New York 1975

26 Vgl. Marvin Minsky: Kluge Maschinen. In: John Brockman (Hg.): Die dritte Kultur. München 1996, S. 220; Marvin Minsky: Mentopolis. Stuttgart 1990; Harry Harrison und Marvin Minsky: Die Turing Option. München 1997

27 Hans Moravec: Mind Children. Hamburg 1990, S 9 f

28 Ebd., S. 11

29 R. Dawkins: Der blinde Uhrmacher (Anm. 20), S. 187

30 H. Moravec: Mind Children (Anm. 27). – Vgl. dazu die kritischen Überlegungen von Gerhard Roth: Kann der Geist das Gehirn überleben? In: Merkur 6 (1997), S. 549–555

31 Vgl. Gundolf S. Freyermuth: Cyberland. Berlin 1996, Kapitel V: Der Cyborg-Prophet

32 S. Lem: Golem (Anm. 1), S. 84

33 Ebd., S. 108

34 Ebd., S. 104

35 John Searle: Geist, Hirn, Wissenschaft. Frankfurt 1986, S. 47

36 Daniel C. Dennett: Bedingungen der Personalität. In: Peter Bieri (Hg.): Analytische Philosophie des Geistes. Königstein 1981, S. 307. Vgl. Douglas Hofstadter: Gödel, Escher, Bach. Stuttgart 1985, 2. Aufl.

37 Garri Kasparow: Einsteins Muskel. In: Der Spiegel 18 (1997), S. 224

38 Douglas R. Hofstadter und Daniel C. Dennett: Einsicht ins Ich. Stuttgart 1986, S. 366

39 S. Lem: Mein Leben (Anm. 2), S. 166

40 S. Lem und S. Berés: Lem über Lem (Anm. 9), S. 118

41 Vgl. Manfred Geier: Karl Popper. Reinbek bei Hamburg 1994

42 Daniel C. Dennett in: Douglas R. Hofstadter und D. C. Dennett: Einsicht ins Ich. Stuttgart 1986, S. 438

43 Richard Dawkins: Das egoistische Gen (Anm. 15), S. 18

Klone und Schimären

1 Alexander von Humboldt: Ansichten der Natur. Stuttgart 1992, S. 5

2 James D. Watson: Die Doppel-Helix. Reinbek bei Hamburg 1973, S. 155

3 Jürgen Habermas: Zwischen Dasein und Design. In: Die Zeit Nr. 12 (12. 3. 1998), S. 41

4 Ludwig Siep: «Dolly» oder Die Optimierung der Natur. In: Johann S. Ach, Gerd Brudermüller und Christa Runtenberg (Hg.): Hello Dolly? Frankfurt 1998, S. 195

5 Ebd., S. 198

6 Anton Leist: Die vernünftigen Grenzen der Ethik. In: J. S. Ach, G. Brudermüller und C. Runtenberg: Hello Dolly (Anm. 4), S. 204

7 Claus Koch: Ende der Natürlichkeit. Eine Streitschrift zu Bioethik und Bio-Moral. München – Wien 1994

8 Erwin Chargaff: Das Feuer des Heraklit. München 1984, S. 213

9 L. Siep: «Dolly» (Anm. 4), S. 191

10 Jean Baudrillard: Das Original und sein Double. In: Die Zeit Nr. 12 (12. 3. 1998), S. 67

11 Vgl. zur aktuellen Auseinandersetzung Kurt Bayertz: GenEthik. Reinbek bei Hamburg 1987; Jeremy Rifkin: Genesis zwei. Reinbek bei Hamburg 1988; Johann S. Ach und Andreas Gaidt (Hg.): Herausforderung der Bioethik. Stuttgart – Bad Cannstatt 1993; Berhard E. Rollin: The Frankenstein Syndrome. Cambridge 1995; Peter Brandt (Hg.): Zukunft der Gentechnik. Basel u. a. 1997; Angelika Krebs (Hg.): Naturethik. Frankfurt 1997

12 Walter Benjamin: Über das mimetische Vermögen. In: W. B.: Angelus Novus. Frankfurt 1966, S. 96

13 Johann Wolfgang von Goethe: Die Metamorphose der Pflanzen. In: Hamburger Ausgabe in 14 Bänden. München 1982, Band 1, S. 199

14 Johann Wolfgang von Goethe: Glückliches Ereignis. In: Hamburger Ausgabe, Band 10, S. 538

15 Ebd., S. 540

16 Adolf Meyer-Abich: Die Vollendung der Morphologie Goethes durch Alexander von Humboldt. Göttingen 1970, S. 38

17 Alexander von Humboldt: Ansichten der Natur. Stuttgart 1992, S. 5

18 Heinz Haber: Einführung. In: James D. Watson: Die Doppelhelix. Reinbek bei Hamburg 1973, S. 9

19 J. D. Watson: Doppel-Helix (Anm. 18), S. 164. Vgl. Paul Strathern: Crick, Watson & die DNA. Frankfurt 1998

20 J. D. Watson: Doppel-Helix (Anm. 18), S. 155

21 Willard Van Orman Quine: Natürliche Arten. In: ders.: Ontologische Relativität und andere Schriften. Stuttgart 1975, S. 189

22 Vgl. Jean Baudrillard: Der symbolische Tausch und der Tod. München 1982, Kapitel II

23 Aldous Huxley: Schöne neue Welt. Frankfurt 1997, S. 24

24 Vgl. John H. Barton: Patentiertes Leben. In: Spektrum der Wissenschaft. Digest 6: Gene und Genome. Heidelberg 1997. S. 84–91

25 Erwin Chargaff in: Sabine Rosenbladt: Biotopia. München 1988, S. 168

26 Hans Blumenberg: Die Lesbarkeit der Welt. Frankfurt 1981, S. 409

27 Aldous Huxley: Schöne neue Welt (Anm. 23), S. 24

Die Sprachmaschine

1 Roland Barthes: Die strukturalistische Tätigkeit. In: Kursbuch 5 (1966), S. 191 f

2 Steven Pinker: Der Sprachinstinkt. München 1996, S. 17

3 Ebd., S. 347

4 Ebd., S. 374

5 Ebd., S. 368

6 Ebd., S. 53

7 Ebd., S. 27. Vgl. Arts and Humanities Citation Index (1992)

8 Ebd., S. 25

9 Ebd., S. 19

10 Vgl. Manfred Geier: Linguistisches Apriori und angeborene Ideen. In: Kant-Studien 1 (1981), S. 68–87

11 Jürgen Trabant: Artikulationen. Frankfurt 1998, S. 150

12 Hermann Paul: Prinzipien der Sprachgeschichte (1880). Tübingen 1970, S. 24

13 Vgl. Ferdinand de Saussure: Grundfragen der allgemeinen Sprachwissenschaft. Berlin 1967, 2. Aufl. – Vgl. M. Geier: Orientierung Linguistik. Reinbek bei Hamburg 1998, S. 29–51

14 Gilles Deleuze: Woran erkennt man den Strukturalismus? In: François Chatelet (Hg.): Geschichte der Philosophie. Band VIII. Frankfurt – Berlin – Wien 1975, S. 282

15 Saussure: Grundfragen (Anm. 13), S. 146

16 Noam Chomsky: Strukturen der Syntax. The Hague – Paris 1973, S. 7

17 Ebd., S. 15

18 Vgl. Sybille Krämer: Symbolische Maschinen. Darmstadt 1988

19 Noam Chomsky: The Minimalist Program. Cambridge (Mass.) – London 1995, S. 7/8

20 Noam Chomsky: Regeln und Repräsentationen. Frankfurt 1981, S. 17

21 Jean Baudrillard: Der symbolische Tausch und der Tod. München 1982, S. 88 f

22 Noam Chomsky: Aspekte der Syntax-Theorie. Frankfurt 1938, S. 40

Die Turing Connection

1 Edward A. Feigenbaum: Wissensverarbeitung. In: Raymond Kurzweil: KI. München – Wien 1993, S. 326

2 Jean Baudrillard: Transparenz des Bösen. Berlin 1992, S. 68

3 Sybille Krämer: Vom Mythos «Künstliche Intelligenz». In: Stefan Münker und Alexander Roesler (Hg.): Mythos Internet. Frankfurt 1997, S. 85

4 Heinrich von Kleist: Anekdoten. Kleine Schriften. dtv-Gesamtausgabe Band 5. München 1964, S. 54/56

5 Vgl. Jan Lukasiewitz: Aristotle's syllogistic from the standpoint of modern formal logic. Oxford 1951; Günther Patzig: Die aristotelische Syllogistik. Göttingen 1957

6 Zitiert nach J. M. Bochenski: Formale Logik. Freiburg i. Br. – München 1978, 4. Aufl., S. 74 ff

7 Ernst Kapp: Der Ursprung der Logik bei den Griechen. Göttingen 1965, S. 26

8 Sybille Krämer: Symbolische Maschinen. Darmstadt 1988, S. 11

9 Zitiert nach J. M. Bochenski: Logik (Anm. 6), S. 320 f

10 Ebd., S. 321. Vgl. Sybille Krämer: Berechenbare Vernunft. Berlin – New York 1991

11 A. N. Whitehead und B. Russell: Principia mathematica. Wien – Berlin 1984, S. 8

12 Rudolf Carnap: Logische Syntax der Sprache. Wien 1968, 2. Aufl., S. 3

13   Vgl. Alan Turing: Intelligence Service. Berlin 1987; Andrew Hodges: Alan Turing. Hamburg – Berlin 1989

14   A. Turing: Intelligence Service (Anm. 13), S. 20

15   Ebd., S. 91

16   Ebd., S. 88

17   S. Krämer: Symbolische Maschinen (Anm. 8), S. 180

18   A. Turing: Intelligence Service (Anm. 13), S. 83

19   Ebd., S. 113

20   Ebd., S. 165

21   Ebd.

22   E. Charniak and D. V. McDermott: Introduction to Artificial Intelligence. Reading 1986. Zur Geschichte der KI vgl. Howard Gardner: Dem Denken auf der Spur. Stuttgart 1989: John Haugeland: Künstliche Intelligenz – Programmierte Vernunft? Hamburg 1987; Pamela McCorduck: Denkmaschinen. München 1987; Roger C. Schank und P. Childers: Die Zukunft der künstlichen Intelligenz. Köln 1986

23   Allen Newell, J. C. Shaw and H. A. Simon: Reports on a General Problem-Solving Program. In: Proceedings of the International Conference on Information Processing. Paris 1960, S. 257

24   A. Newell and H. A. Simon: Heuristic Problem Solving. In: Journal of the Operations Research Society of America 6/1 (1958), S. 6

25   Vgl. Marvin Minsky: Semantic Information Processing. Cambridge/Mass. 1968

26   Terry Winograd: Ein prozedurales Modell des Sprachverstehens. In: Peter Eisenberg (Hg.): Semantik und künstliche Intelligenz. Berlin – New York 1977, S. 142–179

27   Joseph Weizenbaum: Contextual Understanding by Computers. In: Communications of the ACM 10 (1967), S. 474–480. Vgl. J. Weizenbaum: Die Macht der Computer und die Ohnmacht der Vernunft. Frankfurt 1978, S. 250ff

28   Daniel Dennett. Zitiert in Raymond Kurzweil: KI. München – Wien 1993, S. 64. Vgl. Hubert L. Dreyfus und Stuart E. Dreyfus: Künstliche Intelligenz. Reinbek bei Hamburg 1987; Terry Winograd und Fernando Flores: Erkenntnis–Maschinen–Verstehen. Berlin 1988; Sybille Krämer: Geist, Gehirn, Künstliche Intelligenz. Berlin – New York 1994

29   In: Dieter Münch (Hg.): Kognitionswissenschaft. Frankfurt 1992, S. 225–252

30   John Searle: Geist, Hirn und Wissenschaft. Frankfurt 1986, S. 31

31   Vgl. Jerry Fodor: Representations. Cambridge/Mass. 1983

32   J. Searle: Geist (Anm. 30), S. 31. Vgl. Philippe-André Holzer:

Das Verhältnis von Künstlicher Intelligenz und Intentionalität. Berlin 1998

33 J. Searle: Geist (Anm. 30), S. 47

34 Ebd., S. 48

35 Manfred Geier: Grenzgänge der Linguistik. In: Sprachgefühl? Hg. von der Deutschen Akademie für Sprache und Dichtung. Heidelberg 1982, S. 194

36 Daniel Dennett: Intuitionspumpen. In: John Brockman (Hg.): Die dritte Kultur. München 1996, S. 249–272

Die Cybernauten

1 William Gibson: Die Neuromancer Trilogie. Hamburg 1996, S. 18

2 John Perry Barlow: Eine Unabhängigkeitserklärung des Cyberspace. In: Stefan Bollmann und Christiane Heibach (Hg.): Kursbuch Internet. Reinbek bei Hamburg 1998, S. 121

3 Norman Spinrad: Die Neuromantiker. Nachwort in: William Gibson: Neuromancer. München 1990. 5. Aufl., S. 358/366

4 W. Gibson: Die Neuromancer Trilogie (Anm. 1), S. 73 f

5 Ebd., S. 18

6 Ebd., S. 321

7 Ebd., S. 294

8 Ebd., S. 163

9 Ebd., S. 75

10 Vilém Flusser: Ins Reich der technischen Bilder. Göttingen 1989, 2. Aufl., S. 112/116

11 Pierre Lévy: Cyberkultur. In: S. Bollmann und Chr. Heibach (Hg.): Kursbuch Internet (Anm. 2), S. 63

12 Zur Geschichte des klassischen Cyberspace vgl. Howard Rheingold: Virtuelle Welten. Reisen im Cyberspace. Reinbek bei Hamburg 1995; zur Geschichte der Matrix vgl. John S. Quarterman: The Matrix. Computer Networks and Conferencing Systems Worldwide. Burlington 1990; zur Geschichte des WWW vgl. Steven Vaughan-Nichols: Inside the World Wide Web. Indianapolis 1995. – Vgl. zur Explikation der zitierten Konzepte Florian Rötzer und Peter Weibel (Hg.): Cyberspace. München 1993; Steven Jones: CyberSociety. Computer mediated Communication and Community. Thousand Oaks/CA 1995; Howard Rheingold: Virtuelle Gemeinschaft. Soziale Beziehungen im Zeitalter

des Computers. Bonn 1994; Florian Rötzer: Die Telepolis. Urbanität im digitalen Zeitalter. Mannheim 1995; William J. Mitchell: City of Bits. Space, Place, and the Infobahn. Cambridge/Mass. – London 1995; Gundolf S. Freyermuth: Cyberland. Berlin 1996

13   Stefan Münker: Was heißt eigentlich «Virtuelle Realität»? In: S. Münker und Alexander Roesler (Hg.): Mythos Internet. Frankfurt 1997, S. 126

14   Phillipe Quéau: Die virtuelle Simulation. Illusion oder Allusion? In: S. Iglhaut, F. Rötzer und E. Schweeger (Hg.): Illusion und Simulation. Ostfildern 1995, S. 62

15   Mike Sandbothe: Interaktivität – Hypertextualität – Transversalität. In: S. Münker (Hg.): Mythos Internet (Anm. 13), S. 67

16   Pierre Lévy: Cyberkultur (Anm. 11), S. 66

17   Vgl. Eric A. Havelock: The Literate Revolution in Greece and Its Cultural Consequences, Princeton 1982; Jack Goody u. a.: Entstehung und Folgen der Schriftkultur. Frankfurt 1986; Wolfgang Kullmann und Manfred Reichel (Hg.): Der Übergang von der Mündlichkeit zur Literatur bei den Griechen. Tübingen 1990; Manfred Geier: Als die Philosophen schreiben lernten. In: Jürgen Trabant (Hg.): Sprache denken. Frankfurt 1995, S. 127–144

18   Roland Barthes: Fragmente einer Sprache der Liebe. Frankfurt 1984, S. 109

19   Franz Kafka: Briefe an Milena (Gesammelte Werke Band 5). Frankfurt 1952, S. 259f

20   Allucquère Rosanne Stone: The War of Desire and Technology at the Close of the Mechanical Age. Cambridge/Mass. – London 1995, S. 33

21   John Perry Barlow: Cyberspace (Anm. 2), S. 121

22   Pierre Lévy: Die kollektive Intelligenz. Mannheim 1997, S. 111

23   Ebd., S. 100

24   Mike Sandbothe: Interaktivität (Anm. 15), S. 63

25   Vgl. Sherry Turkle: Leben im Netz. Reinbek bei Hamburg 1998. Die amerikanische Ausgabe «Life on the Screen» erschien 1995.

26   A. R. Stone: The War of Desire (Anm. 20), S. 37

27   Sherry Turkle: Identität in virtueller Realität. In: S. Rollmann und Chr. Heibach (Hg.): Kursbuch Internet (Anm. 2), S. 309

28   Donna Haraway: Postscript to «Cyborgs at Large». In: Constance Penley and Andrew Ross (Hg.): Technoculture. University of Minnesota Press 1991; Donna Haraway: Simians, Cyborgs, and Women. The Reinvention of Nature. New York 1991

29 A. R. Stone: The War of Desire (Anm. 20), S. 38

30 Pierre Lévy: Kollektive Intelligenz (Anm. 22), S. 161

31 In: Gundolf S. Freyermuth: Cyberland. Berlin 1996, S. 18

32 Vgl. Antonio R. Damasio: Descartes' Irrtum. München 1995

33 Stefan Münker und Alexander Roesler (Hg.): Mythos Internet.
Frankfurt 1997, S. 8

34 W. Gibson: Neuromancer Trilogie (Anm. 1), S. 105

Bildquellennachweis

Lara Croft, in: Lara Croft Magazin, 1/99, EIDOS Interactive, Hamburg (S. 13); *The Sheriff of Silicon Gulch: Yul Brunner in ‹Westworld›*, in: Sight and Sound No. 5, London 1993 (S. 18); *Casanova und seine mechanische Geliebte*, © Pierluigi Praturlon, Rom (S. 34); *Kyoko Date*, in @ online 9, Hamburg 1998 (S. 124); *Szenenfotos aus ‹Blade Runner›*, in: Philip K. Dick, Der Blade Runner, Heyne Verlag 1998 (S. 143); *Stanislaw Lem*, in: Econy 2, 1998, © Marek Vogel (S. 164); *Marvin Minsky*, © Ivan Messer, Black Star, MIT-Museum, Cambridge, Mass./USA (S. 186); *Watson und Crick vor dem DNS-Modell*, in: James D. Watson, The Double Helix, Weidenfeld and Nicolson/Orion Publishing Group, London 1968 (S. 206); *Transformationen der ‹Fliege›. Zeichnungen von Chris Walas*, in: Chris Rodley, Cronenberg by Cronenberg, Faber & Faber, London 1992 (S. 212–213); *Noam Chomsky*, in Noam Chomsky, Problems of Knowledge and Freedom, Fontana, London 1972 (S. 228); *Alan Turing als Laufmaschine*, in: Alan Turing, Intelligence Service. Schriften, hg. von Friedrich Kittler/Bernhard Dotzler, Brinkmann und Bose, Berlin 1987 (S. 250); *William «Cyberpunk» Gibson*, © Rogner & Bernhard, Hamburg (S. 272); *The High-Tech-Magician*, © Marco Tempest, New York (S. 282); *Allucquère Rosanne Stone*, in: Monika Treuts Dokumentarfilm *Gendernauts*, 1999, © Roland Scheikowski, Hamburg (S. 289).

Namenregister

rowohlts enzyklopädie

Eine Auswahl

Kurt Bayertz (Hg.)
Praktische Philosophie
Grundorientierungen angewandter Ethik (55522)

Claudia Benthien
Haut
Literaturgeschichte – Körperbilder – Grenzdiskurse (55626)

John Berger
Glanz und Elend des Malers Pablo Picasso
(kulturen und ideen 55459)

Helmut Brackert/Jörn Stückrath (Hg.)
Literaturwissenschaft
Ein Grundkurs (55523)

Eberhard Braun / Felix Heine / Uwe Opolka
Politische Philosophie
Ein Lesebuch. Texte, Analysen, Kommentare (55406)

Manfred Brauneck
Theater im 20. Jahrhundert
Programmschriften, Stilperioden, Reformmodelle (55433)

Manfred Brauneck / Gérard Schneilin (Hg.)
Theaterlexikon
Begriffe, Epochen, Bühnen und Ensembles (55465)

Stefan Breuer
Der Staat
Entstehung – Typen – Organisationsstadien (55593)

Jonathan Culler
Dekonstruktion
Derrida und die poststrukturalistische Literaturtheorie (55635)

Martin Esslin
Das Theater des Absurden
Von Beckett bis Pinter (55414)

Ferdinand Fellmann
Lebensphilosophie
Elemente einer Theorie der Selbsterfahrung (55533)
Orientierung Philosophie
Was sie kann, was sie will (55601)